国家出版基金项目
NATIONAL PUBLICATION FOUNDATION

"十二五""十三五"国家重点图书出版规划项目

风力发电工程技术丛书

山地风电场 工程设计关键技术

主　编　李　宁

副主编　任腊春　李良县　李小兵

中国水利水电出版社
www.waterpub.com.cn

·北京·

内 容 提 要

　　本书是《风力发电工程技术丛书》之一。目前，国内外山地风电场工程设计尚无完整的设计标准和系统的设计经验总结，编者试图将现有风电场工程设计理论与已经验证的山地风电场可行的设计理念方法相结合，形成针对性和实用性更强的方法，并给出了工程实际案例加以验证分析。

　　本书主要内容包括我国山地风电场开发概况、山地风电场设计流程及内容、山地风电场风能资源评估、山地风电场微观选址、山地风电场风电机组及选型、山地风电场土建工程设计、峡谷风电场工程设计案例和高原山地风电场工程设计案例。

　　本书适用于指导风电场设计研究人员进行工程设计，也适用于其他相关人员学习参考。

图书在版编目（CIP）数据

　　山地风电场工程设计关键技术 / 李宁主编. -- 北京：
中国水利水电出版社，2017.3
　　（风力发电工程技术丛书）
　　ISBN 978-7-5170-5512-9

　　Ⅰ．①山… Ⅱ．①李… Ⅲ．①山地－风力发电－发电
厂－工程设计－研究 Ⅳ．①TM62

　　中国版本图书馆CIP数据核字（2017）第126880号

书　　名	风力发电工程技术丛书 **山地风电场工程设计关键技术** SHANDI FENGDIANCHANG GONGCHENG SHEJI GUANJIAN JISHU
作　　者	主编 李宁　副主编　任腊春　李良县　李小兵
出版发行	中国水利水电出版社 （北京市海淀区玉渊潭南路1号D座　100038） 网址：www.waterpub.com.cn E-mail：sales@waterpub.com.cn 电话：（010）68367658（营销中心）
经　　售	北京科水图书销售中心（零售） 电话：（010）88383994、63202643、68545874 全国各地新华书店和相关出版物销售网点
排　　版	北京万水电子信息有限公司
印　　刷	北京瑞斯通印务发展有限公司
规　　格	184mm×260mm　16开本　14.5印张　344千字
版　　次	2017年3月第1版　2017年3月第1次印刷
定　　价	**60.00元**

《风力发电工程技术丛书》

编 委 会

主要参编单位 （排名不分先后）

河海大学

中国长江三峡集团公司

中国水利水电出版社

水资源高效利用与工程安全国家工程研究中心

水电水利规划设计总院

水利部水利水电规划设计总院

中国能源建设集团有限公司

上海勘测设计研究院有限公司

中国电建集团华东勘测设计研究院有限公司

中国电建集团西北勘测设计研究院有限公司

中国电建集团中南勘测设计研究院有限公司

中国电建集团北京勘测设计研究院有限公司

中国电建集团昆明勘测设计研究院有限公司

中国电建集团成都勘测设计研究院有限公司

长江勘测规划设计研究院

中水珠江规划勘测设计有限公司

内蒙古电力勘测设计院

新疆金风科技股份有限公司

华锐风电科技股份有限公司

中国水利水电第七工程局有限公司

中国能源建设集团广东省电力设计研究院有限公司

中国能源建设集团安徽省电力设计院有限公司

华北电力大学

同济大学

华南理工大学

中国三峡新能源有限公司

华东海上风电省级高新技术企业研究开发中心

浙江运达风电股份有限公司

本书编委会

主　　编　李　宁

副 主 编　任腊春　李良县　李小兵

参编人员　文　利　段　莹　鄢　健　沈文婷　郁永静
　　　　　邓　阳　柴　亮　刘盛强　李　硕　田世军
　　　　　刘　伟　刘顺华　屈宋源　陈荣盛　杨　顺
　　　　　刘志远

前　言

近年来，我国风电呈现快速发展趋势。到 2015 年年底，全国风电并网装机容量达到 1.29 亿 kW，年发电量 1863 亿 kW·h，占全国总发电量的 3.3%，比 2010 年提高 2.1 个百分点。风电已成为我国继煤电、水电之后的第三大电源。风电开发初期区域主要集中在风能资源较为丰富的"三北"平坦地区，随着规划的多个千万千瓦基地的逐步建成运行，这些原本位于电网末端的区域风电所占比重日益增大，电网建设明显落后于风电开发进度，因此不可避免地出现了大规模弃风。随着风电设备制造、勘测设计、运输安装技术的发展，我国风电发展方式由集中式开发转变为集中式开发与分散式开发相结合，开发区域也逐渐转向低风速、高海拔、地形复杂的南方山区。根据《能源发展"十三五"规划》和《可再生能源发展"十三五"规划》，十三五期间将重点开发中东部区域风电场，而这其中 80% 的区域为山地区域。

与此同时，国内外山地风电场工程设计尚无完整的设计标准和系统的设计经验总结。本书编者从事山地风电场设计 10 多年，试图将现有风电场工程设计理论与已经验证的山地风电场可行的设计理念方法相结合，形成针对性和实用性更强的方法，并给出了工程实际案例加以验证分析。书中提出的山地风能资源特性分析、微观选址、土建设计等方法可用于同类项目设计参考。希望本书的出版能对我国山地风电场开发起到积极促进作用，降低开发建设成本，为实现风电项目电价在 2020 年与当地燃煤发电同台竞争作出积极贡献。

在本书编写过程中，中国电建成都勘测设计研究院有限公司王劲夫、马永军、钟滔、熊涛、李凯等人对本书给予了大力支持和帮助，在此一并表示诚挚感谢。

由于时间仓促，本书难免有疏漏之处，希望各位读者给予谅解并欢迎读者批评指正。

编者

2016 年 12 月

目　录

第1章 我国山地风电场开发概况

1.1 风能资源分布

1.1.1 风能的区划指标体系

风能区划是了解各地风能资源差异，合理开发利用风能的基础。风能分布具有明显的地域性规律，这种规律反映了大型天气系统的活动和地形作用的综合影响。

根据国家气象局资料，我国风能区划指标体系分为三级。

1. 第一级区划指标

第一级区划选用能反映风能资源多少的指标，即依据年有效风功率密度、平均风速和年平均风速不小于 3m/s 的年累积小时数将我国分为 4 个区，见表 1-1。

表 1-1 风能区划指标

风 能 指 标	丰富区	较丰富区	可利用区	贫乏区
年有效风功率密度/$(W \cdot m^{-2})$	>200	200~150	<150~50	<50
平均风速/$(m \cdot s^{-1})$	6.91	6.91~6.28	<6.28~4.36	<4.36
年平均风速不小于 3m/s 年累计小时数/h	>5000	5000~4000	4000~2000	<2000

(1) 风能丰富区。考虑有效风功率密度的大小和全年有效累积小时数，年平均有效风功率密度大于 $200W/m^2$、风速 3~20m/s 的年累积小时数大于 5000h 的划为风能丰富区，用"Ⅰ"表示。

(2) 风能较丰富区。年平均有效风功率密度 150~$200W/m^2$、风速 3~20m/s 的年累积小时数在 3000~5000h 的划为风能较丰富区，用"Ⅱ"表示。

(3) 风能可利用区。年平均有效风功率密度 50~$150W/m^2$、风速 3~20m/s 的年累积小时数在 2000~3000h 的划为风能可利用区，用"Ⅲ"表示。

(4) 风能贫乏区。年平均有效风功率密度 $50W/m^2$ 以下、风速 3~20m/s 的年累积小时数在 2000h 以下的划为风能贫乏区，用"Ⅳ"表示。

这四个区的罗马数字后面的英文字母表示各个地理区域。

2. 第二级区划指标

第二级区划指标主要考虑一年四季中各季风功率密度和有效风力出现小时数的分配情况。

3. 第三级区划指标

风电机组最大设计风速一般取当地的最大风速，在此风速下，要求风电机组能抵抗垂直于风的平面上所受到的压强，使风电机组稳定、安全，不致产生倾斜或被破坏。由于风电机组寿命一般为 20～30 年，为了安全，取 30 年一遇的最大风速值作为最大设计风速。

1.1.2 影响风能资源分布的主要气候

1. 冷空气活动

冬季（12 月—次年 2 月）整个亚洲大陆完全受蒙古高压控制，其中心位置在蒙古国的西北部，从蒙古高压中不断有小股冷空气南下并进入我国，同时还有移动性的高压不时地南下，气温较低，形成大范围的大风降温天气。

我国的冷空气主要受 5 个源地影响，由这 5 个源地侵入我国的路线称为路径。第一条路径来自新地岛以东附近的北冰洋面，从西北方向进入蒙古国西部再东移南下影响我国；第二条路径是源于新地岛以西北冰洋面，经俄罗斯、蒙古国进入我国；第三条路径源于地中海附近，东移到蒙古国西部再影响我国；第四条路径是源于泰梅尔半岛附近洋面，向南移入蒙古国，然后再向东南影响我国；第五条路径源于贝加尔湖以东的东西伯利亚地区，进入我国东北及华北地区。

这 5 条路径进入我国后再分两条不同的路径南下，一条路径是经河套、华北、华中由长江中下游入海，有时可侵入华南地区。沿此路径入侵的寒潮可以影响我国大部分地区，出现次数占总次数的 60% 以上，冷空气经过之地有连续的大风、降温天气，并常伴有风沙。另一条路径是经过华北北部、东北平原，东移进入日本海，也有一部分经华北、黄河下游向西南移入两湖盆地，这一条路径出现次数约占总次数的 40%，它常使渤海、黄海、东海出现东北大风，也给长江以北地区带来大范围的大风、降雪和低温天气。

2. 热带气旋活动

在我国东南沿海地区每年夏秋季节常受到热带气旋的影响，我国现行的热带气旋名称和等级标准见表 1-2。台风是一种直径 1000km 左右的圆形气旋，中心气压极低，台风中心 10～30km 范围内是台风眼，台风眼中天气较好，风速很小。在台风眼外壁天气较为恶劣，最大破坏风速就出现在这个范围内，所以只要不是在台风正面直接登陆的地区，风速一般小于 26m/s（10 级），它的影响平均有 800～1000km 的直径范围，每当台风登陆后我国沿海可以产生一次大风过程，而风速基本上在风电机组切出风速（25m/s）范围之内，是一次满发电的好时机。

表 1-2　我国现行的热带气旋名称和等级标准

热带气旋等级	低层中心附近最大平均风速/(m·s⁻¹)	低层中心附近最大风力/级
热带低压（TD）	10.8～17.1	6～7
热带风暴（TS）	17.2～24.4	8～9

热带气旋等级	低层中心附近最大平均风速/(m·s^{-1})	低层中心附近最大风力/级
强热带风暴（STS）	24.5~32.6	10~11
台风（TY）	32.7~41.4	12~13
强台风（STY）	41.5~50.9	14~15
超强台风（SuperTY）	≥51.0	16 或以上

在我国登陆的台风平均每年有 7 次，而广东每年登陆台风最多，为 3.5 次，海南次之，为 2.1 次，台湾 1.9 次，福建 1.6 次，广西、浙江、上海、江苏、山东、天津、辽宁合计仅 1.7 次，由此可见，台风的影响由南向北递减。

1.1.3 风能资源分布

我国地域辽阔，陆地最南端纬度约为北纬 18°，最北端纬度约为北纬 53°，南北陆地跨 35 个纬度，东西跨 60 个经度以上。

我国属于北半球中纬度地区，在大气环流的影响下，分别受副极地低压带、副热带高压带和赤道低压带的控制，我国北方地区主要受中高纬度的西风带影响，南方地区主要受低纬度的东北信风带影响。

我国独特的宏观地理位置和微观地形地貌也决定了我国风能资源分布的特点。我国在宏观地理位置上属于世界最大的大陆板块——欧亚大陆东部，东临世界上最大的海洋——太平洋，海陆之间热力差异最大，因此我国北方地区和南方地区分别受大陆性和海洋性气候影响，季风现象明显。北方具体表现为温带季风气候，冬季受来自大陆的冷干气流的影响，寒冷干燥，夏季温暖湿润；南方表现为亚热带季风气候，夏季受来自海洋的暖湿气流的影响，降水较多。

我国陆地分为东部沿海地区，东南部沿海地区，南部沿海地区，中部内陆地区，西北部、北部和东北内陆地区。

我国东部沿海地区基本上处于副热带高压控制，气压梯度小，同时，该地区又受海洋性气候的影响，大风持续时间短且不稳定，风能资源开发潜力一般。

我国东南部沿海地区与台湾岛在台湾海峡地区形成独特的狭管效应，而该地区又正处于东北信风带，主风向与台湾海峡一致，因此风力在该地区明显加速，风力增大，风能资源丰富，具有较好的风能开发价值。

我国南部沿海地区在东北信风带和夏季热低压的影响下，主风向为东风和东北风，由于夏季低压的气压梯度较弱，因此风力不大，风能较小。

我国中部内陆地区由于所处地理位置条件的限制，冬季来自北方的冷空气难以到达这里，夏季受海洋性气候的影响较小，同时由于该地区地势地形复杂和地面粗糙度变化较大，不利于气流的加速，因而风能资源比较贫乏。

我国西北部、北部和东北内陆地区主要包括新疆、甘肃、宁夏、内蒙古、东北三省、山西北部、陕西北部和河北北部地区，这些地区纬度较高，处于西风带控制，同时冬季又受到北方高压冷气团影响，主风向为西风和西北风，风力强度大、持续时间长，同时这些地区海拔较高，风能衰减小，因此，具有较好的风能开发价值。

中国气象局多次对全国风能资源进行调查，利用全国 900 多个气象台、站的实测资料得出了全国离地面 10m 高度层上的风能资源量，我国的风能资源总储量为 32.26 亿 kW、陆地实际可开发量为 2.53 亿 kW、近海可开发和利用的风能储量为 7.5 亿 kW。

1.1.4　我国主要风能可利用区

（1）"三北"（东北、华北、西北）风能丰富区，包括东北三省和河北、内蒙古、甘肃、青海、西藏、新疆等省（自治区）近 200km 宽的地带，可开发利用的风能储量约 2 亿 kW，约占全国可利用储量的 79%。该地区地形平坦，交通方便，没有破坏性风速，是我国连成一片的最大风能资源区，有利于大规模地开发风电场。

（2）东南沿海风能丰富区。冬春季的冷空气、夏秋的台风，都能影响到沿海及其岛屿，是我国风能丰富区，年有效风功率密度在 200W/m² 以上，如台山、平潭、东山、南鹿、大陈、嵊泗、南澳、马祖、马公、东沙等，年可利用小时数约在 7000～8000h。东南沿海地区由于内陆丘陵连绵，风能丰富带仅在距海岸 50km 之内。

（3）内陆局部风能丰富地区。在上述两个风能丰富区之外，风功率密度一般在 100W/m² 以下，年可利用小时数在 3000h 以下，但是在一些地区由于湖泊和特殊地形的影响，风能也较丰富。

（4）海拔较高的风能可开发区。根据第三次全国风能资源评价成果，青藏高原腹地也属于风能资源相对丰富区之一，另外，我国西南云贵高原的海拔在 3000m 以上的高山地区，风能资源也比较丰富。但建设风电场面临的主要问题是海拔高，而满足高海拔地区风况特点的风电机组较少，且交通、道路、运输条件复杂，施工难度较大。

（5）海上风能丰富区。我国海上风能资源丰富、风速高，很少有静风期，可有效利用小时数长。通常，海上风速比平原沿岸风速高 20%，发电量增加 70%，在陆上设计寿命 20 年的风电机组在海上可达 25～30 年，且距离电力负荷中心很近。我国海上风能丰富地区主要集中在浙江南部沿海、福建沿海和广东东部沿海地区。

1.2　我国风电开发现状

1.2.1　历年风电装机情况

中国地域辽阔，风能资源丰富。根据中国气象科学研究院最新公布数据，我国陆上 50m 高度潜在开发量约为 23.8 亿 kW，近海 5～25m 水深线内可装机容量约为 2 亿 kW。

截至 2016 年年底，全国风电保持健康发展势头，全年新增风电装机容量 1930 万 kW，累计并网装机容量达到 1.49 亿 kW，占全部发电装机容量的 9%，风电发电量 2410

亿 kW·h，占全部发电量的 4%。2016 年，全国风电年平均利用小时数为 1742h，同比增加 14h，全年弃风电量 497 亿 kW·h。2013—2017 年第一季度我国新增和累计风电并网容量如图 1-1 所示。

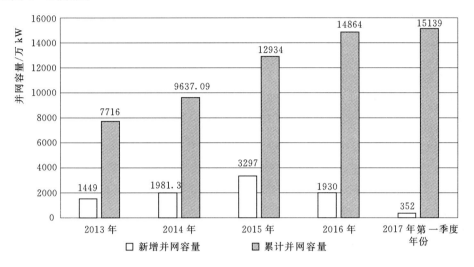

图 1-1　2013—2017 年第一季度我国新增和
累计风电并网容量

2016 年，华北地区、华东地区、西南地区新增装机容量较多，分别超过 400 万 kW。各地区新增装机容量所占全国比例分别为西北地区 17%、华北地区 21%、华东地区 22%、西南地区 22%、中南地区 10%、东北地区 9%。

与 2015 年相比，西北、华北、中南地区 2016 年的风电新增装机容量呈下降态势，而华东地区、西南地区、东北地区的风电新增装机容量依然保持增长态势。2015 年和 2016 年我国各区域新增风电装机容量份额对比如图 1-2 所示。

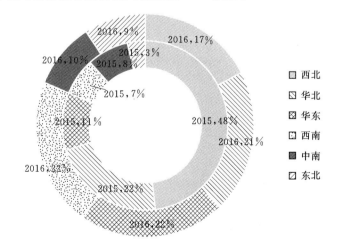

图 1-2　2015 年和 2016 年中国各区域新增
风电装机容量份额对比

1.2.2　风能可利用区域开发状况

1. "三北"（东北、华北、西北）地区风能丰富带

2014—2016 年全国及"三北"地区弃风率数据分析如图 1-3 所示。2016 年，我国风电总体弃风形势严峻，而我国"三北"地区的弃风问题尤为突出。根据国家能源局发布的《2016 年风电并网运行统计数据》，2016 年，我国风电弃风限电形势加剧，全年弃风电量 497 亿 kW·h，同比增加 158 亿 kW·h，平均弃风率 19%，同比增加 4 个百分点，其中：弃风较重的地区是甘肃，弃风电量 104 亿 kW·h，弃风率 43%；新疆弃风电量 137 亿 kW·h，弃风率 38%；吉林弃风电量 29 亿 kW·h，弃风率 30%。

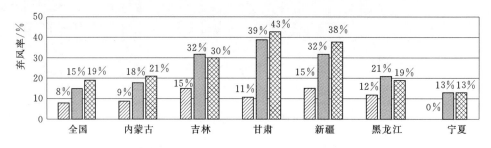

图 1-3　2014—2016 年全国及"三北"地区弃风率数据分析图
（数据来源：国家能源局）

根据国家能源局公布的数据分析，3 年间，"三北"地区大部分省（自治区）弃风率出现增长，甘肃地区弃风率增长较快，2015—2016 年增长为 2014 年的 3 倍多，2015 年是弃风率增长最高的一年，2016 年弃风率增长明显放缓，但全国弃风率仍高达 19%。

从"三北"地区风电新增并网容量上看，2016 年"三北"地区弃风率增长速度放缓与近年来"三北"地区风电并网容量大幅下降也存在着一定关系。2014—2016 年我国"三北"地区风电新增并网容量如图 1-4 所示，风电机组利用小时数如图 1-5 所示。较

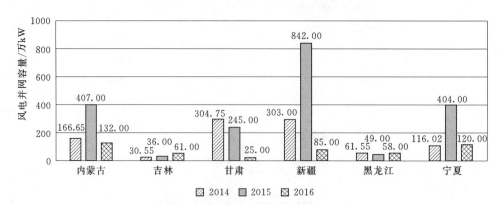

图 1-4　2014—2016 年我国"三北"地区风电新增并网容量
（数据来源：国家能源局）

2015年，除吉林、黑龙江新增并网容量同比有小幅度增长外，其余省（自治区）新增并网容量均大幅下降，特别是新疆地区，2016年新增并网容量下降了90%。

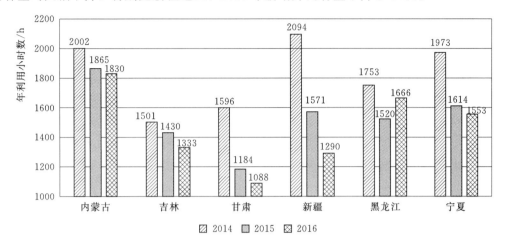

图1-5 2014—2016年我国"三北"地区风电机组年利用小时数

（数据来源：国家能源局）

2. 海拔较高的风能可开发区

中国高海拔地区主要分布于四川、云南、贵州、青海、西藏等省（自治区）。2017年一季度高海拔地区各省（自治区）风电并网容量见表1-3，青海为新增装机容量较多的省份（59万kW）。青海省占全国风电新增装机的16.76%，相对较高。贵州和西藏没有新增装机容量。

表1-3 2017年一季度高海拔地区各省（自治区）风电并网容量

省 份		新增并网容量 /万kW	累计并网容量 /万kW	占全国新增风电装机的百分比 /%
西北地区	青海	59	79	16.76
华南地区	四川	5	130	1.42
	云南	11	739	3.13
	贵州	0	362	0
西南地区	西藏	0	1	0

注：数据源自国家能源局。

3. 海上风能丰富区

我国海上风电开发于2004年拉开序幕，广东南澳建设的首个20MW海上风电场已于2010年竣工。上海东海大桥100MW海上风电项目于2005年开始规划，2010年建成投产，是除欧洲以外的第一个海上大型风电项目。近年来，随着我国陆上风电建设渐入佳境，海上风电也在稳步发展。根据前瞻产业研究院发布的《中国海上风力发电行业市场调研与投资预测分析报告》，2015年我国新核准的海上风电容量为201万kW，其中新增了

7

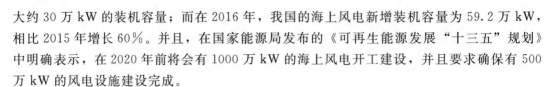

大约 30 万 kW 的装机容量；而在 2016 年，我国的海上风电新增装机容量为 59.2 万 kW，相比 2015 年增长 60%。并且，在国家能源局发布的《可再生能源发展"十三五"规划》中明确表示，在 2020 年前将会有 1000 万 kW 的海上风电开工建设，并且要求确保有 500 万 kW 的风电设施建设完成。

4. 东南沿海和内陆局部风能丰富区

我国除"三北"地区以外的内陆地区，风能资源相对较差，而且地形复杂、建设条件差。但是，随着我国风电的快速发展，"低风速""高海拔"型风电机组的研发，以及"三北"地区风电并网与消纳等因素的影响，2010 年开始大批风电开发商不断南下，风电市场逐步转向风电接入条件优、消纳市场好的中东部和南方等内陆地区。这说明我国中东部和南方地区的风电开发也开始步入规模化阶段，分散式的风电开发布局效果显著。2004—2014 年我国各区域新增风电装机容量如图 1-7 所示。

1.3　山地风电场开发现状

1.3.1　概述

根据地形及海拔等因素可将风电场分为平原风电场和山地风电场。

平原风电场一般是指在风电场及周围 5km 半径范围内地形高度差不超过 50m、最大坡度小于 3° 的区域，我国"三北"地区风电场属于典型平原风电场，在我国风电中所占比例相当大。

我国南方地区的风电场基本以复杂地形的山地风电场为主，复杂地形是指平坦地形以外的地形，大致可分为隆升地形和低凹地形两类，包括山脉、丘陵、谷地等。复杂山地地形高差起伏较大，地表有曲折、转弯和折角等特征。本书所指的山地风电场既包含常规的高原山地风电场，也包含其中的特例——峡谷风电场。

1.3.2　山地风电场特点

1.3.2.1　气候地理特点

高山气候一般指在大型高原和高大山地具有的一种特殊的局部气候类型。在高大山地，气温随高度增高而降低，气候垂直变化显著，在一定高度内，湿度大、多云雾、降水多；愈向山地上部，风力愈强。在中纬度地区的高原地区，如中国青藏高原，海拔高、气温低，但辐射强、日照丰富、降水少，冬季风力强劲。气温的年温差较小，日温差较大。高山高原气候表现为气温低、气压低。自海平面起，每升高 1km，温度则下降大约 6℃。气压则成反比，高度越高，气压越低。在标准状况下，每升高 100m，气压降低 1kPa。而人在低气压下易出现呼吸急促、食欲不振等症状，也就是高山病的表征。多露、多风是其又一明显特征。高山上的气候在一日内变化多端，无论是在夏季或冬季，整座山经常陷入雾茫茫的世界里，四周能见度突然降低。高山多风是因为高山上地形起伏相差悬殊，地面接受太阳辐射热及热力分配不平均，所以经常产生空气流动的现象。

我国海拔1000m以上的土地面积约占全国陆地总面积的60%，海拔2000m以上的面积约占33%，海拔3000m以上的面积约占16%，这些地区有着丰富的风能资源。高海拔地区的环境条件对风电机组设备的正常工作有着显著影响。研究风电机组高原的适应性具有极其重要的意义。

与平原相比，高原的气候特点主要表现在：空气稀薄、低气压和低氧，气候寒冷、干燥、多风，光照强度大等，随着海拔的增加，大气压力下降，空气密度和湿度相应地减少，其特征主要表现如下：

（1）空气压力或空气密度较低。

（2）空气温度较低，温度变化较大。

（3）空气绝对湿度较小。

（4）太阳辐射照度较高。

（5）降水量较少。

（6）年大风日多。

（7）土壤温度较低，且冻结期长。

（8）高原地区出现雷暴天气的频率相对较高。

高原环境参数见表1-4。

表 1-4 高 原 环 境 参 数

序号	环 境 参 数		海拔					
			0m	1000m	2000m	3000m	4000m	5000m
1	气压/kPa	年平均	101.3	90.0	79.5	70.1	61.7	54.0
		最低	97.0	87.2	77.5	68.0	60.0	52.5
2	空气温度/℃	最高	45.4	45.4	35	30	25	20
		最高日平均	35.3	35.3	25	20	15	10
		年平均	20	20	15	10	5	0
		最低	+5，-5，-15，-25，-40，-45					
		最大日温差/K	15，15，15，15，25，30					
3	相对湿度/%	最湿月月平均最大（平均最低气温/℃）	95.9 (25)	95.9 (25)	90 (20)	90 (15)	90 (10)	90 (5)
		最干月月平均最小（平均最高气温/℃）	20 (15)	20 (15)	15 (15)	15 (10)	15 (5)	15 (0)
4	绝对湿度/(g·m⁻³)	年平均	11.0	7.6	5.3	3.7	2.7	1.7
		年平均最小值	3.7	3.2	2.7	2.2	1.7	1.3
5	最大太阳直射辐射强度/(W·m⁻²)		1000	1000	1060	1120	1180	1250
6	最大风速/(m·s⁻¹)		25，25，25，30，35，40					
7	最大10min降水量/mm		30					
8	1m深土壤最高温度/℃		30	25	20	20	15	15

注：1. 为便于比较，将标准大气条件参数（0～1000m）列入表中。

2. 在最低空气温度、最大日温差、最大风速、最大10min降水量等几项中，可取所列数值之一。

1.3.2.2　风能资源分布特点

山地风电场地形条件复杂，可供布置的区域相对较少，多数位于山脊、峡谷地区。风能资源受地形的影响变化较大，山区气象站测风资料一般难以反映场地的资源情况。因山地气象站基本设立于山区的平坦地带，如平坝或者山谷，气象站实测风速一般较小，风电场潜在开发区域基本无观测资料，因此需通过现场考察等手段了解资源情况，主要考察地物的变化情况，包括地表物质的堆积、植物永久变形现象，尤其是植物的永久变形情况，它是判别当地风速高低和主风向的重要标志。

对于山地风电场，由于其特殊的地理特性，使得其空气密度低于平原风电场，因此在相同风速的情况下，山地风电场风功率等级相对要低一些。如某高海拔山地风电场测风塔 50m 高度平均风速为 8.81m/s，风功率密度为 497.5W/m²。根据《风电场风能资源评估方法》（GB/T 18710-2002），判定其风功率等级为 4 级，属风能资源好的区域；但若依据风速来判断，则属于风能资源很好区域。

由于地形条件复杂，测风塔的代表性相对较差，代表区域较小，使用测风塔数据推算出的各机位处的风能资源特征参数和实际的误差较大。对于山地风电场，可能有多座测风塔，为更好地分析测风塔代表性，则需要研究相同测风塔不同高度、不同测风塔相同高度风速相关性，从而大致确定各测风塔大致代表区域范围。一般来讲，相同测风塔不同高度相关性较好，离地越高相关性越好。不同测风塔（或测风塔与长期测站）相同高度相关性因地形地貌而异，地形越类似、距离越近，相关性越好；反之，相关性越差。高原峡谷、山地区域同一位置不同高度风速相关性较好，可以利用测风塔各层数据进行相关插补形成整套数据，同时各测风塔对其附近一定区域内（1～3km）有较好的代表性。

对于山地风电场，当来风方向与山脊成一定夹角（大于 30°）时，迎风坡风速低于山脊风速，而由于气流脱流现象，导致背风坡风速紊乱，基本不可利用。

湍流强度是进行风电机组安全性分析的主要参数之一，其主要用于衡量相对于风速平均值而起伏的湍流强弱，表征风速波动的剧烈程度。风速波动越大，对风电机组的机械结构冲击越大，造成的荷载也越大。精确计算湍流强度通常较为困难，山地风电场中，测风塔的实测湍流强度也不能代表整个风电场全部区域的情况，应计算分析各机位处湍流强度，综合分析选取风电场合适的湍流强度等级。

对于山地风电场，风速分布不总是符合威布尔分布，也就是拟合的威布尔曲线不能很好地跟踪各风速区间风速概率柱状图，这就导致风电场发电量评估的不确定性增加。对于具体项目，应该结合风电机组的切入切出风速，定性研究分析威布尔分布计算发电量结果，判断是高估还是低估，并在此基础上进行修正发电量计算值。

地面附着物较多、地形起伏大导致地表粗糙度较大，近地面处的风速风向受影响程度较大，并随离地高度增加受影响程度逐渐减弱。因此必须重视风电机组选型和布置工作，以保证风电机组稳定、可靠运行。

山地风电场应重视风能资源的不均匀分布、空气密度、大气热稳定度、风电机组尾流损失等特性，因此宜在项目前期对测风塔的数量和布置情况进行分析，全面掌握测风数据，为山地风电场的实际情况提供支撑。

1.3.2.3　设计特点

随着近些年我国风电的大力发展，越来越多的风电场开始建设，导致风能资源丰富以及建设条件良好的区域越来越少，不少开发商已经逐渐重视条件相对复杂的山地风电场的开发。

1. 工程地质

建设山地风电场需考虑其场地地形复杂、道路陡峭曲折、山顶密树丛生、岩石坚硬密实等特点，还需要考虑很多地质因素，如地形地貌、地层岩性、地质构造、不良地质现象等。理想的风电场地理位置都比较偏僻，自然条件相对恶劣，交通不便，施工物资及人员进出很不方便。另外场址区主要的风电机组机位均位于山顶或山脊上，风电机组承台及基础地基以岩石为主，需要爆破开挖，而土石方爆破难度大。根据爆区的地形、地貌、地质条件、环境和施工要求，需采用不同的爆破方法。不良地质现象方面，岩体卸荷容易形成危岩和崩塌。

2. 道路条件

在山地风电场的设计中，道路设计是一个非常重要的组成部分，与常规平原风电场相比，由于地形地貌的复杂，道路设计更加困难。目前，还没有专门针对风电场道路设计的相关规范和标准，更多的是参考《公路路线设计规范》（JTG D20—2006）或者《厂矿道路设计规范》（GBJ 22—1987）等相关规范中的道路标准来进行风电场道路设计（并非完全依照规范内容，规范仅作为参考使用）。

（1）纵坡。对于常规平原风电场来说，道路纵坡一般控制在9%～12%，但是到了山地风电场，由于地势地形的原因，山地起伏很大，若要保持纵坡在9%～12%，会大大增加工程量，同时对环境的破坏也会非常明显，在环保和经济性方面表现较差。因此在山地风电场的道路设计上，常采用车辆牵引的方法，道路设计纵坡可能达到16%，甚至18%。

（2）转弯半径。转弯半径的大小主要取决于设备的大小及运输方式，而在设备中最主要的影响因素是风电机组的叶片和塔架。在平原风电场的设计中，地形条件简单，更多采用的是常规的平板拖车进行设备的运输，但若应用于山地风电场，将大大增加对转弯半径的要求。一般对单机容量2MW的风电机组来说，若用平板拖车进行叶片运输，转弯半径大概在60～70m。若采用可回旋的扬举式特种车辆进行设备运输，叶片对转弯半径的要求将小于风电机组塔架对转弯半径的要求，此时，塔架则作为转弯半径设计参考的依据。单机容量2MW的风电机组，塔架多为三节或四节，此时转弯半径设计值将控制在20～25m，相比常规运输方式，大大减小了工程量。因此，相比平板拖车的方式，在地形地势条件复杂的山地风电场的设计中，特种车辆运输的方式更具优势，也更具可行性。

3. 吊装平台

吊装平台在平原风电场设计中体现的不是很明显，对设备运输及吊装不会产生影响。但是在山地风电场中，由于风电机组往往布置在相对位置较高的山头，因此每台风电机组吊装平台可利用的面积就会大大缩小。

4. 升压站

升压站作为风电场中的重要组成部分之一，一直扮演着重要的角色。在山地风电场中，由于地形、地势等因素的影响，山地风电场升压站的可利用面积十分有限，升压站占地面积比平原风电场升压站小很多，而且总体布局也与平原风电场不同，具体表现如下：

（1）占地面积。山地风电场升压站的占地面积受地形限制，很多山地风电场升压站在高压配电装置上采用了 GIS 方案。在山地风电场设计中，电气设备应尽量选用占地面积小的设备，可以起到压缩占地面积的作用。目前，有的山地风电场采用了集成式变电站的设计方案，集成式变电站占地面积小，适用于各种地形，成本相对较低，山地风电场中采用这种方案也是一个不错的选择。

（2）总平布置。山地风电场升压站设计中，需要利用相对有限的位置将功能最大化。因此，结合站址地理特点的布局才最适合山地风电场。山地风电场在利用面积受限的情况下，通常采用的布局并非常规的矩形布置，而是 L 形布置、T 形布置、阶梯式布置，或是将生产区和生活区分开成两个单独小站布置等。

5. 集电线路部分

集电线路也是风电场设计的重要组成部分之一。山地风电场由于地形地势复杂，可利用的地方少，高低落差大，其集电线路的设计相对平原风电场更加困难，主要表现在杆塔设计和远距离跨越两方面。

（1）杆塔设计。在山地风电场中，由于山地的地形地势特点，常常导致线路有较大的高差，这时，在设计中既要考虑水平拉力，又需要着重考虑纵向拉力，以免在高差较大的地区出现杆塔由于纵向拉力被"拔"出地面。

（2）远距离跨越。而在山地风电场中，由于风电机组位于一个个山头，距离也相对较远，若果采用常规的杆塔，在远距离跨越的时候会"绕路"，造成很大的浪费，这时就体现了远距离跨越在山地风电场设计中的优势了。利用山峰之间的峡谷空隙，可采用远距离跨越来完成线路的连接，由于山谷与山峰间的高差非常大，因此可以满足导线在远距离跨越时弧垂的要求。相比"绕路"方案，工程量会大大减少。

1.3.2.4　山地风电场开发的优点

（1）可开发风电场场址基本位于高山山脊和高山台地地区，远离经济区域，场址区土地较为贫瘠，人类活动极少，风电场建设与土地利用规划之间的矛盾相对较少。

（2）目前，我国南方的电源结构总体以水电为主，电网丰枯矛盾尖锐，水电丰枯出力差距很大，一般的径流式水电的枯季出力不足 20%，调节性能好的大型水电的枯季出力也只有 50% 左右。与此相反，南方地区枯季的风电出力最大。因此，水电与风电具有良好的互补特性，发展风电有利于改善我国电源结构，在一定程度上缓解电网丰枯矛盾，缓解南方地区枯期缺电的局面。

（3）我国风电的整体规模较小，风电场就地消纳能力较强。

1.3.2.5　山地风电场开发的难点

（1）山地风电场主要集中在山地及高原地区，地形相对复杂，风能资源受地形的影响变化较大，山区气象站一般设立于经济条件较好的山谷或平坝地区，气象站测风资料一般难以反映场地的资源情况。对风能资源的观测及评估是山地风电场开发的一个难点。

（2）山地风电场主要集中在山地及高原地区，经济基础较差，交通基础设施较为落后，场地山高坡陡，交通运输及道路组织方案是制约山地风电场开发的关键因素。

（3）并网条件相对较差。由于风电开发总体起步较晚，新能源规划晚于电网规划，电网规划中未考虑新能源电源点的接入，导致风电并网条件较差。风电具有间歇性、随机性，以及可调度性低的特点，其规模的迅速扩大在给电网带来一定压力的同时也给并网带来一定的困难。

（4）受地形条件的限制，山地风电场一般以山脊为一个开发单元，主要以分散式开发为主，点多面广，很难形成大规模集中开发的风电场，对山地风电可开发总体规模的认识有待提高。

（5）风电场运行条件差。山地风电场受地形影响，湍流强度相对较大，对风电机组的安全要求相对较高；风电场处于有高雷暴、高湿度、强凝冻的环境，尤其是高雷暴问题是制约风电场安全运行的重大问题。

相对于"三北"地区大规模的风电基地而言，南方地区风电与水电的互补性较强，以分散式开发为主，受地形、经济发展水平、运行环境的影响，建设成本相对于"三北"地区风电场较高，但因其总体规模较小，就地消纳能力较强。

1.3.3 山地风电场规划建设情况

1.3.3.1 山地风电场规划

国家能源局统筹考虑各地区风电开发建设现状和市场消纳情况，编制了 2016 年全国风电开发建设方案。在西部地区的山地风电场规划主要涉及贵州、四川、青海、西藏等省（自治区）。

1. 贵州

2016 年 6 月 24 日贵州省人民政府印发的《贵州省推动电力行业供给侧结构性改革促进产业转型升级的实施意见》指出，加大风电项目建设力度，促进风电与观光旅游综合开发，实现贵州省风能资源充分合理开发利用，力争到 2020 年装机容量达到 600 万 kW。

"十三五"期间，重点开展山地抗凝冻低风速启动风电机组的技术研究和应用，研发高效率转换光伏组件。

为促进能源结构调整，推动能源生产和消费革命，贵州省能源局统筹制定了 2016 年贵州省风电开发建设方案。该方案提出为促进风电产业持续健康发展，2016 年贵州省风电开发建设总规模 209.94 万 kW，其中集中式风电项目规模 202.74 万 kW，分散式接入风电项目规模 7.2 万 kW。

2. 四川

"十三五"期间，四川省将在"十二五"工作的基础上，增设风能资源观测塔，全面摸清全省各地市州风能资源，高原风电建设有所突破，完成甘孜州风电规划研究，力争建成 1~2 个高原风电项目。根据《四川省凉山州风电基地规划报告》研究成果，结合风能

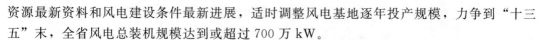

资源最新资料和风电建设条件最新进展，适时调整风电基地逐年投产规模，力争到"十三五"末，全省风电总装机规模达到或超过 700 万 kW。

根据四川省风能资源开发规划场址建设条件综合分析，结合全省最新能源发展规划以及《四川省风能资源开发规划研究报告》研究成果，提出四川省风电开发规划。初步规划，到 2020 年，全省规划投产风电场 120 个，投产规模达到 750 万 kW。

3. 青海

根据《国家能源局关于下达 2016 年全国风电开发建设方案的通知》（国能新能〔2016〕84 号）精神，国家下达 2016 年青海省风电开发建设规模为 100 万 kW，青海省发展和改革委员会在统筹考虑各项目风能资源和开发建设条件的基础上，研究编制了《青海省 2016 年度风电开发建设方案》（以下简称《方案》），经青海省能源资源开发建设协调领导小组专题会议审定，将 16 个项目列入《方案》，总装机容量 100 万 kW。

4. 西藏

西藏高原空气稀薄，气压低。全区平均气压仅为海平面的一半，即同等风速和气温下，风功率密度大小仅为海平面的一半。70m 高度，不小于 $200W/m^2$ 的技术开发量为 118 万 kW，而不小于 $400W/m^2$ 的技术开发量比较小，约有 53 万 kW 的风能资源技术开发量可供小规模离网型风力发电利用，但风电场的建设受环境制约较大，小规模、离网型的风力发电，将使风能资源得到更加充分的利用。

从季节分布看，冬季、春季风能较丰富，秋季风能最小。由于西藏高原地区缺乏足够的观测资料，风能资源的具体情况需要进一步观测。但从分析看，海拔 3500m 以上，潜在装机区域主要分布在藏北高原及日喀则地区西北部零星地带，藏北开发潜力较大。

总体来说，在西藏高原适宜地区，可以尝试使用小型风电机组，发展小规模离网风力发电。

1.3.3.2　山地风电场建设

2016 年部分地区风电产业发展统计数据见表 1-5。2016 年，全国风电产业继续保持增长势头，全年风电新增装机容量 1930 万 kW，累计并网容量达到 1.49 亿 kW，风力发电量 2410 亿 kW·h。

2016 年，云南、贵州、四川、青海、西藏五省（自治区）年利用小时数最高的地区是四川 2247h，年利用小时数最低的地区是贵州，为 1806h。

表 1-5　　　　　　　　2016 年部分地区风电产业发展统计数据

省（自治区）	新增并网容量 /万 kW	累计并网容量 /万 kW	发电量 /（亿 kW·h）	弃风电量 /（亿 kW·h）	弃风率 /%	年利用小时数 /h
四川	52	125	21			2247
青海	22	69	10			1726
西藏	0	1	0.1			1908
贵州	39	362	55			1806
云南	325	737	148	6	4	2223

1. 云南

自云南省首个风电项目大理者摩山风电场并网发电以来，云南省风能资源开发利用逐渐提速。据云南省能源局发布的风电场规划报告显示，云南全省可开发风电装机达 3300万 kW 以上。

为应对风电等新能源大幅增长对电网安全及消纳能力带来的挑战，保障新能源的健康持续发展，云南电网公司加强风电新能源并网管理，落实"一站式"服务，优化风电并网时序和流程，规范、快速办理并网手续，助推新建风电顺利投产。在保障电网安全稳定运行的前提下，全力做好节能优化调度，根据国家能源局发布的《2017 年一季度风电并网运行情况》，截至 2017 年一季度，云南省风电项目新增并网容量 11 万 kW，累计并网容量 412 万 kW。

云南地区风电利用情况见表 1-6，从表中数据分析，近几年云南省风电年利用小时数保持在 2200h 以上，居全国各省前列，虽存在少量弃风问题，但整体上风电运行情况非常好。

表 1-6　　　　　　　　　　　　云南地区风电利用情况表

年　　份	风电年利用小时数/h		云南弃风情况	
	全国	云南	弃风率/%	弃风电量/(亿 kW·h)
2013	2074	2388	3.68%	1.69
2014	1908	2511	4.31%	2.81
2015	1728	2573	3%	3
2016	1742	2223	4%	6
2017 年一季度	468	939	5%	4

2. 贵州

根据国家能源局发布的《2016 年风电并网运行统计数据》，截至 2016 年年底，贵州省风电项目新增并网容量 39 万 kW，累计并网容量 362 万 kW。

表 1-7 为贵州地区风电利用情况，从表中数据可知，近几年贵州省风电利用小时数在 1100h 以上，没有弃风现象。

表 1-7　　　　　　　　　　　　贵州地区风电利用情况表

年　　份	风电利用小时数/h		贵州弃风情况	
	全国	贵州	弃风率/%	弃风电量/(亿 kW·h)
2013	2074	2060	0	0
2014	1908	1575	0	0
2015	1728	1199	0	0
2016	1742	1806	0	0
2017 年一季度	468	561	0	0

3. 四川

为积极响应国家能源发展战略，调整经济发展方式，四川省提出在"十三五"期间，要科学有序地发展新能源，力争到 2020 年，全省非化石能源消费量占一次能源消费总量的 37.8%，要完成这一目标和任务，必须积极发展循环经济，大力推进风能资源开发利用。风电发展现状主要体现在以下方面：

（1）测风工作全面展开，多地区具备风能资源开发价值。在全国风电大开发的背景下，四川省能源局委托四川省气象局先后在凉山、甘孜、阿坝、攀枝花、绵阳、广安设立 12 座测风塔，以摸清全省风能资源的区域分布特点。目前各大电力企业陆续开始在四川开发风电，又设立了多座测风塔开展风能资源观测。据不完全统计，四川省已设立测风塔超过 100 座，主要分布在以凉山州为代表的盆周山区。从测风塔风能资源数据分析结果来看，多数地区风功率密度等级达到 2 级及以上，基本具备风电开发价值。

（2）风电开发外部环境不断改善。以接入系统和交通运输为代表的外部环境显著改善。目前四川省 500kV 及以上电网目标网架的基本框架完全形成，500kV 网架基本覆盖了四川电网的每个负荷中心。220kV 电网已经覆盖了 21 个市州，除阿坝、甘孜、巴中等少数市州外，大部分市州均已建成 220kV 环网，形成了较为坚强的地区骨干电网。全省高速公路进出川大通道建成 7 个、在建 11 个，以高速公路为骨架的干线公路网建设布局全面展开，国省干线升级改造和农村公路建设稳步推进，内河航道和港口建设进展顺利。风电开发外部环境的改善为风电建设提供了必不可少的前提条件。

（3）风电机组制造形成规模化生产能力。经过多年发展，四川省的风电机组制造企业——东方电气集团已具备独立设计、研发、生产、售后单机容量 1～5MW 的弱风型、低温型、抗台风型、高原型双馈和直驱风电机组，目前年生产能力超过 1000 万 kW，主要的生产机型包括东汽 1.5kW、东汽 2.0MW、东汽 2.5MW 和东电 1.5MW、东电 2.5MW 等。

（4）规划引领，风电开发进入快速发展阶段。优化风电开发布局，总量控制，适度开发。依据国家已批准实施的凉山州风电基地规划，到 2020 年，全省风电建成并网规模达到 600 万 kW，其中凉山州风电基地建成并网 453 万 kW。

4. 青海

青海地区风电利用情况见表 1-8，从利用小时数来看，2015 年青海风电产业年利用小时数最高，其余三年基本保持在 1700h。

表 1-8　　　　　　　　　　青海地区风电利用情况表

年份	新增并网容量/万 kW	累计并网容量/万 kW	累计上网电量/（亿 kW·h）	发电量/（亿 kW·h）	弃风电量/（亿 kW·h）	弃风率%	年利用小时数/h
2014	21.75	31.85	4.29			0	1723
2015	15	47		7			1952
2016	22	69	10	—		0	1726
2017 年一季度	59	79	3			0	366

5. 西藏

根据国家能源局发布的《2016 年风电并网运行统计数据》，截至 2016 年年底，西藏累计并网容量 1 万 kW，风电项目无新增并网容量。

西藏自治区目前只有一个风电项目——龙源那曲高海拔风电项目。项目投产实现了我国西藏风电装机容量的零的突破，并且是世界上海拔最高的风电项目。该项目位于西藏那曲地区那曲县，占地约 312 亩❶，安装 33 台 96m 长叶片、单机容量 1500kW 的风电机组，总装机容量 49.5MW，项目分为两期建设，该项目进一步缓解了藏北那曲的缺电问题。

---

❶　1 亩＝666.7m²

第2章　山地风电场设计流程及内容

2.1　设 计 阶 段 划 分

参照其他工程类项目，按照设计流程来划分，风电场工程设计阶段可分为规划、预可行性研究、可行性研究、招标、施工图等阶段。其中规划、预可行性研究、可行性研究等核准前需开展的工作又可称为前期工作，主要解决项目立项工作；招标、施工图等阶段属于实施阶段工作，本阶段是项目目标的重要环节。

在上述风电场各设计阶段主要设计工作中，对于山地风电场而言，风电场风能资源评估、微观选址、风电机组选型、土建设计等对于保证风电场安全可靠运行、降低风电场投资成本、提高风电场经济和社会效益起着重要作用。设计过程中，由于风况特性、建设条件等不同，设计制约因素较多，设计难度也较大，同时这也是体现设计单位精细化设计水平和能力的所在。

本章结合已建成山地风电场工程经验及编者近年来研究成果，着重阐述山地风电场的风能资源评估、微观选址、风电机组选型、风电机组基础设计、道路及平台设计等主要关键设计技术。

2.2　前 期 工 作 主 要 内 容

2.2.1　规划选址

2.2.1.1　风电场规划

风电场工程规划根据国家的有关政策和行业的有关规定，确定规划目标、规划范围、规划水平年和实施年份。对规划风电场的建设条件进行调查，取得可靠的基础资料，并进行分析归纳，作为规划的依据。主要工作内容如下：

（1）收集规划风电场及周围比例不小于 1∶50000 的地形图，地形图范围应在风电场范围基础上向四周延伸 10km。

（2）收集规划风电场附近长期测站气象资料、灾害情况、长期测站基本情况（位置、高程、周围地形地貌及建筑物现状和变迁，资料记录，仪器，测风仪位置变化的时间和位置）以及近 30 年历年各月平均风速。

（3）收集已有的风能资源普查及风电场选址成果。如有条件，应收集规划风电场场址处或附近已有连续一年的现场实测数据和已有的风能资源评估资料。

（4）收集规划风电场场址区工程地质资料。

（5）收集规划风电场所在地区交通运输条件资料。

（6）收集规划风电场所在地区电网地理接线图，电力系统概况及发展规划等。

（7）收集规划风电场所在地区土地利用规划、已查明重要矿产资源分布、自然环境保护、军事用地、文物保护等敏感区的资料。

（8）收集规划风电场所在地区国民经济和社会发展规划资料。

（9）根据风能资源普查成果及土地利用规划等初步选定各规划风电场场址。

（10）对各规划风电场的风能资源、工程地质、交通运输及施工安装等建设条件进行分析。

（11）初步估算各规划风电场的装机容量。

（12）提出各规划风电场的接入系统方案。

（13）对各规划风电场进行环境影响初步评价。

（14）对各规划风电场进行投资匡算。

（15）经综合比较，确定规划风电场的开发顺序。

2.2.1.2 测风塔选址

测风塔选址工作是根据规划风电场的风速风向特性、地形地貌、地表附着物、场址范围、风电场规模、可能的轮毂高度等条件，确定拟选测风塔代表性位置、数量、高度及测风设备的设置方案，主要工作内容如下：

（1）根据 Google Earth 及 1∶10 万地形图，在规划风电场场址内，初拟可能的布机区域。

（2）现场查勘可能的布机区域地形地貌、风速、风向、场址范围、建设条件等，并收集气象、电力、交通等资料，初步选定若干个代表性测风塔位置。

（3）根据风电场地形复杂程度及风电场规模确定测风塔的数量。

（4）结合场址的地形地质条件、接入条件、土地利用等因素，对初定的测风塔位置进行分析评估。

（5）根据可能的轮毂高度选定测风塔高度及测风设备的设置方案。

2.2.2 可行性研究

随着风电勘测设计技术不断成熟，目前预可行性研究工作较少开展。因此，在此仅对可行性研究工作进行介绍。可行性研究报告根据批准地区风电场规划的要求，对风电场项目的建设条件进行调查和地质勘察工作，在取得可靠资料的基础上，进行方案比较，从技术、经济、社会、环境等方面进行全面分析论证，提出可行性评价，主要工作如下：

（1）按照统筹规划、分期开发的原则，确定项目任务、规模和开发方案，进一步论证项目开发的必要性及可行性。

（2）综合比较，初步选定风电场场址。

（3）查明风能资源参数、气象资料、灾害情况，对风电场风能资源进行计算、论证和评估。

（4）开展风场测量及地质勘察工作，查明并分析风电场场址区域工程地质条件，提出相应的评价和结论。

（5）选择风电机组机型，提出风电机组优化布置方案，并计算风电场年上网发电量。

（6）确定风电场装机容量、接入系统方式，确定升压变电站电气主接线及风电场风电机组集电线路方案，并进行升压变电所及风电场电气设计，选定主要电气设备及电力电缆或架空线路的型号、规格及数量。

（7）拟定消防方案。

（8）确定工程总体布置及中央控制中心建筑物的结构型式、布置和主要尺寸，拟定土建工程方案和工程量。

（9）确定工程占地的范围及建设征地的主要指标，选定对外交通方案、风电机组的运输和安装方法、施工总进度。

（10）拟定风电场定员编制，提出工程管理方案。

（11）进行环境保护和水土保持设计。

（12）拟定劳动安全与工业卫生方案。

（13）编制工程设计概算。

（14）进行经济与社会效果分析。

（15）进行节能分析。

（16）进行社会稳定性分析。

2.3　实施阶段设计主要内容

山地风电场实施阶段设计主要工作内容包括工程招标、微观选址、土建设计和电气设计等。

2.3.1　工程招标

风电工程招标范围分为两大部分：一是风电场部分，包括风电机组设备、塔架、箱式变压器、设备安装及土建工程、进场及场内道路工程、集电线路工程；二是升压站部分，包括主变压器、高压开关柜、SVG、GIS、综合自动化系统、设备安装及土建工程等。

2.3.2　微观选址

微观选址是依据风电场宏观选址确定的宏观区域位置和业主确定的风电机组类型，从风能资源特性、地形地质条件、施工交通、洪水、气象、工程占地、环境保护、敏感性因素等方面，应用相关的风能资源评估、微观选址的方法和软件，复核风能资源价值、风电机组适应性，进行风电机组布置方案设计、机位定位、估算发电量等相关工作。最大限度地开发利用项目区域的风能资源，获得项目最大经济效益。

微观选址工作主要包括以下各项：

（1）收集整理数据资料，并到风电场现场进行现场查勘。

（2）项目公司、设计单位和风电机组制造厂充分沟通风电场建设的总体目标和要求。

（3）详细分析风电场区域内的风能资源分布特点，利用 WT 等适合复杂地形的 CFD 计算软件模拟风电场的风能资源分布图、湍流强度分布图和入流角分布图；并结合场区道路、地质等条件进行场址条件综合分析。

（4）根据场址条件分析结果，按照风电机组优化布置和微观选址的基本原则，拟定若干风电机组布置方案，并利用 WT 软件对各方案进行调整优化。

（5）对比各拟订方案的发电量、尾流影响、投资差异、环境影响等其他相关因素的技术经济综合评价，确定初步的风电机组布置方案。

（6）组织风资源、测量和道路等专业进行风电场现场查勘，详细对比现场与所用地形图的差异，结合设计和建设各方面的经验，现场确定每个机位坐标点。

（7）综合考虑风电场交通情况、集电线路、电网接入、地质地形、障碍物、当地特殊情况等，确定风电机组的最终布置方案，以使风电机组布置在发电量、施工难度和安全性等方面综合较优，并使建成后的风电场环境、景观和视觉效果能够达到与现实环境的整体和谐统一。

（8）根据风电机组的最终布置方案，选择合理的粗糙度和综合折减系数，复核每个风电机组机位的安全性，计算风电场的年上网电量，编制风电场微观选址报告。

2.3.3　土建设计

风电场土建设计主要包括风电机组基础设计、箱式变压器（以下简称箱变）基础设计、升压站设计、风电场场内外道路设计、机组吊装平台设计等。对于山地风电场，场内外道路、机组吊装平台、风电机组基础等的优化设计对于项目投资控制、工期、安全等有着重要意义。

1. 风电机组基础设计

根据风电机组厂家提供的风电机组基础结构尺寸、基础资料、风电场场区的地质条件及其他有关规范要求确定该工程风电机组基础结构及地基处理方法，绘制基础施工详图。

2. 箱变基础设计

根据风电场场区的工程地质条件及箱式变电站容量，确定箱式变电站的基础结构及地基处理方法，绘制基础施工详图。

3. 升压站设计

升压站设计应按规划风电场总装机规模进行，同时考虑电气设备布置情况、工作人员生产生活情况等，具体工作如下：

（1）确定风电场升压变电站及中央控制楼的总体布置，绘制选定方案的总平面布置图。

（2）确定主要建筑物的规模、结构型式、建筑标准，绘制平面布置图及结构图。

（3）确定主要建筑物内生产、生活供水及污水处理方式。

4. 场内外道路设计

风电场场内外道路设计必须以最终的风电场微观选址报告（报告应明确风电机组机位坐标、高程，吊装场地布置位置及尺寸、高程，升压站布置位置及尺寸、高程等参数）为依据，根据风电机组单机容量及型号、运输及风电机组吊装方案及设备类型，拟定对应的道路技术标准，确定风电场场内道路路径，开展路面、路基等设计工作。

5. 机组吊装平台设计

机组吊装平台设计应根据微观选址最终确定的机位及拟定的吊装方案确定风电机组吊

装平台尺寸并绘制施工图。

2.3.4　电气设计

风电场电气设计主要包括电气一次、集电线路、电气二次及通信设计。

1. 电气一次

（1）根据风电场接入系统设计和可行性研究报告审查意见，复核、落实和确定接入电力系统方案和电气主接线及电气一次设计方案。

（2）根据可行性研究报告审查意见确定升压站位置，优化布置方式和型式，确定出线位置及进出线走廊等。

（3）复核短路电流计算成果，并对有关计算的依据、接线、运行方式及系统容量进行说明。

（4）过电压保护及防雷接地。

1）确定过电压保护方式。

2）根据接地装置区域土壤的实测电阻率，补充、完善和确定接地系统的方式及接地装置，包括自然接地体和人工接地的方式；复核接地计算成果，当接地装置不符合规定的电阻值时，应确定降低接地电阻值的具体措施。

3）确定配电装置均压网，计算接触电位差和跨步电位差；并确定特殊设备的接地方式。

4）选择和确定接地装置导体截面，并核算及确定其长度。

（5）照明系统。进行风电场照明系统设计，包括正常照明、事故照明、警卫照明、标志照明及建筑装饰照明设计，提出照明网络的规划和走向，并确定其主要设备的技术要求和数量。

（6）其他。

1）确定动力电缆线路走向及其敷设方式，确定配电装置的布置和数量，确定电缆型号和长度。

2）进行设备安装布置设计。

3）进行设备连接设计。

4）确定主要电气设备的数量，编制完整的电气一次设备清册；配合概算专业进行设备询价，落实概算价格。

2. 集电线路

根据风电场地形地貌、地理环境、风电机组布置、升压站位置，通过技术经济比选确定集电线路走向及其敷设方式，确定杆塔的布置和数量及线路长度。

3. 电气二次及通信

（1）根据可行性研究报告及招标设计文件，完善电气二次通信专业的设计成果。

（2）根据接入系统设计要求及招标设计文件，完善电气二次通信专业的设计成果。

（3）确定电气二次各系统的总体配置、设计方案、原理接线及主要设备的选型和技术参数，确定电气二次设备的使用条件，对二次通信设备进行布置。

（4）监控系统。根据厂家相关资料，绘制原理接线图及端子图。

（5）继电保护。根据厂家相关资料，绘制原理接线图及端子图。

（6）电源。根据厂家相关资料，绘制原理接线图及端子图。

（7）厂内生产调度通信。完成设备配置及布置图。

（8）光纤通信。完成场内及系统光纤通信通道的设备配置设计。

（9）通信电源系统。完成通信电源设备配置及布置图。

4．绘制电气施工图纸

（1）电气主接线图。

（2）厂用电供电系统接线图。

（3）变电站平面总布置图。

（4）变电站防雷接地系统图。

（5）变电站照明系统图。

（6）设备安装图。

（7）集电线路施工图。

（8）主要二次设备和材料清单。

（9）计算机监控系统图。

（10）保护配置图。

（11）测量系统图。

（12）直流系统图。

（13）电气二次施工图。

（14）通信设备及管线布置图。

（15）全厂通信主要设备及材料清单。

第3章 山地风电场风能资源评估

3.1 地形地貌影响分析

3.1.1 山地风电场地形类型

山地风电场主要为隆升地形，局部区域可能存在峡谷地形。风电场的风能资源，往往受到一个或多个地形共同影响。通常同一地区，峡谷的宽窄、隆升地形的高低、沿海区域距海岸线的远近都决定风速的大小；不同地形下的风况，具有不同的特征。

1. 峡谷地形下的主要风况特点

（1）风向集中且与峡谷走向基本平行。

（2）风速频率分布（以下简称"风频分布"）更分散，表现为小风速、大风速频率增多，威布尔分布的形状参数 K 值偏小。

（3）峡谷横切面，两侧海拔通常高于中部，该切面风速与海拔基本无关。

（4）峡谷两侧，气流受山脊影响加重，风况变化更加复杂，风速、风向和湍流更加多变。

（5）CFD 技术在峡谷地形误差增大。

2. 隆升地形下的主要风况特点

（1）风速基本随海拔的增加而增加，并与山脊走向和风向夹角关系密切。

（2）风向随山脊的走向不同而发生一定偏转。

（3）风速、风向受上游山脊影响加重，同时也受下游更高地形的影响。

（4）湍流受上游地形影响加重。

（5）坡度影响山脊顶一定范围内的风速和湍流。

（6）隆升地形下，山脊顶风速随高度的变化规律主要取决于上风向地形坡度，其次受山脊顶植被高度和密度，以及植被距离的影响，大气稳定度对风速垂直切变影响较小。

（7）局地隆升地形受大地形的影响加重。

3.1.2 地形加速效应

地形对近地层风的影响是非常大的，也是风能资源研究的重点之一。

1. 峡谷地形

峡谷其实就是两侧有高山，中间是谷地有时中间有河流穿插其中。首先，这类地形属于典型的峡谷地形，根据伯努利方程，峡谷口径较小处的风得到加速，导致风速较大；当谷地中有河流时，上游地势相对较高，下游则较低，受谷地风效应影响，升温时高谷地表面的空气受热上升速度快于低谷地，形成了由下游吹向上游的风，同理降温时就会形成从上游吹向下游的风，因此峡谷地形风向总是沿着峡谷走向，相对稳定，使得风能资源可被利用。其次，当峡谷两侧的高山不是连续的山脉时，在不连续处就会形成与现有峡谷成一定夹角的山谷，受地形影响又会形成山谷风，与主峡谷风产生叠加，可能是加速也可能是相抵，使得风况更复杂。

2. 隆升地形

当风吹过山顶时，就相当于风穿过一个较窄的通道，只有提高流速才能通过，即山体对风起到了加速效应，如图 3-1 所示。风加速的程度取决于山脊的坡度和地表光滑程度。坡度的变化对风流的影响如下：一般情况，如果坡度为 6°～16°，地形高度增加 5%，可能使平均风速增加 5%，进而使得风能增加近 15%，风的加速效应明显，风能利用价值较大；如果坡度大于 17°，风流不再附着于地表，而是发生了脱离现象，在气流脱落区，风的加速效应明显减弱，甚至不能被利用。地表光滑程度对风流的影响主要表现在：地表越光滑，加速效应越大；反之，加速效应越小。因此，对于复杂地形，我们通常不能采用线性模型来计算风能资源，而是应该采用三维数值模拟来进行计算。

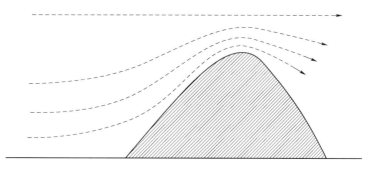

图 3-1　风流过山脊的加速效应

山脊的走向与主导风向的关系也会影响加速效应。当主导风向垂直于山脊时，加速效应大；当主导风向平行于山脊时，加速效应小。

山口是引起加速效应的另一个地理特征。当气流流经高山屏障之中的山口时，由于文丘里效应，风速增加。山口的几何形状（宽度、长度、坡度等）是决定加速程度的主要因素，平行于风向的两个高山山口的风能资源利用价值较大。

3.1.3　障碍物影响

地貌中的障碍物对风速的主要影响包括风速降低、湍流增加。

1. 风速降低

某一个障碍物是否对某点产生遮挡效应而引起风速降低，取决于关注点与障碍物的距离 x，障碍物的高度 h、长度 L 和孔隙率 P，关注点的高度 H。遮挡效应随着障碍物的长度减小和孔隙率增加而降低；关注点与障碍物的距离超过障碍物高度的 20 倍、关注点的高度超过障碍物高度 3 倍时，障碍物的遮挡效应消失。这可以用来判断障碍物对测风塔、机位的影响，也为测风塔选址、机位布置提供了理论依据。

障碍物的形式是多样的，和其他地理元素的界限也并不太清晰。如树木是粗糙度的组成部分，但有时也可以成为障碍物；山体是地形的组成部分，但有时也可以认为是障碍物。因此，在微观选址时应灵活运用，有遮挡效应时就按照障碍物来考虑；反之按照粗糙元或地形来考虑。

高原峡谷、山地风电场往往障碍物较多。与其他高度（30m，50m 等）受到地貌影响程度相比，测风塔 10m 高度风速仪受影响程度更大，因此在拟合垂直风廓线、进行长系列数据相关性分析时，可以考虑去掉 10m 高度风速仪数据。今后在地貌较为复杂的区域测风塔也可考虑不设置 10m 高度风速仪来降低测风塔成本。

2. 湍流增加

障碍物不仅能降低风速，还会在其附近产生湍流，如图 3-2 所示。障碍物产生的湍流区尺度可以达到障碍物的 3 倍，且下风向的湍流更加强烈。图 3-3 为某风电场实际的布置情况，风电机组受到其前面障碍物影响而导致湍流过大。因此在微观选址时，一定要避开主导风向上风向的障碍物一定距离。对于复杂地形地貌的风电场，风电机组附近的小山丘可以当做障碍物来看待，可以按照障碍物影响风速的原则来进行定性分析。所以在复杂地形地貌风电场机位微观选址时，选择的山脊应相对平缓，尽量不要有大的起伏波动（尤其是主导风向上），否则会增加后面风电机组的湍流强度而影响风电机组的安全运行。目前障碍物的问题在软件模型里较难体现，但却是微观选址时需重点考虑的因素，因而需要在软件计算资源分布后进一步从宏观上定性分析。山丘对风速影响的水平距离，一般在迎风面为山高的 5~10 倍，背风面为 15 倍。且山脊越高，坡度越缓，在背风面影响的距离越远。根据经验，在背风面对风速影响为

$$L = h\cot\frac{\partial}{2} \tag{3-1}$$

式中　L——水平距离；

　　　h——山高；

　　　∂——山的坡度。

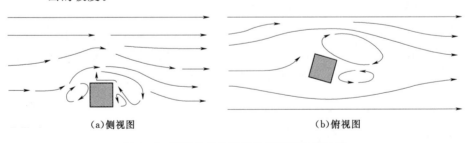

(a)侧视图　　　　　　　　　　　　　(b)俯视图

图 3-2　障碍物产生湍流的侧视图和俯视图

3.1.4　粗糙度影响

1. 粗糙度

地表粗糙度由地表粗糙元的尺寸和分布决定。对于高原峡谷、山地风电场，粗糙元主要有植被、建筑、土壤表面。地表粗糙度是作为大气下边界出现的几何长度，对应对数风

图 3-3 地形凸起（当作障碍物）引起湍流荷载

廓线中平均风速为零的高度。粗糙度不等于每个粗糙元的高度，但是粗糙元和粗糙度存在一一对应关系。当地表粗糙元改变时，如植被高度和覆盖率的变化、新建或拆除房屋、森林砍伐等，粗糙度会发生变化。粗糙元的高度越高，粗糙度越大，但粗糙度总是小于粗糙元的物理高度。在风能资源计算中，一般不会直接计算粗糙度，而是根据经验对地表粗糙元的特征进行估计，一般取粗糙元物理高度的 1/30 或 1/20。

在进行复杂地形风电场风能资源计算时，为了验证粗糙度设置是否合适，可以将同一测风塔不同高度的平均风速相互推算，看推算值和测风塔实测值是否一致或非常接近，若不一致则需要重新调整粗糙度的设置，直到合适为止。

在实际的风电场中，风电机组周围的粗糙度的影响高度可能远没达到轮毂高度甚至风轮底部高度，因而对风电机组的影响较小甚至可以被忽略；而离风电机组较远处粗糙度可能带来的影响更大。如很多山地风电场，山顶风大、植被低矮、粗糙度低，而风电场在大范围内被森林包围时粗糙度却很大，风电机组受影响程度也较大。为了更准确地反映较远处的粗糙度对风电机组的影响，粗糙度地图的边界与最外面的风电机组间的直线距离应该至少为轮毂高度的 100 倍。

2. 粗糙度与风廓线

地表粗糙度是风廓线形成的基础，即粗糙度决定了风廓线的样子。粗糙度对风速有较大影响，在地形和大气稳定度相同的条件下，粗糙度越大，风速越小，这也说明植被高的山地相对植被矮的山地平均风速要小。粗糙元的改变对风电场发电量及风电机组的安全影响也较大，如周围的树林在风电场运行期间逐渐长高，就要求在进行微观选址时予以充分考虑。

如果粗糙元间非常紧密，就相当于整个地表被抬高了，如一些植被非常茂密，绿色的树冠紧密相连融为一体。如图 3-4 所示，当风吹过密植的树林时，在树冠上方的风廓线依然遵循对数风廓线，相当于地面被抬升了。风电机组安装在此类区域，相当于风电机组的轮毂高度减小了（减小的高度称为置换高度），若设计时采用原有轮毂高度，则明显高估了风电机组的发电量。应该根据树木的茂密程度，将轮毂的高度增加一个置换高度，一般置换高度可定位树高的 1/2～2/3。置换高度还可以理解为由于植被的存在改变了地形或形成了障碍物。

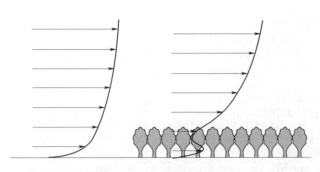

图 3 - 4　风流过森林时的风廓线

3.2　测风塔选址及设备选型

3.2.1　测风塔代表性

风能资源评估的软件模型都是以测风塔的实测数据为基准进行模拟评估的，因此测风塔实测数据必须能够代表风电场区域的风气候。风气候的代表性是测风塔选址的技术依据，也是风能资源评估技术工作的前提。测风塔的地理和气候特征应与拟安装的风电机组位置处相似，即遵循相似性准则，才能使得风能资源评估结果更准确。相似性准则可以分为风气候相似、地形地貌相似和障碍物遮挡效应相似。相似度的判断更多的是采用定性分析方法进行。

3.2.1.1　风气候相似

测风塔与拟选机位应处于同一中尺度区域气候内，对于地形地貌复杂的风电场，还应考虑微观尺度的风气候。风气候相似可以理解为距离相近、大气稳定度相似和海拔相似。距离相近是最直接的判据，但也仅限于简单地形；对于复杂地形却不能用距离近简单地判断属于同一区域气候。大气稳定度直接影响近地层大气的垂直对流，从而影响风气候。大气稳定度主要取决于地表温度，温度越高垂直对流越强，大气越不稳定。海拔对气候的影响也很显著，可直接表现在空气温度和压力的变化，风气候的垂直外推存在较大的不确定性，一般情况，测风塔和拟选机位之间的高度差不宜超过 100m，当超过这一值时应考虑增加测风塔。

3.2.1.2　地形地貌相似

地形地貌的相似度更倾向于微观尺度的考虑，主要从地形的复杂程度和地表粗糙度的角度判断测风塔与拟选机位的相似度，主要有地形复杂程度相似、背景粗糙度相似、距离粗糙度突变线距离相似。地形越复杂，测风塔可代表的范围越小。

图 3 - 5 所示地形中，包括隆升地形和峡谷地形，其中隆升地形又包括受上游山脊影响的背风地形和受下游山脊影响的回流地形，同时山脊走向既有东北—西南走向，又有东西走向。上述的不同区域代表不同的地形类型。

3.2.1.3　障碍物遮挡效应相似

障碍物的遮挡效应严重影响风流的形态。地形的走势和起伏不仅可以改变风速和湍流

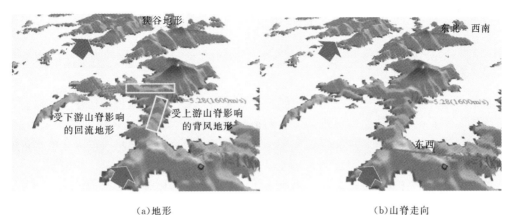

(a)地形   (b)山脊走向

图 3-5   地形分类示意图

大小，有时还会改变风向的分布。一些设计单位认为，为了使测风塔能够代表整个风电场，在地形起伏较大的复杂风电场，测风塔建在风电场平均海拔处。事实上，平均海拔处往往受到地形的遮蔽效应，使得测风数据不能代表风电场的风气候。

背风地形和不同走向山脊的风向，会与主导风向发生一定偏转，如图 3-6 所示。

图 3-6   背风地形下风向与主导风向的偏转

同时，背风地形、回流地形和峡谷地形区域，风速随海拔的变化规律各不相同。背风地形和回流地形，风速随海拔的降低而迅速减小。图 3-7 给出了一个云贵高原某风电场

图 3-7   山前回流地形下风速迅速减小实例

29

的实际情况，来风方向前排 5 台风电机组受山前回流地形影响，导致即使前后排高差不足 60m 的情况下，风电机组年利用小时数相差达 1500～2000h。

3.2.2 测风塔选址原则

目前，业界在测风塔选址上通常主要根据场区面积大小、测风设备运输、测风设备安装条件等非专业原因来确定测风塔的位置和数量；而较少考虑当地环流背景、风的成因、地形类型以及空气动力学原理和当地气候背景等因素；测风地点选择也仅限于依据塔架式测风设备的技术要求，缺乏一定的科学性、系统性。

根据编者多年测风塔选址经验，测风塔选址应坚持下述原则。

1. 地形分类原则

对于复杂地形而言，影响测风塔风况的因素有很多。气流分离区、气流回流区、背风地形、隆升地形、峡谷地形等都会产生不同规律的风况，如图 3-8 所示。即使 20～30km² 的一个风电场，可能会包括上述各种类型的地形。根据 3.1.1、3.1.2 有关内容，不同地形有不同的风况，测风塔的代表区域有限，因此有必要进行地形分类。

复杂地形条件下测风塔安装，应当首先进行场区地形分类，分别在不同地形类型下安装不同的测风塔。

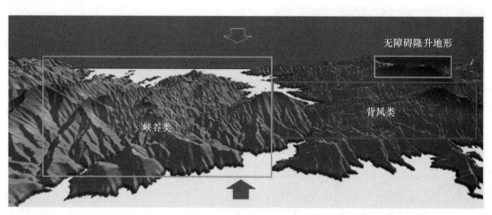

图 3-8 地形分类示意图

具体来说，应分析风电场所在位置的地形和地貌。确定风电场属于哪一类或多类地形，并判断其主次。再根据不同地形下的风况特征进行分类，依据不同类型设计测风塔测风方案，以保证风电场中测风塔具有代表性。

2. 海拔高低搭配原则

相同地形类型，由于海拔的变化，风速也会发生一定的变化。成风条件相同时，根据经验数据，海拔每下降 100m，风速减小约 0.4～0.6m/s。图 3-9 为某山地风电场风速随海拔变化的示意图。

3.2.3 测风设备选型

1. 测风设备选型

测风设备选型遵循测风设备适应性原则。目前，我国所用测风塔普遍采用三角形桁架

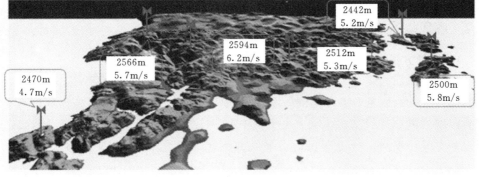

图 3-9 风速随海拔变化示意图

结构，根据测风需要在测风塔不同高度设置一定数量风速风向计。此类设备测风成果能够满足大部分区域测风要求，其成果也得以广泛应用。对于易结冰的山区，通常将桁架结构本身加强，能起到一定效果；但在冰冻严重地区，测风塔倒塌，风速仪、风向标冻住而损失测风数据的情况时有发生，使得测风基础数据不够完善，风能资源评估存在一定风险。此外由于地形复杂，需要增设测风塔，但局部区域地形条件也不利于测风塔的设立。为更好摸清楚复杂山地区域风能资源情况，一些新型防冻型测风设备不断得到应用。如采用安装条件限制较小的超声波、声雷达、激光雷达设备等。

2. 测风塔数量

为准确评估风电场的风能资源，需要足够的有代表性的测风数据。根据地形复杂程度，结合测风塔代表性情况设置一定数量的测风塔。例如，根据峡谷风能资源分布特性，可考虑在整个峡谷区域设置几个测风断面，每个测风断面设置一定数量的测风塔；对于山地风电场，选择可能布置风电机组的山脊设置一定数量的测风塔，根据一些设计院经验，一个 50MW 风电场可设置 3 座及以上测风塔，分别反映风能资源较好、一般和较差的区域。总体而言，测风塔的数量与风电场复杂程度有关，风电场越复杂需要的测风塔越多，当然过于复杂的拟选风电场区域应谨慎分析是否能进行风电开发。在安装测风塔之前宜对风电场作初步规划，可以避免测风塔测风位置没有代表性或测风塔数量太少不能覆盖整个规划区域的情况，给风能资源分析带来一定的不确定性。

3. 风速风向仪配置

按照要求，测风塔的高度至少要达到甚至超过未来可能的推荐机型轮毂高度，但有些仅用来辅助验证的测风塔可以适当降低高度来尽可能提高设置测风塔的经济性。目前大多数测风塔（以 80m 高度为例）都按照惯例在 10m、30m、50m、70m 和 80m 设置风速仪，在 10m 和 80m 高度设置风向仪，在 10m 或 80m 高度设置温度计、气压计；但对于复杂地形地貌风电场，由于粗糙度的影响，10m 高度所测风速风向往往与实际差距较大，导致实测风能资源数据利用价值大打折扣，随着风电机组轮毂高度的不断提高，在 10m 高度设置风速风向仪的意义逐渐消失。很多项目选择以 30m 高度作为最底层设置风速风向仪。

此外，根据风电场特殊需求，还应在一定高度配置湿度计、气压计等，用于计算测风

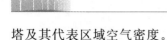

塔及其代表区域空气密度。

3.2.4　测风塔选址方法和流程

3.2.4.1　选址方法

1. 软件模拟

根据拟定风电场规划场址范围，利用风能资源评估软件对其进行定向模拟计算，可以得到区域的风加速因数、入流角、环境湍流强度、水平偏差等参数分布情况，然后根据这些参数初步确定可能布机的区域，并结合地形地貌分析，初步确定拟选测风塔位置。

影响风况的风流参数主要有入流角、湍流强度和风加速因数，其中风加速因数受地形和地表粗糙度的影响。选取测风塔位置时应将主风向的风加速因数作为参考，而风加速因数要能代表风电场区域的平均水平；另外湍流强度和入流角两个参数要尽可能小。以某山地风电场为例，该风电场风向主要集中在南（S）、北北东（NNE）2个方向。利用WT软件模拟出的风电场范围内180°和20°两个扇区各测风塔风流参数见表3-1。

表3-1　各测风塔风流参数表

测风塔编号	20°方向湍流强度	20°方向入流角/(°)	20°方向风加速因数	180°方向湍流强度	180°方向入流角/(°)	180°方向风加速因数
c70	0.166	0.6	0.96	0.12	−0.3	1.23
c71	0.141	−2	1.15	0.141	1.9	1.47
c72	0.097	−0.3	0.4	0	0	1.28
c1863	0.15	−3	0.48	0	2.4	1.39
c1872	0.137	−0.2	0.66	0.124	0.5	1.45
c2452	0.17	−0.5	0.86	0.168	0.7	1.4
最小绝对值	0.097	0.2		0	0	
平均值			0.75			1.37

由表3-1可知，在20°方向上，c72测风塔的湍流强度最小，为0.097，入流角的绝对值为0.3°，较最小值的0.2°略大，风加速因数为0.4，略小于平均值的0.75；在180°方向上，c72测风塔的湍流强度和入流角最小，其风加速因数为1.28，较平均值1.37略小。c70、c71、c1872、c2452测风塔湍流强度较大，c1863测风塔则入流角较大。c72测风塔风流参数与风电场区域的平均水平差别不大，基本可以代表整个风电场相关参数。

2. 小区域分析

采用软件模拟分析参数分布后，有时还需根据地形地貌、障碍物、气候、安装条件等对拟选位置局部区域进行分析。例如，风电机组不仅安装在通常风力最强的山脊顶部，也安装在与山顶有一定距离的斜坡上。这种情况下，在离开山脊线的位置也安装一个或多个测风塔可大大降低风流场建模的不确定性，从而降低风电场预测发电量的不确定性。

把测风塔位置选在露出地表的岩石或孤立树木等重大障碍物附近，会对场址风特征分析产生不利影响。障碍物的影响包括降低风速和加大湍流，其中湍流加大区在上风方向可延伸到障碍物高度的 2 倍，在下风方向延伸到障碍物高度的 $10\sim20$ 倍，在垂直方向延伸到障碍物高度的 $2\sim3$ 倍。如果必须把传感器放置在障碍物附近，则它们在主导风向上应放在水平距离不小于 20 倍障碍物高度的位置。

对大型工程和风速切变有高度不确定性的区域，建议使用较高的测风塔，但这种测风塔的定位可能构成挑战：①与低塔相比，它们经常需要更大的开阔面积来竖塔，特别是在森林区或陡峭地形，清理出这样的开阔面积难度更大；②塔加高后也会经受比低塔更严酷的气候条件，必须设计为能抗御预期的覆冰、大风、雷电和其他潜在破坏性条件。

3.2.4.2 选址流程

1. 室内研究

对区域的风能资源、地形地貌需要进行广泛的调查和分析。区域的风能资源分布可综合考虑区域大尺度的风能资源分布图及相关气象机构的研究成果；风电场的地形、地貌的研究可通过研究地形图及高清影像图，尤其是要重点研究与地区气流主活动方向垂直或者夹角较大的连续突出的山脊，初步确定地区风能资源开发的潜在区域。

对潜在区域周边风能资源进行分析，确定场区最高位置和最低位置，作为拟安装测风塔初选位置。通过中尺度数据，了解拟测风区域及周边的风能资源分布，并用周边已知数据进行修正，得到拟选区域最高位置风能资源的大致水平；再依据风速随海拔的变化经验值，确定测风塔安装的最低位置。其他区域根据软件模拟参数分布情况及各种条件分析，确定拟设测风塔位置。

2. 现场查勘

现场查勘是山地风电场测风塔选址的重点。设计人员应现场查勘所有备选测风塔位置及拟定风电场场址，主要目的有：①确认基于筛选场址使用的假设和数据；②获得地图不具有的补充信息；③核查测风塔的安装位置。现场查勘时通常应记录以下内容：

（1）场址的可到达情况。

（2）潜在的视觉和噪声关注因素（如著名的景观价值，附近居民）。

（3）潜在的文化、环境、历史或其他社区敏感问题。

（4）可能影响测风的主要障碍物位置。

（5）可能的测风塔位置，包括场址协调、可到达情况及周边情况。

（6）远程自动数据传输的可靠性。

设计人员应参考拟选场址区域的详细地形图进行规划查勘，并注意查勘的相关特性。查勘期间应使用全球定位系统（Global Positioning System，GPS）记录每个关注点的确切位置（纬度、经度和海拔）。将查勘过程用录像或照片记录下来不仅有助于场址筛选，而且一旦进行监测，对之后的风能资源数据分析和解释也很有帮助。评估测风塔的可能位置时，应估量是否需要清除树木以提供足够大的开阔面积来竖立测风塔。如需架设拉线式测风塔，还需确定土壤条件以选择合适的塔基类型。

3. 场址范围及测风塔布设方案

在收集现场资料后，确定风电场的初步开发范围，即有效开发区域。针对有效的风电场开发区域进行机位的初步排布，根据排布情况初步拟定测风塔设立方案，包括测风塔位置、数量、高度和设备配置等。一般而言，山地风电场风速因受地形的影响变化较大，为准确反映山地风电场的风能资源分布情况，测风塔的站网控制密度不宜过稀，一般单个测风塔的控制范围以 3km 以内为宜，测风塔设立要有代表性，尽量布置在风电机组较集中的位置，不能设立于风速分离区和粗糙度的过渡线区域。

3.3　测风数据分析

3.3.1　数据收集

根据《风电场工程可行性研究报告编制办法》，收集气象站、风电场测站及地形图数据。

测风数据是评估风电场风能资源的基础，只有尽可能多地收集风电场内及其周边的测风数据才有可能准确分析其风能资源。测风数据包括测风塔不同高度实测时间序列的风速、风向、气温、气压、标准偏差，以及风电场参证气象站长系列风能资源分析相关气象参数（近 30 年逐年平均风速，各月平均风速、最大风速、极大风速，与测风塔同期的风能资源观测数据等）。山地风电场地形复杂、气象条件多变，可能发生设备冰冻、倒塔、信号缺失等多种情况，导致测风数据缺测，应尽可能收集较长时间序列（超过 12 个月）的数据，以准确评估山地风电场风能资源。

在收集参证气象站的测风数据时应对站址现状和过去的变化情况进行考察，包括观测记录数据的测风仪型号、安装高度和周围障碍物情况（如树木和建筑物的高度、与测风塔的距离等），以及建站以来站址、测风仪器及其安装位置、周围环境变动的时间和情况等。应收集气象站以下数据：

（1）有代表性的连续 30 年的逐年平均风速和各月平均风速。

（2）与风电场测风塔同期的逐小时风速和风向数据。

（3）多年平均气温和气压数据。

（4）建站以来记录到的最大风速、极大风速及其发生的时间和风向、极端气温、每年出现雷暴日数、积冰日数、冻土深度、积雪深度和侵蚀条件（沙尘、盐雾）等。

风电场应按照《风电场风能资源测量方法》（GB/T 18709—2002）的规定进行测风，获取风电场的风速、风向、气温、气压、标准偏差的实测时间序列数据，以及极大风速及其风向。

3.3.2　数据验证

测风数据验证是对风电场测风原始数据进行检查，分析其合理性和完整性，检验出不合理数据和缺测数据，目的是整理出至少一个完整年连续的逐小时测风数据。对于数据的突变、断缺应进行分析和补缺。因为测风结果关系到被测风电场是否适合建风电场及建风电场后的经济效益，测风结果也是"项目建议书"及"可行性研究报告"最基本的依据，如果数据不准确会造成很大的损失。因此，测风数据的整理、完善、准确、可靠十分重要。

合理性分析主要分析测风数据的范围、相关性、趋势等；完整性分析主要分析有效测风数据占应测数据的比例，按《风电场风能资源评估方法》（GB/T 18710—2002）要求，风电场一个完整年连续测风数据的有效数据完整率应不低于90%。在实际项目中，山地风电场测风数据有效数据完整率一般较低，往往达不到90%，因此一般按照不低于75%控制。

缺测数据可以根据当地气象部门多年的记载进行插补，使数据链接近完整。测风数据完整率计算公式为

$$有效数据完整率=\frac{应测数目-缺测项目-无效项目}{应测数目}\times100\% \qquad (3-2)$$

最后将实测的各种数据汇总，形成一年的连续的完整的应测数据。数据相关性见表3-2，数据合理范围见表3-3，数据变化趋势见表3-4。

表 3-2 数据相关性

主要参数	合理相关性
50m/30m 高度平均风速差值	<2.0m/s
50m/10m 高度平均风速差值	<4.0m/s
50m/30m 高度小时风向差值	≤22.5°

表 3-3 数据合理范围

主要参数	合理范围
平均风速	小时平均风速不小于 0m/s，不大于 40m/s
风向	小时平均值不小于 0°，不大于 360°
平均气压	小时平均值不小于 94kPa，不大于 106kPa

表 3-4 数据变化趋势

主要参数	变化趋势
1h 平均风速变化	<6m/s
1h 平均气温变化	<5℃
3h 平均气压变化	<1kPa

由于山地风电场地形条件复杂，气候状况各不相同，数据的验证及合理性范围的划定需要依据具体山地风电场项目来进行。下面以某山地风电场为例，对测风数据进行验证，对其完整性和合理性进行判断。

1. 完整性检验

完整性检验包括数量及时间顺序检验，即数据的数量应等于预期记录的数据数量，数据的时间顺序应符合预期的开始、结束时间，中间应连续。

2. 范围检验

范围检验即判断测量数据取值是否在合理范围之内。其中风速、风向合理取值范围采用国家标准；对于气压值，由于该区域海拔较高，气压较低，国标中设定的合理取值范围 94～106kPa 不适合本风电场的实际情况。通过对山地风电场的气温、气压分布规律以及对本风电场测风塔实测数据的分析和研究，根据《风电场风能资源评估方法》（GB/T 18710—2002），本次风电场区域内小时平均气压值合理范围取为 50～80kPa，小时平均气温值合理范围取为－20～30℃。范围检验的判别标准见表 3－5。

表 3－5　测风数据范围检验判别标准

主 要 参 数	合理取值范围	主 要 参 数	合理取值范围
小时平均风速值/(m·s^{-1})	0～40	小时平均气压值/kPa	50～80
风向值/(°)	0～360	气温/℃	－20～30

3. 趋势检验

趋势检验主要检验原始测风数据各测量参数的连续变化情况，判断其变化趋势是否合理。根据相应的国家标准、气象行业标准，结合气象工作实践、其他风电场风能资源评估情况，提出趋势检验判别标准，见表 3－6。

表 3－6　测风数据趋势检验判别标准

检验项目	判 别 标 准	意 义
风速	10min 数据连续 300min 小于 0.5m/s	如果风速连续 300min 没有发生变化，则视为不合理
风向	10min 数据连续 300min 无变化	如果风向连续 300min 没有发生变化，则视为不合理
风速	小时数据连续 6h 无变化（切入风速为 5m/s）	5m/s 以上的风速中，如果风速或风向连续 6h 没有发生变化，则视为不合理
风速	小时平均值变化大于 10m/s	若相邻 2h 的平均值差值大于给定数值，则视为不合理
气温	小时平均值变化大于 5℃	
气压	小时平均值变化大于 1kPa	

4. 关系检验

关系检验主要检验不同高度之间风速或风向关系的合理性，检验各高度风速值或风向值的差值是否在给定的合理范围之内。考虑到本风电场为山地风电场，风速、风向变化特征明显不同于位于荒漠、平原、海岸线等地形中的风电场风速、风向变化特征，风速常出现切变小或负切变，风向变化跳动特征明显，在国家标准、气象行业标准的基础上，结合山地区域风速、风向特征制定关系检验判别标准，见表 3－7。

表 3－7　测风数据关系检验判别标准

判 别 标 准	意 义
相隔高度大于 20m 时，小时平均风速差小于 8m/s	同一时间下不同高度的平均风速或风向，其高度差在某一范围时，应满足给定判别标准（切入风速为 5m/s）
相隔高度不大于 20m 时，小时平均风速差小于 4m/s	
任意两个不同高度间，小时平均风向差不大于 45°，不小于 315°	

3.3.3 相关性分析

按照风能资源评估规范，风电场需要连续一年以上的测风数据，即便如此，还需评价风电场整个寿命期内风能资源的情况；这就需要判断所测的一年数据在多年中处于什么水平，需要借助长期测站（气象站、多年测风资料测风塔）进行相关性分析。对于山地风电场，可能有多座测风塔，为了更好地分析测风塔代表性，则需要研究相同测风塔不同高度、不同测风塔相同高度风速相关性，从而确定各测风塔大致代表区域范围。

下面以西南某个山地风电场为例，分别利用当地气象站数据和 MERRA 气象数据对场内测风塔满一年的测风数据进行相关性分析。

风电场周围有南华、祥云两座气象站，已选作参考气象站。风电场场址附近 MERRA 数据的地理坐标为东经 101°20′，北纬 25°30′。各参考气象站的基本情况和地理位置如图 3-13 所示。

图 3-10 参考气象站与测风塔的地理位置示意图

由图 3-10 可见，MERRA 数据的地理位置与各测风塔的距离较近，海拔差异较小，地表下垫面较为相似；南华、祥云气象站与各测风塔的距离均较远，海拔差异较大，气象站位于城镇附近，与测风塔处的地表下垫面也有所不同。值得注意的是，南华、祥云气象站受城镇化的影响，观测环境受到了轻微的破坏，这种情况会导致气象站的测风结果存在一定程度上的失真。

1. 分扇区相关性分析

分别将南华、祥云气象站数据和 MERRA 气象数据与场内测风塔 70m、10m 高度的小时平均风速序列进行风向扇区相关性分析，由表 3-8、表 3-9 可以看出，各参考气象数据与测风塔风速序列的相关性均不高。16 个风向扇区的相关系数大多在 0.9 以下，仅有个别风向扇区的相关系数大于 0.9，16 个风向扇区加权平均相关系数也均在 0.7 以下，这种情况在山地风电场是较为普遍的。由于山地地区的地形走势起伏多变，海拔落差较大，因此风能资源随时空分布极为不均匀，不同地点的地理位置距离越远，所处的风气候差异越大，两地的风速相关性也随之大幅减弱。

表 3－8　参考气象站与测风塔分扇区相关性结果（70m 高度）

扇区	3867 号测风塔				3870 号测风塔			
	风向次数	相关系数			风向次数	相关系数		
		南华	祥云	MERRA		南华	祥云	MERRA
N	13	0.31	0.65	0.21	17	0.39	0.48	0.25
NNE	23	−0.06	0.78	0.14	14	0.11	0.95	0.21
NE	60	0.18	0.57	0.37	32	0.44	0.57	0.45
ENE	166	0.22	0.22	0.59	230	0.33	0.26	0.54
E	233	0.44	0.30	0.40	352	0.32	0.18	0.29
ESE	391	0.26	0.13	0.40	385	0.23	0.10	0.33
SE	228	0.08	0.29	0.39	269	0.13	0.15	0.39
SSE	182	0.06	0.19	0.24	136	0.03	0.32	0.32
S	222	0.17	0.54	0.35	164	0.29	0.73	0.19
SSW	1089	0.33	0.58	0.49	390	0.57	0.86	0.54
SW	4089	0.49	0.58	0.73	1342	0.65	0.82	0.45
WSW	1740	0.66	0.72	0.81	4081	0.42	0.49	0.68
W	273	0.60	0.80	0.77	1270	0.73	0.73	0.84
WNW	26	0.76	0.81	0.22	50	0.73	0.78	0.27
NW	10	0.67	0.51	0.19	12	0.52	0.52	0.22
NNW	15	0.16	0.68	0.33	16	0.24	0.62	0.27
加权平均	8760	0.46	0.56	0.65	8760	0.48	0.55	0.60

表 3－9　参考气象站与测风塔分扇区相关性结果（10m 高度）

扇区	3867 号测风塔				3870 号测风塔			
	风向次数	相关系数			风向次数	相关系数		
		南华	祥云	MERRA		南华	祥云	MERRA
N	11	0.70	0.69	0.56	10	0.77	0.73	0.72
NNE	19	−0.19	0.74	0.33	19	−0.02	0.78	0.41
NE	33	0.03	0.32	0.07	47	0.11	0.09	0.09

续表

扇区	3867 号测风塔				3870 号测风塔			
	风向次数	相关系数			风向次数	相关系数		
		南华	祥云	MERRA		南华	祥云	MERRA
ENE	234	0.22	0.35	0.49	702	0.41	0.29	0.33
E	594	0.44	0.30	0.32	425	0.36	0.17	0.19
ESE	237	0.14	0.20	0.35	141	0.12	0.16	0.33
SE	127	−0.07	0.35	0.17	87	0.11	0.52	0.22
SSE	78	0.22	0.47	0.45	68	0.30	0.44	0.32
S	125	0.31	0.79	0.22	116	0.35	0.72	0.21
SSW	314	0.56	0.87	0.30	280	0.56	0.91	0.41
SW	2622	0.41	0.61	0.62	899	0.70	0.90	0.57
WSW	4249	0.55	0.62	0.75	5728	0.51	0.58	0.73
W	85	0.79	0.92	0.46	194	0.62	0.81	0.47
WNW	15	0.77	0.98	0.39	17	0.78	0.87	0.10
NW	8	0.80	0.81	0.07	8	0.64	0.70	0.89
NNW	9	0.19	0.97	0.99	9	0.10	0.97	0.88
加权平均	8760	0.46	0.59	0.62	8760	0.50	0.58	0.61

将各参考气象数据的 16 个风向扇区加权平均相关系数进行互相比较，可以发现 MERRA 气象数据与测风塔风速序列的相关性最好（0.60～0.65），祥云气象站数据的相关性略差（0.55～0.59），南华气象站数据的相关性最差（0.46～0.50）。其主要原因在于 MERRA 气象数据的地理位置与测风塔的距离较近，海拔差异较小，地表下垫面相似，所处的风气候相似，风速相关性也较好。

2. 全范围相关性分析

将南华、祥云气象站数据和 MERRA 气象数据与 3867 号、3870 号测风塔 70m、10m 高度的小时平均风速序列进行全范围相关性分析。各参考气象数据与测风塔风速序列的相关关系均通过了 0.01 的显著性水平检验，但各参考气象数据与测风塔风速序列的相关性均不高（全范围相关系数均都在 0.8 以下）。对各参考气象数据之间进行比较，可以发现 MERRA 气象数据的相关性要显著优于南华、祥云气象站数据。

3.3.4 不合理和缺测数据的处理

参考《风电场风能资源评估办法》（GB/T 18710—2002），对测风塔数据进行数据处理。缺测风速采用同一塔不同高度按风切变公式插补，缺测风向则对比同一测风塔不同高度风向，综合分析后插补。

山地风电场缺测或无效数据处理方法如下：

（1）在同一时间段内，只有部分高层数据属缺测或无效数据，通过属于有效数据的其他高层数据进行相关性插补。

（2）在同一时间段内，一座测风塔各高层数据均属缺测或无效数据，利用相邻测风塔同期有效数据进行相关性插补。

（3）在同一时间段内，所有测风塔各高层数据均属缺测或无效数据，利用同塔前后时段数据进行插补。

气温缺测或无效数据，通过各月气温变化趋势进行插补；气压数据根据前后气压值插补；风向缺测或无效数据通过测风塔前后插补，缺测数据较多时，通过距离较近的测风塔直接插补；冰冻数据应按缺测数据处理。

3.3.5　测风塔代表时段选取

经过数据处理，整理出至少连续一年完整的风电场逐小时测风数据，而这一时间区间就是测风塔代表时段。一般来说，测风塔早期测风数据较后期精确度更高，因此应尽量选取测风塔较早时段的数据。当有多个测风塔时，应兼顾各测风塔数据精度、测风时段同期、测风数据完整性等方面，综合选用一个完整年观测时段作为测风塔代表时段。代表时段内的测风数据必须能够代表风电场区域的风气候。

3.3.6　数据订正

因风电场测风时间有限，有必要将有限的测风数据订正成代表多年平均水平的测风数据。数据订正的目标是对实测的一整年的代表年测风数据进行订正，得到一套反映该风电场长期平均水平的代表性数据，以此保证后续发电量计算的准确性，为投资决策打好基础。

3.3.6.1　参证气象站的选择

对参证气象站的选择一直存在一个误区，即选择距离风电场最近的气象站或者风电场所在行政区域的气象站为参证站。其实不然，参证气象站首先要求与风电场区域大气候环境一致，由于山区气象站一般设立于平坝或者山谷人口较为集中的区域，受经济活动的影响，气象站观测环境受人类活动影响较大，因此在选择参证气象站时应选多个备用站比较分析，宜选择与风电场大气候环境、主导风向与风电场主导风向基本一致，观测环境较为完整的气象站。因此，对山地风电场所在区域而言，一个区域或者几个区域可以确定一个典型的代表性长期测站。

对气象站多年数据进行整理，整理出气象站多年气象要素，包括风速、风向，气温（平均、极端），气压（平均、极端），平均水汽压，平均相对湿度，降水量，平均沙尘暴、冰雹、雷暴天数等。提出风速的年及年际变化图表，并说明风电场现场测风时段在长系列中的代表性。同时，提出风速的月变化图表，并说明风电场所在地区的月平均风速变化情况。

3.3.6.2　数据订正方法

1. 基于参证气象站的数据订正

将风电场短期测风数据订正为代表年风况数据的方法如下：

（1）绘制风电场测站与对应年份的长期测站各风向象限的风速相关曲线。某一风向象限内风速相关曲线的具体做法是：建一直角坐标系，横坐标轴为长期测站风速，纵坐标轴为风电场测站的风速。取风电场测站在该象限内的某一风速值（某一风速值在一个风向象限内一般有许多个，分别出现在不同时刻）为纵坐标，找出长期测站各对应时刻的风速值（这些风速值不一定相同，风向也不一定与风电场测站相对应），求其平均值作为横坐标即可定出相关曲线的一个点。对风电场测站在该象限内的其余每一个风速重复上述过程，就可做出这一象限内的风速相关曲线。对其余各象限重复上述过程，可获得 16 个风电场测站与长期测站的风速相关曲线。

（2）对每个风速相关曲线，在横坐标轴上标明长期测站多年的年平均风速，以及与风电场测站观测同期的长期测站的年平均风速，然后在纵坐标轴上找到对应的风电场测站的两个风速值，并求出这两个风速值的代数差值（共有 16 个代数差值）。

（3）风电场测站数据的各个风向扇区内的每个风速都加上对应的风速代数差值，即可获得订正后的风电场测站风速、风向资料。

对于山地风电场数据订正而言，很多研究人员认为气象站风速与风电场风速相关性差，不考虑数据订正，但其并未考虑在盛行风向上两者存在一定的必然联系或者本身参证气象站的选择就不具有代表性或订正时仅考虑风速年际的变化，并未考虑风速的月变化规律，从而影响了资源及能量指标计算成果的准确性，应引起重视。

2. 基于 MERRA 的数据订正

在风能资源评估中，应优先采用相关性较好的参考气象数据进行代表年订正。西南某山地风电场设有两座 70m 高的测风塔，测风期满一年。参证气象站选取祥云气象站，场址附近 MERRA 数据的地理坐标为东经 $101°20'$，北纬 $25°30'$，分别利用祥云气象站数据和 MERRA 数据对场内测风数据进行相关性分析及代表年订正，具体结果见表 3－10。

表 3－10 利用参证气象数据对场内测风数据进行相关性分析及代表年订正的结果

订正方法	测风高度/m	3867 号测风塔			3870 号测风塔		
		订正前年平均风速/(m·s⁻¹)	订正后的年平均风速/(m·s⁻¹)		订正前年平均风速/(m·s⁻¹)	订正后的年平均风速/(m·s⁻¹)	
			祥云	MERRA		祥云	MERRA
16 扇区法	70	7.9	8.1	7.9	8.0	8.2	8.0
	10	6.3	6.5	6.3	7.3	7.5	7.3
全范围法	70	7.9	8.3	7.9	8.0	8.4	8.0
	10	6.3	6.6	6.3	7.3	7.6	7.3

由于我国的气象站大多数位于城镇近郊，容易受城镇化的影响，周围建筑物增多，观测环境受到破坏，历年实测风速不断减小，这样的测风结果并不能反映真实情况。祥云气象站也存在类似情况，此时利用气象站数据对风电场的测风数据进行代表年订正，得到的结果与实际情况不一致。相比之下，MERRA 数据的地理位置接近风电场场

址，远离城镇区域，可有效避免城镇化的影响，观测环境不易受到破坏，测风结果也更加真实可信。在这种情况下，采用 MERRA 数据对测风数据进行代表年订正的结果也就更加值得采纳。

案例中 MERRA 数据与测风数据的相关性也优于气象站数据。对于地形条件复杂的山地风电场，在没有合适气象站的情况下，采用 MERRA 数据对测风数据进行代表年订正是可行的。

3.4 风况特性分析

3.4.1 平均风速和平均风功率密度

一个风电场的平均风速和平均风功率密度是衡量一个风电场风能资源好坏的重要参数。平均风速是某一时间段的所有风速记录值的算术平均值，计算式为

$$v_{ave} = \frac{1}{n} \sum_{i=1}^{n} v_i \qquad (3-3)$$

式中　v_i——风速；

　　　　n——风数据的个数。

平均风速的算数平均值不能直接用于风功率密度和风能计算，这是因为风功率密度与风速的三次方成正比。平均值的三次方与先三次方后再求平均值的结果显然是不一样的。若依据式（3-3）计算则会低估风能潜力。在计算实际平均风速时，平均风速是根据风频与各风速区间的中间值进行的加权平均值，即

$$v_{ave} = \frac{\sum_{i=1}^{n} f_i v_i}{\sum_{i=1}^{n} f_i} \qquad (3-4)$$

式中　f_i——第 i 个风速区间发生的频率；

　　　　v_i——该风速区间的风速中间值。

计算风的能量部分的平均风速的意义不大，实际上一般不会计算，而是通过威布尔分布参数来计算风功率密度。

风功率密度是用来评价风做功的能力，是单位时间通过单位风轮面积的空气动能，其表达式为

$$P = \frac{1}{2} \rho v^3 \qquad (3-5)$$

式中　ρ——空气密度；

　　　　v——风速。

在计算实际风功率密度时，一样需要考虑风频分布，即

$$P = \frac{1}{2} \rho \int_0^{+\infty} v^3 f(v) \mathrm{d}v \qquad (3-6)$$

值得注意的是：通常平坦地形和隆升地形下风频接近于威布尔分布，平均风功率密度可以通过平均风速和威布尔分布进行近似估计。但对于峡谷加速风和翻山风，其风频分布与威布尔分布形式相差甚远，风功率密度应以实际风频进行估计。

从式（3-5）可以看出，风功率密度与风速的三次方成正比，与空气密度成正比，因此风速是主要因素，但风功率密度才是风能价值最终决定因素，这就是不能仅仅依据风速来判断风能资源大小的原因。事实上，IEC 61400-1（2005 版）在对风电机组进行分类时将平均风速作为其中一个指标，而在 IEC 61400-1（2010 版）中已经不再采用平均风速指标进行风电机组分类。对于山地风电场，由于其特殊的地理特性（海拔较高），使得其空气密度相对于平原风电场低，因此在相同风速情况下，山地风电场风功率等级相对要低一些。如某测风塔 50m 高度平均风速为 8.81m/s，风功率密度为 497.5W/m²。根据《风电场风能资源评估方法》（GB/T 18710—2002），判定其风功率等级为 4 级，属风能资源好的区域；但若依据风速来判断，则属于风能资源很好的区域。

3.4.2 风速相关性

风速相关性通常指测风塔与测风塔之间的风速相关和测风塔与气象站之间的风速相关，甚至目前有人用测风塔风速与再生数据作风速相关。

由于各种相关塔存在时距和尺度的不同，其方法也应有所区别。

目前山地风电场风能资源评估的主要误差来自于风速相关，其原因主要如下：

（1）测风塔局地地形和气候对测风数据的影响。地形对风有加速和引导等诸多改变风流的效应。测风塔所处局地地形地貌不同、海拔不同、地表粗糙度和障碍物不同、局地小气候的差异等都使测风塔位置风速独一无二，从而导致测风塔之间的风流差异。

（2）测风塔与气象站选址原则不同。气象站选址有其选址规范，它与测风塔选址最主要的区别是：气象站需要能代表其周围大尺度的天气和气候特点的地方，测风塔需要能代表风电场范围内微观风流特征的地方。这使两者之间存在本质的差别。这种差别可能带来两者间风向的不一致，风速相差甚远的结果，有可能形成毫无关联性的结果。

（3）测风塔之间存在风流的延时性。无论是风电场测风塔之间还是测风塔与气象站之间，由于存在距离差异，风流便存在延时的问题。这种延时的规律极其复杂，也不尽相同，所以造成各塔之间相关程度的降低。

（4）大气稳定度的异同造成测风塔之间相关性的降低。进行测风塔之间的风速相关性分析，首先要作相关度分析：

1）两者是否处于同一气候区内。

2）两者间地形是否有类似性。

3）两者之一所在位置周边地形、地貌或障碍物是否发生过变化。

只有满足上述条件，才可作风速相关性分析；否则不能作风速相关和风速订正。

目前较可靠的方法如下：

1）进行数据同期处理。

2）以受影响较小的测风塔作为基础塔，分析各方向风速的相关性，将相关系数大于0.8 以上的数据进行方向相关（相关性很差的方向可不作相关订正），再以基础塔的风向频率进行加权订正,得到两者的实际风速差或代表年风速。

3)选取测风时段内,年平均风速等于代表年风速的时段作为代表年风速序列。

一般来讲,相同测风塔不同高度相关性较好,离地越高相关性越好。不同测风塔(或测风塔与长期测站)相同高度相关性因地形地貌而异,地形越类似、距离越近,相关性越好;反之相关性越差。山地风电场同一位置不同高度风速相关性较好,可以利用测风塔各层数据进行相关插补形成整套数据,同时各测风塔对其附近一定区域内(1~3km)有较好的代表性。

3.4.3 风速切变

风速切变可以认为是风廓线的另一种表达方式,是对风廓线的工程应用。近距离内空间两点间的平均风矢量的差值称为风速切变,有水平切变和垂直切变之分。

3.4.3.1 风速垂直切变

通常用风速切变指数来反映风速随垂直高度变化的情况,进而分析区域内不同高度、不同位置风速的变化规律。风速切变不仅影响测风塔以上高度风速的推导,同时影响风电机组塔架高度的选择,并且对风电机组荷载和发电效率都有一定影响。风速切变计算公式为

$$\alpha = \frac{\ln\left(\dfrac{v_2}{v_1}\right)}{\ln\left(\dfrac{z_2}{z_1}\right)} \tag{3-7}$$

式中 α——幂指数;

z_1、z_2——高度;

v_1、v_2——z_1、z_2 高度处的风速。

一个地区、一个地点的风速切变,往往与下列原因有关:

(1)地形地貌(包括坡度、加速条件、上风向障碍物、下风向屏蔽物、地表粗糙度、植被及植被作用距离等)。

(2)大气稳定度。

通常风速切变具有如下特征:

(1)小风风速切变大于大风风速切变。

(2)低层风速切变大于高层风速切变。

(3)夜间风速切变大于白天风速切变,冬季风速切变大于夏季风速切变。

对于复杂山地区域,测风塔 30~50m 高度易出现负切变现象,主要原因为山体陡峭,低层加速效应导致高低层风速差异小,故形成较小切变,部分地区因低层加速明显,导致某个或某几个高度层出现负切变。另外,树林、灌木等植被会引起低层切变很大、高层负切变现象。出现负切变应复核拟选机型对其的适应性,尤其要进行安全性复核,而不是立刻断定此类区域不能开发或需要降低轮毂高度。

随着风电机组技术的进步,经常出现所测风塔的高度低于后期推荐机型轮毂高度,为了更好评价轮毂高度风能资源,需要拟合综合切变指数,然后根据综合切变指数推算拟选轮毂高度风速。需要注意的是,目前大多数风电机组的切入风速在 2.5~3.5m/s,在推

算切变指数时应剔除低于切入风速的数据。由于低层受地面影响更大，而目前风电机组叶尖下缘距地表均大于 20m，因此计算综合切变指数时应将较低处（测风塔 10m 高度）受地形地貌影响较大的测风高度数据去掉，以提高拟合准确性。

3.4.3.2 风速水平切变

风速水平切变主要研究平行于主导风向和垂直于主导风向风速切变的变化情况。通过对某山地风电场各测风塔一个完整年的测风数据进行整理分析，不同测风塔相同高度的年平均风速变化情况如图 3-11 所示。

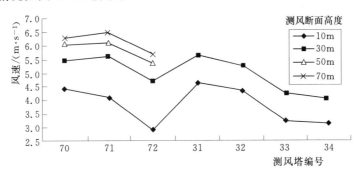

图 3-11　某山地风电场同一测风断面各高度风速变化

从图 3-15 中可以看出，区域内不同测风塔相同高度风速变化趋势基本一致，其中由于地面树木影响，72 号测风塔 10m 高度风速突变较大。为分析区域内风速水平切变情况，以基本处于同一东西向断面上的 72 号、33 号、34 号测风塔为例进行分析，位置关系上 33 号测风塔靠近峡谷中心线，72 号、34 号分别靠近左右岸高山，10m 和 30m 高度 33 号风速相对较高，34 号次之，72 号最低，说明受地形影响，风速从河谷中心线向两侧高山变小，水平切变明显，靠近河谷中心且地势相对较高的区域风能资源更有利用价值。

3.4.4　湍流强度

湍流是指风速、风向及其垂直分量的迅速扰动或不规律性，是重要的风况特征值。湍流很大程度上取决于地形（包括地形坡度、障碍物等）、环境粗糙度、大气稳定性。

湍流强度是进行风电机组安全性分析的主要参数之一，主要用于衡量相对于风速平均值而起伏的湍流强弱，表征风速波动的剧烈程度。风速波动越大，对风电机组的机械结构冲击越大，造成的荷载也越大。湍流强度的精确计算通常较为困难，山地等复杂风电场中，测风塔的实测湍流强度也不能代表整个风电场全部区域的情况。

根据《风电机组　第 1 部分：设计要求》（IEC 61400-1—2005），风电场需计算 15m/s 风速段湍流强度 I，其计算公式为

$$I_T = \frac{\sigma}{v} \tag{3-8}$$

式中　I_T——湍流强度；

　　　σ——10min 风速标准差，m/s；

　　　v——平均风速，取 14.5～15.5m/s。

我国风能资源评估中采用的湍流指标是水平风速的标准偏差，根据相同时段的平均风速计算出湍流强度。标准偏差 σ 是风速变化的量度，标准偏差表明了单个风速点偏离平均值的程度，因此 σ 值小，表明风速的一致性好。

风速标准偏差以 10min 为基准进行计算与记录，其计算公式为

$$\sigma = \sqrt{\frac{1}{600}\sum_{i=1}^{600}(v_i - v)^2} \tag{3-9}$$

风电场的湍流特征很重要，因为其对风电机组性能和寿命有直接影响，当湍流强度大时，会减少输出功率甚至停机，还可能引起极端荷载，最终削弱和破坏风电机组。I_T 值在 0.10 或以下表示湍流相对较小，中等程度湍流的 I_T 值为 0.10～0.25，更高的 I_T 值表明湍流过大。

对于风电机组设计而言，《风电机组　第 1 部分：设计要求》（IEC 61400-1—2005）在正常湍流模型下，湍流标准偏差的代表值 σ_1，90％情况下由轮毂高度处的风速给出。对标准风电机组等级，这个值为

$$\sigma_1 = 0.2I_{ref}(0.75v_{hub} + b); b = 5.6\text{m/s} \tag{3-10}$$

对 v_{hub} 介于 $0.2v_{ref}$ 和 $0.4v_{ref}$ 之间的所有值，v_{ref} 的概率密度函数的场地值应小于设计值。

对 v_{hub} 介于 $0.2v_{ref}$ 和 $0.4v_{ref}$ 之间的所有值，湍流标准差的代表值 σ_1 应不小于湍流标准偏差90％分位数估计值的场地值，即

$$\sigma_1 \geqslant \sigma + 1.28\sigma_\sigma \tag{3-11}$$

各等级风电机组基本参数见表 3-11。

表 3-11　各等级风电机组基本参数

风电机组等级		I	II	III	S
$v_{ref}/(\text{m}\cdot\text{s}^{-1})$		50	42.5	37.5	由设计者规定各参数
I_{ref}（—）	A	0.16			
	B	0.14			
	C	0.12			

当山地风电场属于低风速风电场时，风速出现在 14.5～15.5m/s 风速区间的概率小，该风速区间湍流强度情况难以反映整个风速区间尤其是低风速区间湍流强度情况。因此针对此类风电场，应计算分析整个风速区间湍流强度，并与 IEC 湍流强度等级曲线进行对比，确定其湍流强度等级。

此外，山地风电场由于地形复杂、地表附着物较多，测风塔处的湍流强度难以代表整个风电场，一方面需要根据风电场复杂程度多设立测风塔并计算各测风塔湍流强度，另一方面还应计算分析各机位处湍流强度。综合分析选取风电场合适的湍流强度等级。

3.4.5 风速分布

3.4.5.1 风速分布与风功率密度分布

除上述特性参数外，风速的分布也是风能资源评估的关键因素。在实际的项目中，会发现有些测风塔平均风速相同，风功率密度（输出能量）不同，或者风速和风功率密度出现明显不对应。图 3-14、图 3-15 给出了某河谷风电场 1 号测风塔 70m 高度和某山地风电场 2 号测风塔 70m 高度风速、风功率密度分布直方图，1 号和 2 号年平均风速分别为 6.6m/s、5.37m/s，风功率密度分别为 267.9W/m²、325.1W/m²。由图 3-12、图 3-13 可看出，山地风电场测风塔平均风速较低，但风功率密度相对较高，对照风速分布图不难发现，其高风速（大于风电机组额定风速）所占比例较河谷风电场测风塔的要高。

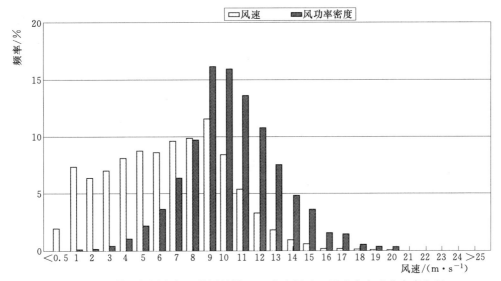

图 3-12 某河谷风电场 1 号测风塔 70m 高度风速、风功率密度分布直方图

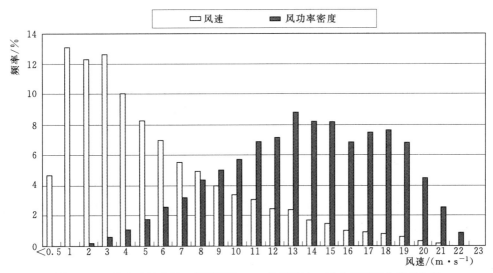

图 3-13 某山地风电场 2 号测风塔 70m 高度风速、风功率密度分布直方图

3.4.5.2　威布尔分布

为确定能够最佳描述风速分布的统计模型，用各种不同类型的概率分布函数来拟合现场数据，结果发现威布尔分布能够更好地描述风速分布，其准确度在可接受的范围。在威布尔分析中，风速的变化主要由概率密度函数来描述。概率密度函数 $f(v)$ 表示风在给定速度 v 下的时间百分比（或者概率），形式为

$$f(v) = \frac{K}{A}\left(\frac{v}{A}\right)^{K-1} \mathrm{e}^{-\left(\frac{v}{A}\right)^{K}} \tag{3-12}$$

式中　K——威布尔分布的形状参数；

　　　A——威布尔分布的尺度参数。

对于威布尔分布而言，决定风速分布一致性的主要因素是其形状参数 K。风电场风速的一致性随着 K 值的增大而增大，当尺度参数 A 一定时，K 值越大，说明大多数风速更均匀地分布在更小风速范围内，最常见的风速越高（更接近额定风速），其出现的概率也越高，更利于风能资源得到充分利用。因此，为了更好地利用威布尔分布分析风况，应分析出威布尔分布参数 K、A，确定参数 K、A 的常用方法有图表法、标准差法、矩法、最大似然法和能量模式系数法。目前风能资源评估软件 WAsP（Wind Atlas Analysis and Application Programs，风能谱分析和应用程序）采用能量模式系数法，WT 软件可选用最大似然法和能量模式系数法。

在平坦地形下，风速分布基本呈威布尔分布规律。某平原风电场测风塔平均风速威布尔分布如图 3-14 所示。

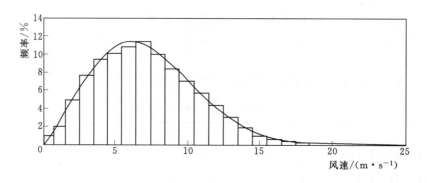

图 3-14　某平原风电场测风塔平均风速威布尔分布图

但在峡口地形下，风速分布往往与威布尔分布有很大区别。某峡谷风电场测风塔平均风速威布尔分布如图 3-15 所示。

某山地风电场 2 号测风塔 70m 高度平均风速威布尔分布如图 3-16 所示。

由图 3-16 可知，对于山地风电场，风速分布不总是符合威布尔分布，拟合的威布尔曲线不能很好地跟踪各风速区间风速概率柱状图，这就增加了风电场发电量评估的不确定性。具体项目时，建议结合风电机组的切入、切出风速，定性研究分析威布尔分布计算发电量结果是高估还是低估，并在此基础上修正发电量计算值。

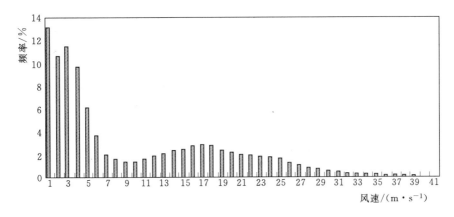

图 3-15 某峡谷风电场测风塔平均风速威布尔分布图

3.4.6 时变性

风能与传统能源的最大不同在于风的随机性、间歇性。风速和风向都会随时间迅速变化，而随着风速、风向的变化，可利用的风功率和风能也会发生变化。这些变化可能是短时间的波动、昼夜间的变化或者季节性的变化。山地风电场风速风向的变化发生的可能性更大。

风速短时间内的变化，尤其是突增或突减，可以理解为阵风。某山地风电场的某段时间的阵风记录如图 3-17 所示，风速的这

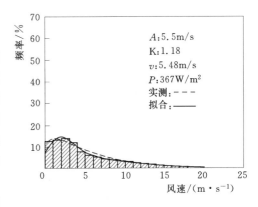

图 3-16 某山地风电场 2 号测风塔 70m 高度平均风速威布尔分布图

一短期的变化主要是由于局部地形地貌和气候效应影响产生的。风速、风向短时间内的突变，会导致风电机组偏航频繁，风电场经常出现尖峰出力现象，出力波动大，这对风电机组正常运行及荷载带来很大的不确定性。而山区气象复杂，由于动力、热力及特殊地形的多重作用，形成高、低空急流等特殊的天气系统，要探究阵风现象的成因则需要更深入、更全面、专业的研究，为风电机组研发设计及风电场安全运行提供更好的解决措施和方法。

某峡谷区域各测风塔风速昼夜的变化如图 3-18 所示，风速的昼夜变化主要由海洋和陆地表面的温差所致。当昼间风速比夜间风速大时，对风能利用是有利的，因为昼间能消纳相对多的电能。

某峡谷区域平均风速随季节的变化如图 3-19 所示。风速的季节性变化是由地球椭圆轨道自偏引起的一年当中日照时间的变化所致。山地地区风速的季节性变化与水电可以互补，对风能的利用较为有利，风能所发电能因为与其他能源所发电能互补而得到很好的消纳。因此研究风速的时变性有利于风电机组控制策略对山地风电场的适应性研究，有利于风电电能消纳方式和空间研究，有利于确定风电机组大修时间以确保

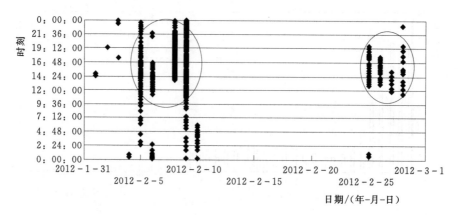

图 3-17　某山地风电场的某段时间的阵风记录情况

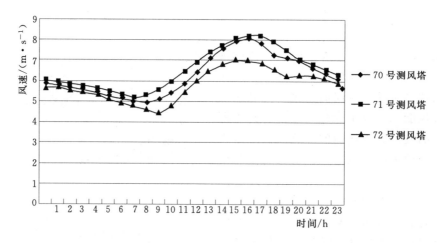

图 3-18　某峡谷区域各测风塔风速昼夜的变化情况

最大发电效益。

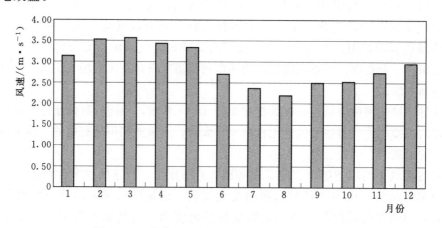

图 3-19　某峡谷区域平均风速随季节的变化情况

3.5 风 能 资 源 评 估

3.5.1 概述

空气流动形成了风，地理、自然条件都会改变风向和风速。人类利用风能发电就必须掌握风速及其所具有的能量情况，因此，对风能资源的评估对于风能的利用极为重要。

风能资源是风电场建设中最基本的条件，准确地评估风能资源是风电机组选型和风电机组布置的前提。风能资源评估的目标是确定给定区域是否有较好的风能资源。风能资源评估的工作包括：分析现场测风数据在时间上和空间上的代表性；计算风电场风能要素参数；模拟风能资源分布。

风能资源评估可分为宏观风能资源评估和实地风能资源评估两种（实地风能资源评估亦可称作微观风能资源评估）。现在对风能资源的宏观评估是基于各省（自治区、直辖市）的气象部门提供的多年的风速和风向记录数据，用统计的方法计算出来的，通常将这种对风能资源的评估称为风能资源的宏观评估。风能资源的宏观评估大体上能描绘出某一地域的风能资源的概况，但不能较为准确地描绘某一地域的风能资源。

3.5.2 风能资源评估软件

目前行业内对风能资源评估主要依赖于商业软件进行计算分析，主要有 WAsP、Windfarm、Windpro 等线性模型软件和 WT、Windsim 等 CFD 软件。上述软件都是以测风塔测风数据为基础模拟整个区域风能资源，但各软件的计算原理、适应范围不同。线性模型软件更适用于简单地形地貌风电场，而 CFD 软件相对较适用于复杂地形地貌风电场。

采用两种软件模拟计算某山地风电场 70 号、71 号、72 号测风塔 70m 高度平均风速、风功率密度。模拟计算中假想每个测风塔处各有一台风电机组，其轮毂高度和测风塔高度一致，采用三座测风塔进行多塔综合计算，其结果见表 3-12。

表 3-12 不同软件模拟测风塔各高度风能资源情况

计算工具	70 号		71 号		72 号	
	风速 /(m·s⁻¹)	风功率密度 /(W·m⁻²)	风速 /(m·s⁻¹)	风功率密度 /(W·m⁻²)	风速 /(m·s⁻¹)	风功率密度 /(W·m⁻²)
WAsP	6.49	269	6.73	315	6.03	250
WT	6.46	258	6.64	295	5.84	232
实测值	6.29	224	6.48	263	5.68	208

由表 3-12 可知，两种软件模拟结果均较各测风塔实测值偏高，同时复杂程度越高，误差越大。同等条件下，WT 软件计算结果误差相对较小且不因复杂程度产生较大变化。

两种软件的差异主要在于 WAsP 软件是按照威布尔分布进行风速、风功率密度推算的，而 WT 软件是根据实际测风数据分布进行积分计算的。上述结果也说明，没有哪一款软件能够完全准确地反映复杂地形地貌风电场风能资源情况，比较而言，WT 软件在同等条件下相对较适用于复杂地形地貌风电场。

3.5.2.1　WAsP 软件

WAsP 软件由丹麦风能应用国家实验室开发，主要用于对局部地区风能资源的评估。通过修正各种因素对测风数据的影响，WAsP 软件能够较客观地反映风速、风向、频率、主风向来源、平均风速、有效风功率密度等风能资源情况，是风电场选址和风电机组参数选择的有力工具。

WAsP 软件可以根据某地风能资源情况，推算其他位置点的风能资源状况，有利于对无气象资料记录的偏僻地域的风能资源评估。

在采用 WAsP 软件计算分析时，要求提供 1 年以上的气象数据，可以是时间序列数据或直方图表，主要为风速与风向、当地标准气压、温度及海拔等。WAsP 软件将风向数据归类划分到 0~360°内的 12 个风向扇区，采用国际通用的比恩统计法，将风速数据归类划分到相应扇区 0~17m/s 风速段。

但由于 WAsP 软件以特定数学模型为基础，一般适用于地形相对简单的较平坦地区。对于复杂地形条件的风电场，其计算结果通常只作为附加参考。应通过尽可能多地安装测风装置，将获得的实际测风数据作为微观选址的主要依据。

3.5.2.2　WT 软件

WT 软件是由法国政府环境与能源署（ADEME）支持开发的基于计算流体力学技术的风资源评估及微观选址软件工具。WT 软件具有以下一些功能。

1. 测风塔位置选择优化

通过在 WT 软件中输入已确定区域的地形及粗糙度数据，并进行定向模拟计算，根据整个场区的定向模拟计算结果（湍流强度、入流角、风加速因数）选择风电场中最具代表性的位置来设立测风塔，避免以往只凭经验的缺点，使其测风结果更具有代表性。

2. 风电场风能资源评估

根据风电场测风塔的测风数据，并结合地形数据及粗糙度数据，可以模拟计算得到整个场区风能资源分布图及其他风流属性图谱，可以根据用户需要，选择不同高度进行风资源图谱绘制，以及选择不同变量（如能量密度、功率、平均湍流强度、平均入流角、极大风速等）进行绘制。根据这些绘图，可以清楚得到各种数据在整个场区的分布情况，为下一步微观选址奠定基础。

3. 风电机组微观选址

根据风能资源绘图，并结合实际地形情况，工程师可以通过 WT 软件选择风电机组的位置，确定风电机组坐标，可根据不同版本 IEC 标准进行风电机组选型。

为了使模拟结果能够更真实地反映山地风电场实际情况，采用 WT 软件计算时应注意以下问题：

（1）地形图等高线应准确。建立等高线模型之后，设计人员还需要到现场进行实地考察，复核地形图的准确性，尤其是测风塔及手动调整的等高线区域等关键位置。对场址区域的风能资源数值模拟均基于测风塔的风况，若测风塔基准点出现问题，将会导致计算结果出现一定程度的偏差。

（2）地形图范围应足够大。确定风电场中心和计算半径，按照计算半径乘以1.2来确定地形图范围。为了更准确地反映较远处的粗糙度对风电机组的影响，粗糙度地图的边界与最外面的风电机组间的直线距离应至少为轮毂高度的100倍。

（3）优先选用TIM格式以实现湍流矫正。

（4）当有多个测风塔、各测风塔测风时段不相同时，可以分别将各测风塔订正出一套代表年数据，然后进行多塔综合计算以提高评估可靠性。

（5）为提高定向计算的收敛率，可以减小定向计算的步长，在地形陡峭处增加结果点，设置"激活区域边缘平滑功能"。

（6）定向计算遇到不收敛情况时，应进行参数调整。水平分辨率控制在50m以内，垂直分辨率控制在4～10m，垂直正切参数修改为0.6、0.5或0.3，平滑系数选择为3或5。

（7）在收敛性保证和计算硬件满足的情况下，尽量缩小水平和垂直分辨率。

（8）尾流及湍流模型。尾流模型有几种，但从工程效率来讲，优化的PARK模型仍然是主流选择，湍流模型大多数情况下选择Frandsen模型。

3.5.3 风能资源分布

基于测量、收集的大量风参数，利用定性分析和定量计算的方法，得出一系列变化规律，找到风能资源的评价指标。通常采用的分析方法有统计方法和数值模拟方法。

统计方法主要是利用数据资料按照一定规律或模式进行统计得到风能资源的评估指标。如风电场区域年平均风速和风功率密度、风向和风功率玫瑰图、空气密度、风速切变指数、湍流强度、50年一遇最大风速和极大风速等。

数值模拟方法是通过专业的风能资源评估软件对复杂地形的数值化、地貌条件的模型化等措施模拟出整个风电场的流体分布情况，得到风能资源的空间分布，从而对风能资源进行正确评价。通过数值模拟可以得到风电场区域不同高度的风速、风功率密度、入流角、湍流强度、风加速因素等的分布图，分布图以不同颜色区别区域内各参数的好坏。通过这些参数的分布图可以找出适合布置风电机组的区域，为后续风电机组布置及微观选址做铺垫。

图3-20是采用风能资源评估软件对某山地风电场模拟出的80m高度风能资源分布图。

由于地形复杂，不同测风塔代表的区域有限，在使用WT软件进行风能资源模拟时，根据测风塔代表性情况对风电场进行分区模拟。从分析结果来看，风电场开发范围内，其主要开发区域80m高度风功率密度为177～300W/m²。山脊较高区域风能资源较好，地势较低区域风能资源相对较差。

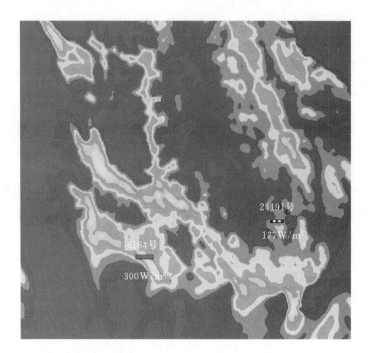

图 3-20　某山地风电场 80m 高度风能资源分布图

3.5.4　气象灾害影响性分析

山地风电场可能存在以下几种气象灾害。

1. 雷暴

雷暴是积雨云在强烈发展阶段产生的雷电现象。雷暴过境时，气象要素和天气变化都很剧烈，常伴有大风、暴雨甚至冰雹和龙卷风，是一种局部性的但却很猛烈的灾害性天气。由于风电机组和输电线路多建在空旷地带，处于雷雨云形成的大气电场中，相对于周围环境，往往成为十分突出的目标，很容易发生尖端放电而被雷暴击中。当雷暴击中风电机组时，电流必须通过风电机组结构传导到地面上，电流实际上会通过和绕过所有风电机组组件，可能使它们受到损坏。对于大型风电机组部件，如叶片、机舱盖，通常是由复合材料做成的，不能承受雷暴的直接打击，不能传导电流，所以很容易受到雷暴的破坏。即使没有被雷暴直接击中，也可能因静电和电磁感应引起高幅值的雷电压行波，并在终端产生一定的入地雷电流，造成不同程度的危害。

2. 高湿度

云南地区相对湿度范围在 60%～80%，滇南湿度大于滇北，这主要与西南季风带来的暖湿气流相关；贵州西部及四川中部湿度较大，相对湿度基本大于 80%；四川西部相对湿度呈减小趋势，范围大概在 50%～65%；青海盆地地形相对湿度较小，一般小于30%，高原地带相对湿度在 50%～65%。

由以上分析可知，西南高原地区相对湿度大，年平均相对湿度在 70% 以上，尤其高原东部的贵州地区湿度基本在 80% 以上，易形成冰冻、凝露等现象。

3. 低温

山地地区容易形成结冰气候条件，气候变化急剧，温差幅度较大，处于临界状态的雨、雪、雾、露遇到低温的设备和金属结构表面时会结冰。凝冻对风电机组的影响主要表现为叶片覆冰，则风电机组叶片的空气动力学轮廓就会受到影响，叶片表面的大量覆冰会引起风电机组的附加荷载与额外的振动，从而降低其使用寿命；在极端情况下，覆冰甚至会造成塔架整体坍塌或局部破损；风电机组叶片覆冰后还会影响风电场的发电量，国外有研究表明，风电机组叶片挂冰运转，风电机组的发电量会减少10%～20%。

3.5.5 风能资源综合评价

事实上，软件计算只是依据特有的计算模型进行，而这些模型都做了一些简化，并不能完全反映实际情况，尤其对复杂地形地貌风电场的适应性有待进一步研究。因此，在进行风能资源评估时，除了进行不同软件相互验证、各测风塔互相推算验证之外，还应对计算结果进行定性分析，而不能完全依赖软件计算结果。CFD软件对理论知识及软件参数设计要求较高，稍有不慎就可能得出颠覆性的结果。图3-21给出了某河谷风电场采用WT软件计算的风能资源分布图。对比测风塔及各机位实际情况，发现该资源分布图与实际相反，经分析可以初步判断，测风塔的代表区域不能完全覆盖整个计算区域，计算地图范围偏小。同样的情况也出现在山地风电场，如西南某山地风电场（图3-22），实测数据显示东北部区域风速低于西南部约0.5m/s，而软件模拟的结果正好与实测相反。

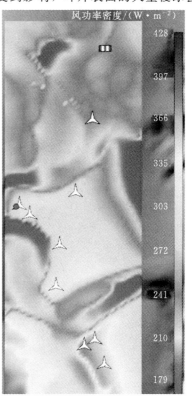

图3-21 某河谷风电场风能资源
分布图（WT软件计算）

在风电场风能资源评估阶段，首先要分析场区具有的地形类型；其次分析测风塔所处位置地形与测风塔数据的关联性，确定测风塔所能代表区域，并有选择地使用不同测风塔进行软件计算，以确保计算误差最小。若分析场区可能受上游山脊或下游地形的影响，在使用软件计算时，应将可能影响本场区的周边地形一并列入绘图区，并考虑分片区进行模拟，以减小软件计算误差。

3.5.6 基于气象模式的风能资源评估

3.5.6.1 中尺度气象模式简介

近20年来，世界各国都纷纷采用数值气象模式开展风能资源评估，发展风能资源数值模式系统。20世纪90年代后期，丹麦Risoe实验室发展了将中尺度数值模式KAMM与风电场微观选址软件WAsP相结合的风能资源评估方法，完成了距离地面45m、水平

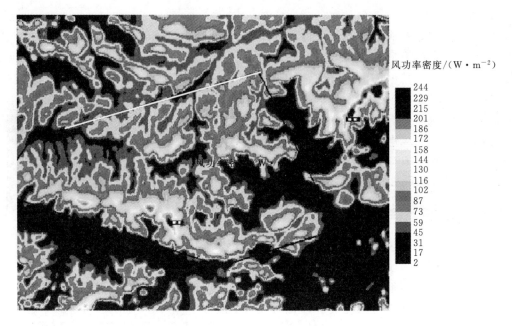

风功率密度/(W·m⁻²)

244
229
215
201
186
172
158
144
130
116
102
87
73
59
45
31
17
2

图 3-22　西南某山地风电场风能资源分布图（WT 计算）

分辨率 200m×200m 的丹麦风功率密度分布图。加拿大气象局将中尺度模式 MC2 与小尺度模式 Ms-micro 相结合建立了 WEST 数值模式系统，制作了加拿大 5km×5km 分辨率的风能资源图谱。美国 Ture Wind Solutions 公司开发了 MesoMap 和 SiteWind 等基于数值气象模式的风能资源评估系统，完成了距离地面 80m 高度、水平分辨率为 2.5km×2.5km 的美国年平均风速分布图。

我国开展的风能资源评估和风能资源详查工作中，也应用了中尺度模式，在中尺度模式的基础上对区域的风能资源进行了评估，这里以 WRF 模式为例，介绍中尺度模式在风能资源评估中的应用。

3.5.6.2　中尺度数值天气预报模式 WRF 简介

中尺度是介于大尺度和小尺度之间的特殊尺度，其水平尺度为 2～2000km，时间尺度为几十分钟到几天。

1997 年美国国家大气研究中心（NCAR）中小尺度气象处（MMM）、国家环境预报中心（NCEP）的环境模拟中心（EMC）、预报系统试验室的预报研究处（FRD）和俄克拉荷马大学的风暴分析预报中心（CAPS）四部门联合发起新一代高分辨率中尺度天气研究预报模式 WRF（Weather Research Forecast）开发计划，拟重点解决分辨率为 1～10km、时效为 60h 以内的有限区域天气预报和模拟问题。

WRF 模式主要考虑 1～10km 的大气运动模型，垂直方向采用气压地形追随坐标系统，网格系统为 Arakawa C，并支持多重网格嵌套，能方便定位地理位置；时间积分采用三阶或四阶的龙格-库塔算法。WRF 模式系统具有可移植、易维护、可扩充、高效率、方便等诸多特性，是目前最为先进的中尺度数值天气模式。

模式包含 12 种微物理过程、5 种积云对流参数化方案、4 种陆面过程、3 种表面边界层以及行星边界层、大气辐射等方案，用户可根据实际分辨率要求、天气状况、陆面条件等自由选择各种参数化方案组合。

WRF 模式主要由三部分组成：前处理系统 WPS（the WRF Preprocessing System）、模式核心和后处理及可视化系统 ARWpost（Post‑processing & Visualization tools）。前处理系统由三个程序组成：geogrid 用于确定计算区域并把地形数据插值到网格点上；ungrib 从输入气象数据中提取要素场；metgrid 将要素场插值到计算模拟的网格点上。核心层是模式的关键部分，由几个理想化、实时同化和数值模式初始化程序组成，各种物理过程的选择均在该层设定；后处理及可视化系统用于将核心层计算得到的各种物理量转化到等高面或等压面上，并转化为各种绘图软件能够读取的格式（如 grads）。数值预报系统的整体组成如图 3‑23 所示。

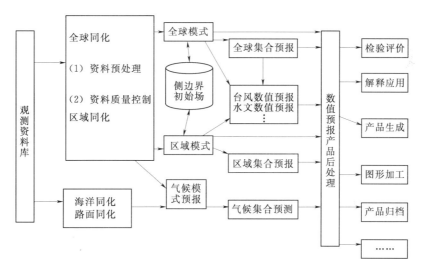

图 3‑23　数值预报系统的整体组成

WRF 模式是在 MM5 模式上发展起来的新一代中尺度模式。与传统 MM5 模式比较，通过不同的暴雨个例模拟发现，WRF 模式对中尺度天气系统的高度场、风电场、散度场、水汽通量场及垂直速度场等要素的模拟效果都好于 MM5 模式；对大气过程的模拟能力、气温的预报以及东北冷涡雷暴天气过程中降水量的模拟等研究表明，WRF 模式模拟结果较 MM5 模式都有一定程度的改善；WRF 模式存在的不足有模式水平分辨率问题、单次模拟存在偶然性问题。WRF 模式的发展趋势是向更长的时间尺度过渡，构建同时能模拟天气尺度和气候尺度现象的通用模式；与区域海洋模式相耦合，构建高分辨率的区域耦合模式。

目前，WRF 模式主要用于以下几方面的风电场风能资源评估：

（1）无测风塔地区，中尺度气象模式模拟数据可用来代替测风塔数据进行风能资源评估。

（2）有测风塔地区，将中尺度模拟数据与实测数据结合，共同作为 CFD 软件的驱动风电场，进行精细化风能资源评估。

3.5.6.3　中尺度气象模式在风能资源评估中的应用

1. WRF 模式模拟方案设置

目前，WRF 模式模拟方案主要包括模拟范围、嵌套层数、模拟时段、参数化方案等。

模拟范围是指某次模拟研究的区域可采用多层网格嵌套方案，如 3 层、4 层等，每一层的输出数据作为下一层的输入数据，多层网格嵌套可提高模拟精度。

参数化方案应根据当地气候、地形、地层等进行选择。

2. WRF 模式模拟结果

通过 WRF 模式模拟可输出各格点模拟时段内的时间序列数据，也可经各类后处理软件生成模拟范围内的风能资源分布图。这里以某一次模拟为案例对模拟结果进行展示。

（1）风速时间序列数据。通过模拟可以得到各格点的时间序列数据，时间序列数据可替代测风塔用于风电场的风能资源评估。欲替代测风塔数据，模拟数据应达到一定的精度。模拟数据精度可以通过其与实测数据的相关系数来表征。

分析案例中 WRF 模式模拟数据与该地两座测风塔数据的相关系数分别为 0.7771 和 0.7925，相关性分布如图 3-24 和图 3-25 所示。

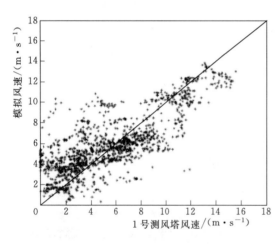

图 3-24　1 号测风塔模拟与实测风速相关性

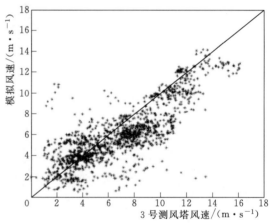

图 3-25　3 号测风塔模拟与实测风速相关性

风速随时间变化曲线如图 3-26 和图 3-27 所示。

2005 年 5 月 4—5 日之间模拟风速极大值出现的时间较实测风速有 2h 的延迟，其他时段风速极值出现的时间接近实测数据，模拟数据能很好地反映风速的变化趋势；在极大值点处，模拟风速小于实测风速，除此之外，模拟数据非常接近实测数据。

（2）模拟风向。进行风向分析通常要借助风玫瑰图，风玫瑰图是根据风的观测结果，表示不同风向相对频率的星形图解。将东、西、南、北细分为 12 个区间，分别计算 1 号测风塔位置模拟风向与实测风向出现在各区间的频率，绘制实测和模拟风玫瑰图，如图 3-28、图 3-29 所示。模拟时段内，风电场实测主风向为北和东南，北向所占的频率为 17.8%，东南向的频率为 14.1%，频率大于 10% 的区间为 1、2、6、7；风电场模拟主风

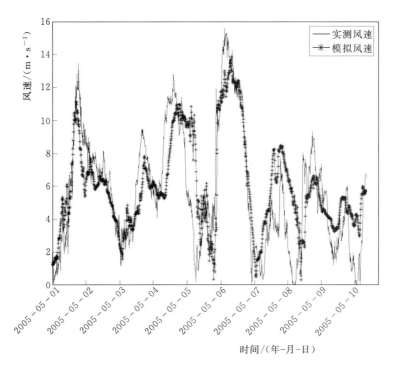

图 3-26　1 号测风塔模拟与实测风速分布

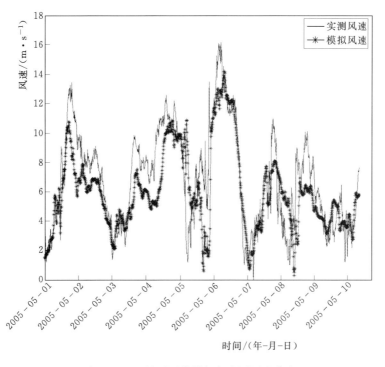

图 3-27　3 号测风塔模拟与实测风速分布

向为东南，所占频率为 20.1%，频率大于 10% 的区间为 1、2、6、7、12。模拟数据和实测数据都有明显的盛行风向。

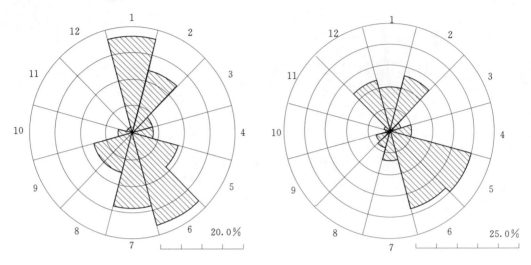

图 3-28　1 号测风塔实测风玫瑰图　　　　图 3-29　1 号测风塔模拟风玫瑰图

对 12 个风向区间，分别统计 1 号测风塔实测风速和模拟风速的威布尔参数、平均风速和平均风功率密度，统计结果见表 3-13 和表 3-14。总平均风速分别为 5.52m/s 和 5.89m/s，平均风速差值为 0.37m/s；平均风功率密度分别为 261W/m² 和 226 W/m²，平均风功率密度差值为 35 W/m²。

表 3-13　1 号测风塔实测风向频率、威布尔参数、平均风速和平均风功率密度

区间	角度 /(°)	频率 /%	威布尔参数 A /(m·s⁻¹)	威布尔参数 K	平均风速 /(m·s⁻¹)	平均风功率密度 /(W·m⁻²)
1	0	17.8	10.6	3.09	9.5	725
2	30	12.1	7.7	2.61	6.86	302
3	60	4.1	7.7	3.72	6.96	262
4	90	4	3.9	3.52	3.52	35
5	120	9.1	6.6	2.79	5.88	182
6	150	18	7.5	2.04	6.6	331
7	180	14.1	3.5	2.16	3.06	31
8	210	7.8	1.6	1.4	1.44	6
9	240	7.7	2.7	1.85	2.37	17
10	270	2.8	2.1	1.31	1.95	15
11	300	1.2	2	1.72	1.79	8
12	330	1.2	4.3	1.96	3.79	65
合计			6.5	1.73	5.52	261

表 3-14　1号测风塔模拟风向频率、威布尔参数、平均风速和平均风功率密度

区间	角度 /(°)	频率 /%	威布尔参数 A /(m·s⁻¹)	威布尔参数 K	平均风速 /(m·s⁻¹)	平均风功率密度 /(W·m⁻²)
1	0	10.3	6.5	3.19	5.78	161
2	30	13.4	6.9	5	6.38	184
3	60	2.7	4.1	3.02	3.62	41
4	90	5	4.6	4.43	4.23	55
5	120	20.1	6.4	2.21	5.64	191
6	150	18.6	5.9	1.68	5.24	205
7	180	6.9	6.6	4.18	5.96	157
8	210	4.1	4.4	3.81	3.94	47
9	240	3.4	3.4	1.84	3.02	35
10	270	1.2	2.7	1.26	2.51	35
11	300	1.7	2.6	3.38	2.35	10
12	330	12.5	11	5.66	10.16	721
合计			6.4	1.91	5.89	226

（3）风能资源分布图。案例中模拟风速和风向某一时刻的风能资源分布如图 3-30 所示，从图中可以看出该时刻风速、风向的分布。

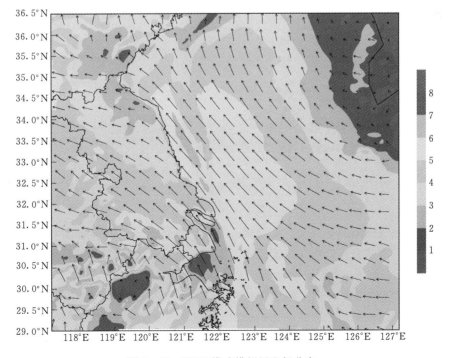

图 3-30　WRF 模式模拟风电场分布

3. WRF 模式模拟结果的应用

为验证 WRF 模式模拟数据在实际工程中的应用情况，采用两种方式对某一河谷风电场进行风能资源评估及发电量计算：第一种仅使用测风塔实测数据；第二种使用实测数据与模拟数据相结合。将两种数据输入到 WT 软件，在其他边界条件均一致的情况下，对两种数据模拟结果进行对比分析，模拟的风能资源分布如图 3-31 和图 3-32 所示。

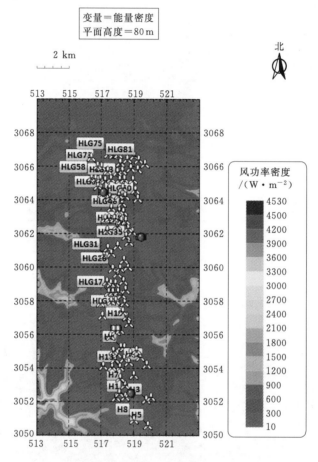

图 3-31　仅使用实测数据计算的
风电场风能资源分布图

对比两种计算结果的风资源分布和风电机组布置图，两者的风资源分布均为河谷低，河谷两侧的山上高；对比发电量计算结果，实测数据与模拟数据相结合的多年平均利用小时数为 2017.9h，略低于仅使用实测数据的 2087.8h。由此可见，使用实测数据与模拟数据相结合的方式进行风电场风能资源评估和发电量计算是合理的。

仅使用测风塔实测数据计算的资源分布，功率密度最高值为 4530W/m²，这个数值明显存在问题。造成模拟风功率密度大的原因是该河谷风电场地形复杂，测风塔实测数据代表性不足，而在实际工程中，设立过多的测风塔不符合经济性的要求，中尺度数值模拟和测风塔实测相结合，可以解决风电场风能资源评估精度和经济性的矛盾，在不增加成本的基础上进行精细化风能资源评估和发电量计算。

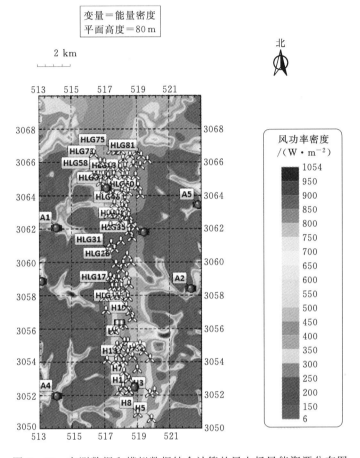

图 3-32　实测数据和模拟数据结合计算的风电场风能资源分布图

第4章 山地风电场微观选址

4.1 风电场选址概述

风电场是由多台风电机组构成的发电场，即在一个风能资源可利用区域，由一批风电机组或风电机组群组成的电场，场内主要包括风电机组、箱式变压器、集电线路、场内道路和变电站等部分。尽管风能资源无处不在，但是为了更有效地利用风能，创造更好的经济效益，必须慎重进行风电场的选址。风电场选址是否恰当对能否达到风力发电预期出力起着关键作用。风电场选址分为宏观选址和微观选址。

4.1.1 宏观选址

风电场宏观选址过程是从一个较大的地区，对气象条件等多方面进行综合分析后，选择一个风能资源丰富且最具利用价值的小区域的过程。随着技术的不断发展，风能的开发和利用越来越被人们重视。但是，风能在实际开发利用中，还应考虑经济、技术、环境、地质、交通、生活、电网、用户等诸多方面的影响。但即使在同一地区，由于局部条件的不同，也会有着不同的气候效应。因此如何选择有利的气象条件，最大限度地发挥风电机组效益有着重要的意义。下面主要从气象角度考虑如何进行风电场宏观选址。

1. 步骤

风电场的宏观选址，可以分为下述三个步骤进行。

（1）候选。参照国家风能资源分布区域，在风能资源丰富区域内以 10 万 km² 的大面积进行综合分析，候选那些风况品质好、可开发价值大、有足够大面积、具备良好地形地貌的区域。

（2）筛选。在上述区域内综合调查和分析土地投资、交通、通信、电网联网、周边环境、生活等因素，筛选出 1 万 km² 的大小的区域。

（3）定点。对筛选区域，在风能资料和观测数据的基础上进行风能潜力估计，进行可行性评估，最后确定最佳区域。

2. 条件

（1）风能品质好。高品质的风能资源是建设风电场的基本前提，风能品质好一般应满足：年平均风速在 6m/s 以上，年平均有效风功率密度大于 300W/m²，风速为 3～25m/s 的年小时数在 5000h 以上，且风频分布好。选址时，还应关注温度、气压、湿度、海拔对空气密度的影响，因为空气密度的大小会影响风功率密度。

（2）容量系数大。容量系数是指风电机组的年度电能净输出，即风电机组的实际输出功率与额定功率之比。一般风电场选址宜在容量系数大于 30% 的地区。

（3）风向稳定。利用风玫瑰图分析，主导风向频率在30%以上的地区是风向稳定区，如果风电场有一个或两个且方向几乎相反的盛行主风向，对风电机组排布是非常有利的；如果风电场虽然风况好但没有盛行风向，就要综合考虑各种因素。

（4）风速变化小。风电场尽可能不要选择在风速日变化、季变化较大的地区。虽然我国冬季风大、夏季风小，属季风气候，但是在北部和沿海地区，由于气候和海陆关系，风速年变化较小，变化最小的月份只有 $4\sim5\text{m/s}$。

（5）风垂直切变小。风垂直切变指风速沿高度方向的变化，风垂直切变大对风电机组运行不利，应选择在风电机组高度范围内风垂直切变小的区域。

（6）湍流强度小。湍流是风速、风向的急剧变化造成的，是风通过粗糙地表或障碍物时常产生的小范围急剧脉动。湍流会使可利用风能减少；使风电机组功率输出减小，并产生振动；使叶片受力不均，引起部件机械磨损；减少使用寿命。湍流强度指风速随机变化幅度的大小。湍流强度受大气稳定性和地面粗糙度的影响，因此选址时应尽量避开粗糙的地表和高大的建筑障碍，或使风电机组轮毂高出附近障碍物 10m。

（7）避开灾害天气。灾害天气包括强风暴（如强台风、龙卷风）、雷电、沙暴、夜冰、盐雾等。这些天气对风电机组都会产生破坏性损害。例如强风暴、沙暴会使风轮转速增大，使风轮失去平衡且增加机械磨损，减少设备使用寿命；盐雾会腐蚀风电机组部件等。

（8）尽可能靠近电网。风电场应尽可能靠近电网，减少线损和电缆铺设。

（9）地形简单、地质好。地形单一，风电机组在无干扰情况下运行状态最佳。选址也应考虑地质状况，比如是否适于深度挖掘、是否远离强地震带、是否位于火山频发区，以及是否具有考古意义等特殊价值。

（10）对环境影响小，保护生态。距离居民区和道路有一定的安全距离；避开鸟类的飞行路线和候鸟、动物的筑巢区；减少占用植被面积等。

4.1.2　微观选址

微观选址是为使整个风电场风能资源利用最优化、出力最大化、成本最低化、安全性最佳。依据风电场宏观选址确定的宏观区域位置和业主确定的风电机组类型，综合考虑风况特性及工程建设中的各种限制条件，利用风能资源、气象、地形地质条件等相关资料，应用相关的风资源评估、微观选址的方法和软件，复核风能资源价值、风电机组适应性、确定风电机组布置方案、机位定位、估算发电量等相关工作。整个过程由业主、设计单位、风电机组厂家共同完成。

微观是气象学的尺度定义，一般指小于2km的空间尺度。为了确定风电机组的最佳选址，分析其选址所涉及的相关信息，需要制定一个详细实施计划，包括风电机组和风电场的最佳位置、不同单机容量的风电机组可用的风能资源以及电能输出区域、土地可获得性等，并尽量使风电机组满足这些要求。国内外的经验教训表明，由于风电场选址失误造成的发电量损失和维修费用增加将远远大于对场址进行详细调查的费用。

风电场微观选址是风电场设计阶段的核心工作之一，涉及到风能资源、地质、交通、土建、造价、电气、环保等众多专业，是一项系统复杂的工作。在山地风电场的建设中，微观选址工作的好坏直接关系到风电场风电机组的安全运行和业主的投资收益。因此，风电场微观选址对于风电场的建设是至关重要的。

4.1.3　山地风电场微观选址

随着风电设备制造、勘测设计、运输安装技术的发展，我国风电由集中式开发转变为集中式开发与分散式开发相结合，开发区域也由风能资源好、地形地貌简单的北方地区转向低风速、地形复杂的南方山区。山地风电场是较为特殊的一类山区风电场。

山区风的水平分布特点是：在一个地区随着自然地形的提高，风速也可能提高。但这不只是由于高度的变化，也是由于受某种程度的挤压（如峡谷效应）而产生加速作用。在河谷内，当风向与河谷走向一致时，风速将比平地大；反之，当风向与河谷走向相垂直时，气流受到地形的阻碍，河谷内的风速大大减弱。新疆阿拉山口风区，是我国有名的大风区，因其地形的峡谷效应，使风速得到很大的增强。

峡谷地形由于峡谷风的影响，风将出现较明显的日变化或季变化，一般情况下，在峡谷地区进行微观选址时，首先要考虑峡谷风走向是否与当地盛行风向一致。这种盛行风向是指大地形下的盛行风向，而不能按峡谷本身局部地形的风向确定。因为山地气流的运动，在受山脉阻挡情况下，会就近改变流向和流速，在峡谷内风多数是沿着峡谷吹的。然后考虑选择峡谷中的收缩部分，这里容易产生狭谷效应。而且两侧的山越高，风也越强。同时，由于地形变化剧烈，会产生强的风切变和湍流，在进行微观选址时应该注意。

山丘、山脊地形的风电场主要利用山丘、山脊等隆起地形的高度抬升和它对气流的压缩作用来选择风电机组安装的有利地形。相对于风来说，展宽很长的山脊，风速的理论提高量是山前风速的 2 倍，而圆形山丘为 1.5 倍，这一点可利用风图谱中流体力学和散射实验中所适应的数学模型得以认证。孤立的山丘或山峰由于山体较小，因此气流流过山丘时主要形式是绕流运动。同时山丘本身又相当于一个巨大的塔架，是比较理想的风电机组安装场址。国内外研究和观测结果均表明，在山丘与盛行风向相切的两侧上半部是最佳场址，此处气流得到最大的加速；其次是山丘的顶部。应避免在整个背风面及山麓选定场址，因为这些区域不但风速明显降低，而且有强的湍流。

由于山地风电场往往具有空气密度低、气象条件多变、地形复杂、交通条件差、地质缺陷多的特征，其微观选址往往比一般风电场复杂。山地风电场微观选址应更多关注风况特性、工程建设影响因素等。复杂地区风电场工程微观选址设计导则见附录。

4.2　微观选址影响因素分析

4.2.1　影响因素识别

4.2.1.1　峡谷风电场

结合笔者从事风电场设计经验并参考其他相关资料，可以将峡谷风电场微观选址影响因素分为风况因素、工程因素和其他因素。

（1）风况因素主要包括风速、风向、风速分布、风速时变性、风速切变、阵风、极大风速、地表粗糙度、湍流强度、尾流、入流角。

（2）工程因素主要包括边坡、地质灾害、地震、洪水、地表障碍物、施工条件、环境。其中地质灾害包括泥石流、滑坡、塌方，地表障碍物包括铁路、输电线路、通信线路、等级公路（国道、高速公路）等。

（3）其他因素主要包括土地属性和可获得性、土地利用规划、当地民风民俗等。

图 4-1 给出了峡谷风电场常见的影响因素。

(a)高速公路

(b)铁路

(c)输电线路

(d)滑坡现象

(e)居民房屋较密集

图 4-1　峡谷风电场常见影响因素

4.2.1.2　高原山地风电场

对于高原山地风电场，同样可以将微观选址影响因素分为风况因素、工程因素和其他因素。

（1）风况因素主要包括风速、风向、风速分布、风速时变性、风速切变、阵风、极大风速、地表粗糙度、湍流强度、尾流、入流角。

（2）工程因素主要包括边坡、地质灾害、地震、地表障碍物、施工条件、环境、压覆矿、自然保护区或风景名胜区、输油（气）管道。其中地质灾害包括地表水溶蚀、地下溶洞、地质危岩、强卸荷岩体等，地表障碍物包括铁路、输电线路、通信线路、等级公路（国道、高速公路）、坟地等。

（3）其他因素主要包括土地属性和可获得性、行政区界、当地习俗等。

图 4-2 给出了高原山地风电场常见的影响因素。

（a）山脊下有民房　　　　　（b）危岩体　　　　　（c）岩溶塌陷

（d）植被茂密

图 4-2　高原山地风电场常见影响因素

4.2.2　影响因素分析

4.2.2.1　风况因素

1. 风速、风向

根据风况特性，峡谷风电场风速相对高原山地风电场较小，其风能资源好的区域主要位于峡谷中心线附近的高台地，风电机组宜布置在这些区域；对于高原山地风电场，风电机组宜布置在山脊和条件好的迎风坡上。

峡谷风电场风向较为稳定，并固定沿着峡谷走向，利于风能资源利用，如安宁河谷主要集中在 S、N 方向；而四川南部高原山地风电场风向主要集中在 SW、WSW 方向，北

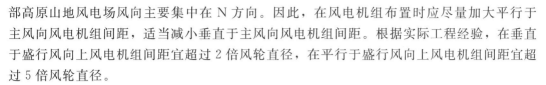

部高原山地风电场风向主要集中在 N 方向。因此，在风电机组布置时应尽量加大平行于主风向风电机组间距，适当减小垂直于主风向风电机组间距。根据实际工程经验，在垂直于盛行风向上风电机组间距宜超过 2 倍风轮直径，在平行于盛行风向上风电机组间距宜超过 5 倍风轮直径。

2. 风速切变

在峡谷风电场、高原山地风电场中测风塔风速的垂直切变很复杂，引起额外的脱离流，进而增加湍流强度；同时还可能发生负切变的情形，即风轮底部的风速大于风轮顶部。风速切变的大小在很大程度上决定了风轮叶片弯折的程度，有可能使得叶片撞击塔筒。这时需要分析原因并在此基础上进行轮毂高度、风轮直径比选和机型安全性复核。在分析整个风电场风速切变情况后，若某些区域风速切变异常，则风电机组不宜布置在这些区域。

3. 阵风和极大风速

阵风会影响风电机组的安全，机组选型时应注意复核其安全性。极大风速是机组选型的一个重要指标，不仅应关注测风塔处的极大风速，还应关注各拟选机位处的极大风速。峡谷风电场、高原山地风电场由于所在区域气候地理、地形地貌等条件导致容易出现阵风和较大的极大风速。风电机组的荷载分疲劳荷载和极端荷载两种工况，极端荷载（极大风速）发生概率很低，但是一旦发生则破坏性极强。当拟选机位极大风速超过所选机型的设计容许值时，则应选用更高安全等级的风电机组，否则应舍弃该拟选机位。

4. 地表粗糙度

山地风电场区域由于地面附着物较多、地形起伏大导致地表粗糙度较大，近地面处的风速风向受影响程度较大，并随离地高度增加影响逐渐减弱。因此，风电机组轮毂高度选择时应考虑这些因素，如当风电场植被茂密且有一定高度时，应考虑将塔架增加一个置换高度，以减少植被的影响。

5. 湍流强度及尾流

山地风电场地形地貌复杂、附着物较多，导致一些区域湍流强度较大。此外对于峡谷风电场，沿主风向布置的风电机组可能较多，导致尾流也较大，进而影响湍流强度。因此在风电机组选型时，一般考虑选用湍流等级为 A 级（0.16）的机型。各拟选机位湍流强度均不能超过 A 级对应的值。风电机组优化布置时以湍流强度不超出风电机组设计容许值为标准，相对弱化对尾流值的考虑。但依然建议风电场平均尾流损失不大于 7%，单台风电机组的尾流损失不大于 12%，风电机组的湍流强度承受能力大时可容许适当放宽尾流损失限值。

在风电机组布置上，拟选机位与来风方向障碍物（建筑物、山丘等）的距离应超过障碍物高度的 20 倍，其轮毂高度超过障碍物（建筑物、山丘等）高度的 3 倍；对于峡谷风电场，风电机组中心与两侧高山的距离应超过 4 倍风轮直径。

6. 入流角

对于峡谷风电场的地形突变、高原山地风电场的陡峭山脊等风速轮廓线突变的区域，其入流角可能会超过《风电机组　第 1 部分：设计要求》（IEC 61400—1—2005）规定的

8°。风电机组不宜布置在该区域，应与其保持一定距离，使得入流角小于8°。

总之，针对风况特性这一影响风电机组布置的因素，主要考察拟选位置风电机组的安全性、可靠性。

4.2.2.2　工程因素

以下为几种在山地风电场工程建设中常见的影响因素。

1. 边坡

峡谷区域局部地形起伏较大，河流穿插其中，容易形成高台地，而这些台地中靠近河谷中心线的一般风能资源相对较好，风电机组应布置在这些位置。为了风电机组能稳定运行，有必要分析计算机位与台地边坡的最小安全距离。

简单地形地貌的风电场不涉及边坡稳定，因此风电场边坡设计也没有相应标准可执行。但复杂地形风电场，尤其是峡谷区域高台地边坡则必须考虑。设计分析时，建议依据《水电水利工程边坡设计规范》（DL/T 5353—2006），并结合风电场边坡的规模、边坡的失事风险及影响程度确定边坡类别，一般来说，边坡Ⅱ级对应持久工况、短暂工况和偶然工况的设计安全系数分别为1.25、1.15和1.05。采用 M-P 方法搜索机位天然边坡最危险滑动模式并依据地质建议物理参数高值进行稳定性计算分析，若与实际不符则应在最危险滑动模式下对物理参数进行反演；然后采取同样的方法对布置风电机组之后的边坡稳定性进行分析；最后采用地质建议物理参数和反演物理参数分别计算持久工况、短暂工况和偶然工况下满足规范要求的最小安全系数时机位与边坡的距离。

例如，对某山地风电场2号机位边坡稳定性分析。机位位置及附近地形地貌如图4-3所示。经计算分析，采用地质建议物理参数和反演物理参数分别计算持久工况、短暂工况和偶然工况下满足规范要求的最小安全系数时机位与边坡的距离，分别为50m、31m和28m，因此应取最小安全距离至少为50m。

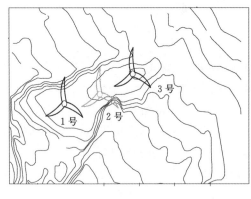

（a）机位位置　　　　　　　　　　　　　　（b）附近地形地貌

图4-3　机位位置及附近地形地貌

2. 地质灾害

峡谷区域局部地段受地层岩性、降雨等因素影响可能会形成高山区沟谷型泥石流沟。微观选址时需要对其进行地质调查，对泥石流运动特性和动力特征进行分析，确定一次性冲出堆积范围区域（图4-4），机位必须避开此区域，并确保与泥石流主沟保持100m以上的安全距离。

高原山地风电场地质灾害主要有地表水溶蚀、地下溶洞、地质危岩、强卸荷岩体等。有些地质灾害可在风电场前期阶段通过地质调查发现，有些则需要在微观选址阶段进行地质详勘时才能查明，如某风电场地下溶洞较多，在微观选址阶段为保证机位的有效性做了大量地质勘察工作。一般情况，风电机组应避开这些地质灾害区域，并进行稳定性分析确定安全距离。

图 4-4 泥石流堆积区现场照片

一些山地风电场可能存在压覆矿，通常不能在该区域布置风电机组，但在压覆矿调查单位明确矿资源埋藏较深、资源品质较差、风电机组安装后不会影响矿资源开采及本身运行安全等前提下，可以考虑布置风电机组以提高风电场规模经济效益。某风电场最初的场址区域经压覆矿调查单位调查发现共涉及三个煤矿分布，经与压覆矿调查单位沟通并进行计算分析，确定了风电机组基础外边缘与煤矿边界水平距离应超过 100m、基础底面与煤矿上端面高差应超过 140m 的风电机组布置条件。

3. 洪水

山地区域由于暴雨或连续大雨可能形成洪水，因此河滩地相对较容易受到洪水的影响。峡谷区域河滩地风能资源和建设条件相对较好，为了充分利用峡谷区域风能资源，风电机组可能会布置在河滩地上。根据《风电场工程等级划分及设计安全标准》（FD 002—2007），风电场洪水设计标准为 50 年一遇。微观选址时应尽量将风电机组布置在高于 50 年一遇洪水位的位置，必要时需通过风电机组基础防洪设计来确保机组安全。风电机组基础防洪设计主要从塔架内部不进水和基础不受洪水淹没冲刷等角度来考虑，可考虑抬高塔架门、风电机组基础增设抗冲层等措施来确保即使遇到 50 年一遇洪水，机位依然可靠。

4. 地表障碍物

山地风电场地表障碍物较多，如铁路、输电线路、通信线路、等级公路（国道、高速公路）、坟地等。为了保证风电机组运行及地表障碍物功能均不受影响，风电机组应与其保持一定距离。根据多个山地风电场布置经验并参考相关行业标准，可以将风电机组与铁路、110kV 及以上电压等级输电线路、重要通信线路、等级公路（国道、高速公路）、房屋建筑、坟地等控制距离定为风电机组轮毂高度（H）加上单个叶片长度（$D/2$）总和的 1.05～1.2 倍；对于 110kV 以下电压等级输电线路、非等级道路等地表附着物，风电机组与其间距根据施工最低要求来确定。

5. 施工条件

在风电机组布置时必须要考虑项目执行中风电机组的实际吊装及基础施工的可行性，要给吊车和风电机组基础施工留出足够的作业面，包括平面和空间。应以风电机组起吊全过程中不会触碰周围的高台地、110kV 以下电压等级输电线路等障碍物为前提来核定间距大小。尤其是在拟选机位周围附近存在输电线路立体交叉的情况时更应预留足够的间距。通常情况下，兆瓦级风电机组基础至少需要一个 20m×20m 的施工平台和 40m×40m 的吊装平台，所以在地势起伏较大的山区，一定要考虑周全，不要给将来项目执行造成麻烦。特别在丘陵地区，更应该注意，坚决避免基础坐落在回填土上甚至基础外露的情况。基础的有效深度一定要满足设备厂家技术要求，以避免风电机组发生倾斜甚至倒塌。

6. 环境

与人类其他活动一样，风力发电也会对环境带来一定的影响，这种影响体现在噪声、光影和视觉等方面。高原山地风电场四周可能存在居民房屋，甚至可能有学校等公共建筑场所，而这些建筑对噪声、光影比较敏感，风电机组布置时应考虑上述影响因素。

（1）风电机组运行噪声预测。风电机组噪声的强度随风速的增加而增加，然而随着风速的增加，风的背景噪声（地表附着物等产生）也随之增加，增加的背景噪声反过来减弱了风电机组噪声的影响。为对噪声影响进行量化从而确定安全距离，采用额定风速下声源的声强对风电机组运行噪声进行预测。由于风电场中风电机组数量较多，需要对在两个或多个风电机组声源影响下的某一敏感点进行噪声预测。由于声压级不是线性叠加，需要先求得多个声源在某一点的声强级，然后再计算出合成的声压级。

点声源距离衰减公式为

$$L_p = L_w - 10\lg(2\pi R^2) - \partial R \qquad (4-1)$$

式中　　L_p——距声源 R 处的声压级，dB（A）；

　　　　L_w——声源 A 声功率级，dB（A）；

　　　　R——声源到敏感点的距离，m；

　　　　∂——声音吸收系数。

声强的近似计算公式为

$$P_N = 10^{\left(\frac{L_p - 90}{10}\right)}$$

式中　　P_N——距声源 R 处的声强级，W/m²。

根据风电机组初步布置，在额定风速下对各敏感点噪声进行预测，绘制噪声经距离衰减形成的等声值线，对照《风电场噪声限值及测量方法》（DL/T 1084—2008）中对应标准来计算风电机组与房屋的间距。目前主流风电机组的声压级约为 103dB（A），按照上述方法计算，当风电机组与居民房屋间距超过 150m 时即可满足要求。

（2）光影影响预测。风电机组运行时都是有规律的运转，有太阳时还会产生阴影，这都可能影响人们的注意力，尤其可能使学生关注风电机组而分散学习精力，因此风电机组布置时很有必要考虑光影影响。根据工程区的经纬度及风电机组轮毂高度计算风电机组的光影影响范围。一年中，冬至时分太阳高度角最小，风电机组影子最长，因此以冬至日为最不利情况进行预测分析。

1）太阳高度角计算。

$$h_0 = 90° - 纬差 \qquad (4-2)$$

式中 h_0——太阳高度角；

纬差——各风电机组所处位置的地理纬度与冬至日太阳直射点的纬度差。

2）风电机组光影长度计算。

$$L = \frac{H}{\tan h_0} \qquad (4-3)$$

式中 L——风电机组光影长度；

H——风电机组轮毂高度。

经计算可得出风电机组的光影影响范围，微观选址时以该范围的最大距离控制风电机组与居民房屋等的间距。

（3）视觉。风电机组布置时也应适当考虑风电场的视觉影响，在保证主要控制因素满足要求的情况下，尽量使某一个或多个区域内的风电机组布置更规则。

4.2.2.3 其他因素

风电机组布置时还应尽可能考虑以下因素：土地属性和可获得性、工程经济性、民风民俗、相关方行业规定、行政区界（自然保护区、风景名胜区）界等。

1. 土地属性和可获得性

风电机组布置前应充分掌握风电机组布置区域的土地属性和可获得性。尽量不涉及压覆矿区域、高标准农田、自然保护区试验区，尽量占用相对较容易获取的土地；不布置在风景名胜区、自然保护区核心区和缓冲区、永久基本农田、军事用地等区域。

2. 工程经济性

主要考虑至拟选机位的道路、吊装平台、集电线路（电缆）等的可行性和经济性。同时还应考虑场内道路、吊装平台修建后改变地形导致风能资源特性的变化。

3. 民风民俗

风电机组与居民房屋、坟地的方位关系应尊重当地习俗。如有些地方不希望民房、坟地正对风电机组，认为这样挡了风水。在风电机组布置时应考虑类似因素。

4. 相关方行业规定

相关方行业规定主要是指风电机组布置后受影响的建（构）筑物所在行业的相关规定要求。如高压输电线路、铁路、国防光缆、高速公路、输油（气）管道等对其周边建设高耸建（构）筑物的相关要求。

5. 行政区界

山地风电场一般都会涉及山脊，而山脊有可能是县与县、市与市、省与省的行政边界；有些风电场还涉及与自然保护区、风景名胜区交界。风电机组布置时一定要考虑风电机组机位、安装平台、道路、集电线路等是否跨界，行政边界原则上不能跨越，自然保护区、风景名胜区界未经许可不得跨越。

4.2.2.4 各因素综合分析

前述分析了可能影响风电机组布置的各种因素并提出了建议安全距离。影响因素往往

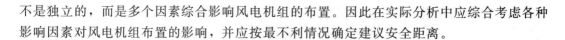

不是独立的，而是多个因素综合影响风电机组的布置。因此在实际分析中应综合考虑各种影响因素对风电机组布置的影响，并应按最不利情况确定建议安全距离。

4.3　微观选址流程及方法

4.3.1　微观选址原则

微观选址应做到使整个风电场风能资源利用最优化、出力最大化、成本最低、安全性最好，应遵循以下原则：

（1）应按照国家或行业现有技术标准和规范的要求执行，符合国家、当地政府对风电行业有关政策的要求。

（2）应按照风电机组对风能特性、气候特点、地理特性等的适应性，在确保风电机组安全的前提下充分利用风能资源。

（3）应将风电机组、风电场其他建（构）筑物等作为一个整体来统筹考虑，使风电项目整体具有良好的社会经济效益。

（4）应重点关注风电场风电机组与各种工程因素的相互影响。

（5）应充分考虑拟建风电场风电机组与周围已建、在建及后续风电场风电机组的相互影响，重点关注行政边界处风电机组所受影响。

（6）应坚持节约用地和环境保护的原则，充分利用现有道路等资源。

（7）应采用软件分析、理论计算和现场查勘相结合的方式，使得成果与实际更相符。

（8）应由业主、设计单位、风电机组厂家共同完成并确认成果。

4.3.2　收集资料及现场查勘

1. 收集资料

微观选址所需的基础性资料如下：

（1）项目前期基本成果。区域规划、可行性研究报告（含地质初勘资料）；环境保护、水土保持、地质灾害、压覆矿、土地预审、选址、安全评估等专题报告。

（2）长期测站的气象资料。长期测站的基本描述，包括位置坐标、建站时间、仪器情况、变更记录、海拔高度、测站级别，以及测站周围建筑物情况；长期测站的基本气候特征值及相关数据报表，包括年平均气温，月平均气温，极端最低气温，极端最高气温，年平均气压、相对湿度、水汽压，年平均降水量、蒸发量、日照小时数，年平均冰雹、雷电次数，灾害性天气（如积冰、冻雨等）和冻土深度等；多年年平均风速、各月的平均风速及风向频率，历年最大风速、极大风速及出现风向、出现时间；与测风塔测风数据同期的长期测站逐小时风速、风向资料、每日最大风速及风向。

（3）项目场址范围内及附近各测风塔基本情况及最新测风数据。

（4）地形图。风电场区域且向外延伸 5km 范围内不低于 1∶10000（或 1∶5000）比例尺的等高线和粗糙度地图，风电场区域且向外延伸 2km 范围内新近实测的 1∶2000 比例尺的数字化电子版等高线和粗糙度地图。

（5）初步风电机组布置范围。确定风电场边界（包含行政区界、自然边界、风景名胜区界等）、拐点坐标；风电场主要工程影响因素（含地表及地下障碍物精确位置）。

（6）选定的风电机组类型、轮毂高度及机组的总体技术参数，当地年均空气密度下的风电机组功率曲线和推力系数曲线。

2. 现场查勘

现场查勘是在项目可行性研究设计完成后、微观选址阶段风能资源评估复核之前开展的，重点关注现场风能资源分布、地形地类图变化以及对拟布置机位处各种工程影响因素的影响进行预判。

（1）应检查数字化电子地图与实地的差异，并详细记录。

（2）查勘场址内及附近测风塔现场，核实其地理坐标，记录其周围地形地貌，检查测风塔运行状况，并进一步判断其代表性。

（3）依据地形、地貌、植被等特点，以经验判断地形对风的影响；关注地形地貌对场址内不同地点风能资源的影响。

（4）关注场址内的地貌变化，重点关注障碍物（地表及地下影响风电机组布置的各种障碍物）变化。

（5）关注场址内的植被变化，植物的倾斜、疏密及分布差异等，可代表风资源的变化。

（6）考察主要的拟定机位点，并现场做好相关记录。

4.3.3 风能资源评估复核

（1）根据现场查勘及可行性研究成果，选择若干具有代表性的测风塔；分析整理最新测风数据，合理选择测风塔代表年时段，整理出至少连续一年的逐小时风能资源数据。

（2）分析代表时段测风数据与长期测站同期数据的相关性，订正成一个代表年测风数据；分析各测风塔处主风能风向的长期代表性。对于复杂地区风电场，测风塔与长期测站尤其是气象站相关性较差，可以借鉴中尺度数据进行相关性分析，完成多年代表性测风数据和主风能风向的计算和确定。

（3）利用多种方法计算各测风塔轮毂高度处风能资源的主要特性参数：代表年年平均空气密度、年平均风速、年平均风功率密度、风频分布、风功率密度频率分布、风速威布尔分布参数、风速切变指数（综合切变指数）、湍流强度（曲线）、50年一遇的最大和极大风速、主导风向和主风功率密度方向等。

（4）根据现场地形地貌变化情况复核地形图、地表粗糙度和障碍物地图的准确性，并完成地形图变化调整，科学合理地确定场址区域内粗糙度的分布并绘制粗糙度地图。

（5）应用适应于复杂风电场的风资源评估软件计算风电场内的风资源分布。对于山地风电场风能资源评估软件，推荐采用 WT 和 Windsim 软件。

（6）结合测风塔实测数据、现场查勘地形、植被分布等情况，对软件模拟结果进行定性分析。在此基础上分析判断场址区域风能资源分布特点及风功率密度等级。

4.3.4 风电机组初步布置

1. 布置原则

风电场风电机组的布置主要根据场址风能资源分布情况和场址建设条件确定，应遵循以下原则：

（1）综合考虑机型及本风电场的风频分布、风向分布、海拔、地形地貌、已有设施的位置等影响因素，尽量充分利用风能资源。

（2）风电机组排布应尽量考虑场内集电线路的可行性和经济性。

（3）考虑足够的施工作业面和运行维护的场地要求，尽量选取土方作业量相对少、施工对地形影响小的地点，尽量利用已有的道路。

（4）考虑防洪问题，要避开洪水的汇集处和主要流经地。

（5）风电机组与场内高压输电线路的距离要满足风电机组吊装、正常运行和维护中的安全距离要求。

（6）充分利用风电场土地和地形，恰当选择风电机组之间的行列距，尽量减少风电机组湍流强度，保证风电机组的运行可靠性，实现风电场发电量的最大化。

（7）充分考虑场址地质条件，使得各备选机位避开地质缺陷区域。

（8）考虑风电机组基础的边坡稳定，并尽量减少因修建风电机组吊装平台而形成高边坡的可能性。

（9）风电机组与有人居住的建筑物、场内公路、铁路、煤气或石油管线等设施的最小距离要满足国家法律、法规的有关规定。

（10）应考虑邻近已建风电场风电机组的影响。

（11）应兼顾风电机组制造商、其他相关行业或部门的意见和要求。

2. 控制标准

结合风电机组布置原则及影响因素分析成果，风电场风电机组布置影响因素控制标准见表 4-1。

3. 布置方案比选

（1）根据确定的场址范围边界及风能资源分布，采用风电机组优化布置软件对风电机组进行初步优化布置。

（2）根据风电机组布置制约因素控制标准，手动调整相关机位，并固定其位置。

（3）在对未固定机位进行优化调整时，与风电机组布置制约因素控制标准进行对比后再进行优化，并反复多次调整优化。

（4）对于风电场周围有已建、在建、未来拟建风电场的，在进行风电机组优化布置时可假想与本风电场可能相邻的风电机组，为本风电场风电机组统筹考虑相互影响。

（5）对于复杂地形地貌风电场，应充分利用风能资源和土地资源，尽量集中布置、减少成本，由于风能资源的差异和尾流影响，在场地内不同区域中可排布风电机组的数量和位置有多种变化，可形成多种风电机组排布方案。

（6）分析计算各机位处的风资源各项特征值（主要有湍流强度、风速切变、尾流、入流角、50 年一遇最大和极大风速），判断是否超出标准；分析各机位处风电机组的气候、

表 4 - 1　风电机组布置影响因素控制标准

影响因素		控　制　标　准	备注
风况因素	风速、风向	峡谷风电场宜集中布置在靠近河谷中心线台地，高原山地风电场宜布置在山脊及迎风坡上；垂直于主风向风电机组间距宜超过 2 倍风轮直径，平行于主风向风电机组间距宜超过 5 倍风轮直径	针对风能资源特性这一影响风电机组布置的因素，主要考察拟选位置风电机组的安全性、可靠性
	风速切变	风电机组不宜布置在风速切变异常区域	
	阵风和极大风速	避免风电机组布置在极大风速超过所选机型设计容许值的位置	
	地表粗糙度	风电机组轮毂高度选择时应考虑地表粗糙度的影响，当风电机组布置在植被茂密且有一定高度的区域时，应考虑将塔架增加一个置换高度，以减少粗糙度的影响	
	湍流强度及尾流	相对弱化对尾流值的控制，各拟选机位湍流强度均不能超过 A 级对应的值（0.16）；建议风电场平均尾流损失不大于 7%，单台风电机组的尾流损失不大于 12%，风电机组的湍流强度承受能力大时可允许适当放宽尾流损失限值；拟选机位与来风方向障碍物（建筑物、山丘等）的距离应超过障碍物高度的 20 倍，其轮毂高度超过障碍物（建筑物、山丘等）高度的 3 倍；对于峡谷风电场，风电机组中心距两侧高山应超过 4 倍风轮直径	
	入流角	风电机组应避免布置在峡谷风电场的地形突变、高原山地风电场的陡峭山脊等风速轮廓线突变的区域，应与其保持一定距离，且使得入流角小于 8°	
工程因素	边坡	对峡谷风电场高台地，建议拟选机位至少远离边坡 50m，对于高原山地风电场岩石边坡，建议拟选机位远至少离边坡距离 10m	针对工程因素及其他影响风电机组布置的因素，除考察拟选位置机组的安全性、可靠性外还应关注风电机组的存在是否影响障碍物本身的功能等
	地质灾害	拟选机位必须避开一次性冲出堆积范围区域，并确保与泥石流主沟保持 100m 以上的安全距离；避免布置在岩溶发育区域	
	洪水	应尽量将风电机组布置在高于 50 年一遇洪水位的位置，必要时需通过风电机组基础防洪设计来减少受洪水的影响程度	
	地面障碍物	风电机组与铁路、110kV 及以上电压等级输电线路、重要通信线路、等级公路（国道、高速公路）、房屋建筑、坟地等控制距离定为风电机组轮毂高度（H）加上单个叶片长度（D/2）总和的 1.05～1.2 倍；与 110kV 以下电压等级输电线路、非等级道路等地表附着物的间距根据施工最低要求来确定	
	施工	风电机组布置应以风电机组起吊全过程中不会触碰周围的高台地和 110kV 以下电压等级输电线路等障碍物为前提来核定机位与其间距大小。通常情况下，兆瓦级风电机组基础至少需要一个 20m×20m 的施工平台和 40m×40m 的吊装平台，拟选机位在开挖量不大的情况应能满足平台要求。坚决避免基础坐落在回填土上甚至基础外露的情况	
其他	环境	拟选机位与有人居住的房屋间距应超过 150m；视觉上尽可能做到整体美观	
		风电机组布置尽量不涉及压覆矿区域、高标准农田、自然保护区试验区，尽量占用相对较易获取的土地；不布置在风景名胜区、自然保护区核心区和缓冲区、永久基本农田、军事用地等区域。风电机组与居民房屋、坟地的方位关系应尊重当地习俗。满足高压输电线路、铁路、国防光缆、高速公路、输油（气）管道等对其周边建设高耸建（构）筑物的相关要求。一定要考虑风电机组机位、吊装平台、道路、集电线路等是否跨界，行政边界原则上不能跨越	

荷载适应性。

（7）比较各种风电机组排布方案，综合考虑升压站布置、场区集电线路布置、中央监控通信系统布置、场区道路、其他防护功能设施（防洪、防雷）等的设计，结合施工、运输、接线、安全、维护便利、美观等因素，获得风电机组初步排布方案，并总结需在现场定点时重点关注的主要因素和主要机位。

通常在微观选址过程中会设置多个备用机位，以备某些机位因不能使用而进行替换。在比选中还需要对备用机位的建设条件、发电量、配套投资等进行综合比较，选择最优的机位作为推荐方案。

4.3.5　机位现场定点微调

软件模拟计算和现场定点微调是互补的，缺一不可。软件模拟是定量分析过程，不可能完全反映真实情况；现场定点微调则更像是定性分析过程，是软件模型的有效补充，现场定点微调时若发现软件模型的计算结果有不符合常规的情况，则需要格外注意，通常采用保守处理。

另外，现场定点微调还担负着核实输入数据正确性的责任（如测风塔的坐标、等高线图是否正确等）和一些数据的采集或细化（如粗糙度和地表障碍物）工作。

现场定点微调是微观选址工作最辛苦的部分，经常需要在野外连续步行、登山数日。对于山地风电场，在出发前要向当地人了解山上的基本情况，最好有当地人做向导，携带急救包，并配备蛇药、小刀、手电筒、指南针和信号发生器，万一被困便于搜救和逃生。

GPS是微观选址现场工作最重要的工具，用来记录坐标点、行进路线、测量距离、方位和海拔等；同时具备精确授时，提示太阳落山时间等其他功能。应该携带备用电池，以备不时之需。

其他有很大帮助的工具有激光测距仪、测角仪、具备指南针功能的低倍望远镜（可在镜筒内看到方位角）和地图。

现场定点微调主要完成如下工作：

（1）现场查勘应准备充分。峡谷、高原山地等复杂风电场多处于高原，有些区域植被茂密、野生动物时常出没、气候恶劣、交通不便、吃住困难。查勘前应做好充分的准备，比如编制查勘手册，与业主和风电机组厂家共同商定查勘路线，准备各种应急物品、工具，确保人身安全是第一要务。

（2）测风塔的定点和核实。测风塔坐标的精确性对风资源评估的影响巨大，对于复杂地形风电场尤其如此，几十米的误差就足以彻底改变整个评估结果，因此必须经过现场核实。

核实坐标的同时要对测风塔的安装配置和周围环境进行仔细的视察和记录，作为分析风数据不确定性的重要依据，测风塔安装是否规范和记录仪中的信息是否一致（如测风高度、支杆方向等）都是极其重要的信息。如果测风塔周围存在障碍物遮蔽效应，则必须对障碍物详细记录，并输入到软件模型中。测风塔周围的地形地貌对于分析湍流强度的来源意义重大，可以帮助我们解释风数据中的各种现象。

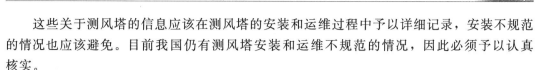

这些关于测风塔的信息应该在测风塔的安装和运维过程中予以详细记录,安装不规范的情况也应该避免。目前我国仍有测风塔安装和运维不规范的情况,因此必须予以认真核实。

(3)风电机组机位核实。在出发之前,需要把已经在软件模型中预选的风电机组机位坐标输入到GPS当中,根据GPS的指引寻找机位。地形图很难反映现场的情况,因此必须逐一核实每个风电机组的机位,对不合理的位置进行调整。现场可能发现风电机组的机位并不在山顶、有巨石阻挡、坡度过于陡峭、有障碍物遮蔽效应或有架空电缆等情形,需要对机位进行微调。

一般来说,现场不能直接分辨出风能资源的好坏,但是可以找到可能造成荷载风况的地形地貌因素,并予以规避。因此现场工作的重点是从风电机组的荷载出发,而不是优化发电量。在机位微调时,应该格外注意风电机组的间距,可能由于一点微调而造成多点同时微调。

现场定点时还需要考虑施工平台和施工难度。一般来说,过于狭窄的山脊和尖山较难作为风电机组的机位。

具体复核以下内容:①机位是否有足够的作业面(平面和空间);②机位与地表、地下障碍物的距离是否符合控制标准;③机位周边地形地貌及建(构)筑物的变化对风电机组的影响尤其是湍流强度的影响;④机位与边坡、地质灾害影响范围的距离是否满足控制标准要求;⑤机位、吊装平台、道路等是否涉及行政边界、自然保护区边界、风景名胜区边界;⑥机位、道路、集电线路修改的成本和难度;⑦风电机组安装运行后对各障碍物本身功能是否有影响。

(4)粗糙度和障碍物调查。现场实际的粗糙度可能与卫星照片有较大差异,因此需要进行现场调查。现场调查可以发现粗糙度未来的变化趋势,比如新林生长和城镇发展等,为风电场长期发电量预测提供参考。

障碍物的信息通常只能通过现场调查获取。由于风电机组的轮毂高度和测风高度变得越来越高,障碍物的影响变得不那么重要了,但仍需要进行调查。

(5)现场定点应由业主、设计单位、风电机组厂家共同完成,并对现场定点结果进行确认。

(6)复核以上内容后确定是否需进行机位调整,若需要则进行调整布置,否则进行机位地质详勘。

4.3.6 机位地质详勘

在进行机位现场定点并复核不需要调整后,即可开展机位地质详勘工作。

(1)根据可行性研究地质初勘成果、现场查勘判断及机组布置成果,确定地质详勘方案,包括查勘方式(钻探、物探、坑槽探、试验等)、工作量等。

(2)进行地质详勘,揭示各机位地质条件,判断其是否满足风电机组基础承载力等的要求。若不满足要求,应尽快提出地基处理措施并判断其经济性。

(3)若地基处理量过大,应尽快提出风电机组调整方案,并与有关各方进行确认,再次进行现场定点直至满足要求。

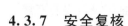

4.3.7 安全复核

（1）每个机位的空气密度、平均风速、威布尔分布、入流角、风速切变、湍流强度、极限风速等参数均应与该机位采用的风电机组机型的设计适用气候条件进行对比，凡是超出设计值的机位均应进行深入的疲劳和极限荷载计算，对风电机组的安全性进行最终确认。另外，各风电开发商和风电机组厂家对单机的尾流损失及风电机组间距通常也有内部的控制标准，对于超出该标准的机位也应进行详细的荷载计算和安全性确认，保证所有机位风电机组在寿命期内均能安全稳定运行。若安全性不能满足要求，则对机位进行调整，直至满足安全要求。

（2）分析气候（如低温、凝冻、雷暴等）、水文等对风电机组安全的影响。

安全复核完成后形成最终的布置方案。

4.3.8 风电场发电量计算及评估

（1）利用发电量计算软件计算各机位及全场年均理论发电量。

（2）考虑风电场实际状况，选取适当的折减系数。如气候影响（风速的年际变化、低温、高温、积冰、强雷暴等极端天气）、厂用电、控制与湍流（风速短时间的变化、风向短时间的变化、投切过程、切出后再次切入的过程）、叶片污染（风沙、昆虫、降水等）、机组可利用率（机组维护和检修、电网故障）、功率曲线的保证率、其他因素（发电量计算软件的缺陷等）。

（3）经折减后，估算全场年均上网电量、满负荷利用小时数及容量系数等。

（4）应根据风电项目长系列参证站数据和测风数据，对全场及各机位发电量的年际和月度变化进行详细分析，给出全场及每台风电机组发电量在每年和每月的可能的合理波动变化区间并进行概率分布的分析。

（5）进行发电量不确定性分析。

4.3.9 编写微观选址报告

微观选址报告是峡谷、高原山地等复杂风电场项目不可或缺的重要报告，为风电场项目实施和运行提供了重要信息。复杂风电场微观选址报告应包括以下内容：

（1）风电场工程概况。详细描述场址位置、地形地貌、地质概况、场内和周围的交通、拟定的电网接入点、周围环境条件、所在区域风电场规划。

（2）微观选址依据资料。描述微观选址所依据的主要资料，包括可行性研究报告、各项专题报告、地形地类图等。

（3）风能资源评估。包括风电场拟参考的长期测站的气候特征和风能资源概况；测风塔测风数据的整理、分析、订正，形成完整年代表性数据；测风塔处主要风能特性参数计算；场内风能资源模拟分布。

（4）工程制约因素识别与分析。根据地形地类图及现场查勘情况，描述本风电场工程制约因素并分析风电机组与其的相互影响，给出风电机组与工程制约因素的控制标准。

（5）风电机组机型资料。根据风电机组合同信息，详细描述风电机组的类型、基本参数、功率曲线、推力系数曲线、吊装平台要求、道路运输要求等。

（6）风电机组微观选址。包括微观选址的主要关注点及权重次序、排布方案技术经济比选、现场定点、地质详勘、安全复核、最终推荐布置方案。微观选址最终推荐布置方案应该对各机位经济性进行排序，同时综合考虑施工和运维难度，筛选出满足风电场核准容量和风电机组台数要求的主选机位方案，删除单台经济性不满足开发商内部控制指标的机位。

（7）风电场发电量计算及评估。包括：计算最终推荐布置方案的风电场发电量；描述计算方法、软件参数设置；给出折减系数项目设置和取值分析；提供各机位风能资源特征值统计表及能量指标表（每个机位的平均风速、等效满负荷小时数、尾流损失、经济性等）；给出发电量不确定性分析结果。

（8）环境风险分析。峡谷、高原山地等复杂风电场存在很多环境影响因素，可能导致风电机组停机、设备故障等，从而使得发电量减少，如结冰、凝冻、雷暴、湿度大、高温、低温、洪水、地震等，报告中应对这些风险进行分析并提出相应的建议措施。

（9）建设、运行和维护的建议。根据风电场风能特性、建设条件、微观选址结果等，对风电场建设、运行和维护提出针对性的措施和建议。对于山地风电场，施工时不能将开挖的土石方大量堆放在机位周边，避免形成新的边坡改变地形而使得湍流强度增加。

4.3.10 微观选址复核

设计单位完成微观选址报告后，提交正式报告给风电机组厂家，风电机组厂家对微观选址报告进行复核。

（1）风电机组适应性。山地项目各机位风能资源条件通常有一定的差别，特别是随着大叶片、低风速风电机组技术的不断发展，风速变化 $0.2\sim0.5\mathrm{m/s}$ 就有可能适用性价比更高的机型，风电机组厂家应根据各机位风能资源评价结果有针对性地推荐适用机型，以保证风电场整体收益的最大化。除适用气候条件外，风电机组适应性判断还应考虑不同机型在运输、吊装等具体要求上的差异，以及由此可能导致的道路、平台等设计方案和造价成本的变化，必须通过经济性的综合比较，为各机位推荐最适用的机型。

（2）安全性复核。风电机组厂家在微观选址复核中最核心的作用是对各机位的风电机组安全性进行复核确认，每个机位的空气密度、平均风速、威布尔分布、入流角、风速切变、湍流强度、极限风速等参数均应与该机位采用的风电机组机型的设计适用气候条件进行对比，凡是超出设计值的机位均应进行深入的疲劳和极限荷载计算，对风电机组的安全性进行最终确认。

在复核过程中还需要对备用机位的建设条件、发电量、配套投资等进行综合比较，选择最优的机位作为推荐方案。针对最终的推荐方案，需要复核计算各机组的尾流影响、发电量、湍流强度等，确定在所选择的机位上风电机组性能能够得到充分的体现，满足机组安全等级要求。

4.3.11　微观选址后评估

微观选址后评估是风电场设计后评估的重要部分之一。主要是通过一年以上实际运行情况与设计值进行对比，分析是否达到设计水平，并总结经验教训，进而不断完善复杂地区风电场微观选址的程序及方法，为后续类似项目精细化设计提供经验与方法。

4.3.12　微观选址流程

山地风电场微观选址流程如图 4-5 所示。

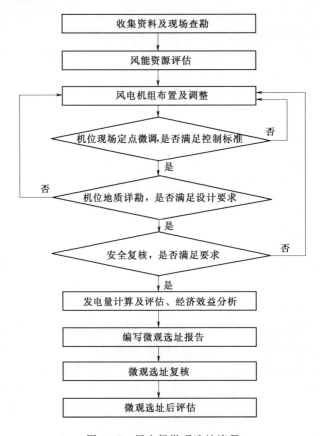

图 4-5　风电场微观选址流程

第5章 山地风电场风电机组及选型

由于山地风电场的风能资源情况、道路交通条件和地形地貌状况都与平原地区有差异，因此在风电场的设计和风电机组选型过程中，需要综合考虑以上因素。本章主要介绍目前市面上主流的风电机组类型、品牌厂商及其产品，同时对山地风电场的两类代表型风电机组（低风速型及高原型风电机组）的技术特点进行详细阐述，并着重分析山地风电场风电机组的适应性和山地风电场机组选型。

5.1 风 电 机 组 类 型

目前国内外大规模商业并网发电用风电机组以水平轴、上风向、三叶片、变桨距调节形式的兆瓦级机组为主。而按照其传动链形式，可分为以下类型：

（1）高传动比齿轮箱型风电机组。采用高传动比齿轮箱将风轮转速增速后连接低极对数发电机，通常传动比为一比数十甚至上百，齿轮箱多为一级行星＋两级平行轴齿轮模式。按照发电机类型不同又可细分为双馈异步型风电机组、鼠笼转子异步型风电机组和高速永磁型风电机组。

（2）直驱型风电机组。风轮直接驱动多极同步发电机，按照发电机类型不同可细分为永磁直驱型风电机组和电励磁直驱型风电机组，目前国内大规模商业应用的是永磁直驱型风电机组。

（3）中传动比齿轮箱（半直驱）型风电机组。采用中传动比齿轮箱将风轮增速后连接中极对数发电机，发电机通常采用永磁同步发电机。该类风电机组齿轮箱传动比较低，约为 1：25，多用于海上风电场。

目前，国内陆上大规模商业并网发电用风电机组以双馈异步型和永磁直驱型两类为主，其中双馈异步型风电机组仍旧占据较大的市场份额，但随着永磁材料成本降低，技术成熟度等不断发展，永磁直驱型风电机组的装机容量占比也在逐步加大。

5.1.1 双馈异步型风电机组

双馈异步型风电机组是目前应用最为广泛的风电机组类型，风轮经过高传动比齿轮箱增速后连接双馈异步发电机，发电机定子直接与电网相连接，发电机转子通过双向背靠背的部分功率变频器与电网相连接，通过控制转子电流达到变速恒频的目的。在超同步状态，功率从转子通过变频器馈入电网；在次同步状态，功率反方向传送。在两种状态下，定子都向电网馈电。其工作系统原理如图 5-1 所示。双馈异步发电机的并网过程是：风电机组叶片转动后通过传动轴带动发电机至接近同步转速时，由转子回路中的变流器通过对转子电流的控制实现电压匹配、同步和相位的控制，以便迅速并入电网，且并网时基本上无电流冲击。

双馈异步型风电机组主要组成部件包括叶片、变桨系统、轮毂、偏航系统、主轴轴承、增速齿轮箱、主机架高速联轴器、主控柜发电机等，典型结构如图 5-2 所示。双馈异步型风电机组的优点是技术成熟，变速恒频控制仅在转子电路中实现，因而变频器容量小、成本较低，定子直接与电网相连，使系统具有很强的抗干扰性和稳定性；缺点是齿轮箱维护难度大，定期更换齿轮箱润滑油和发电机碳刷等易耗品导致运维成本较高。

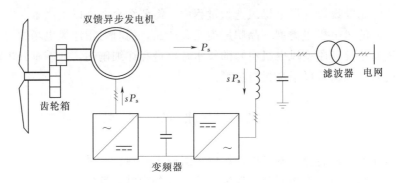

图 5-1　双馈异步型风电机组工作原理图

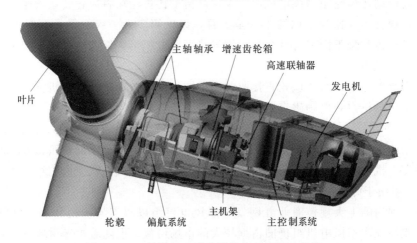

图 5-2　双馈异步型风电机组典型结构示意图

5.1.2　直驱型风电机组

直驱型风电机组没有增速齿轮箱，风轮直接驱动多极同步发电机，发电机通过全功率变频器与电网相连接，系统工作原理如图 5-3 所示。

直驱型风电机组主要组成部件包括叶片、变桨系统、轮毂、发电机、偏航系统、测风系统、顶舱控制柜、底座、机舱罩等。直驱型风电机组的优点是结构简单、可靠性高，由于同步发电机与电网之间通过变流器相连接，彼此频率独立，并网时一般不会因频率偏差而产生较大的电流冲击和转矩冲击，过程平稳。因此，电网接入性能优异、运维成本低；缺点是变频器容量大、发电机制造难度大、成本较高。直驱型风电机组

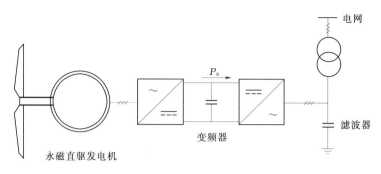

图 5-3 永磁直驱型风电机组工作原理图

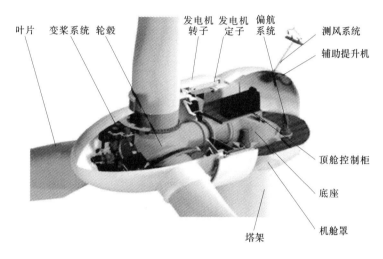

图 5-4 直驱型风电机组典型结构示意图

典型结构如图 5-4 所示，可以看出，相较于双馈异步型风电机组而言，直驱型风电机组结构更加紧凑。

5.1.3 半直驱型风电机组

半直驱型风电机组是在双馈异步型风电机组与直驱型风电机组向大型化发展过程中产生的，它兼顾有两者的特点。半直驱型风电机组的风轮通过中传动比增速齿轮箱增速后驱动发电机，经发电机后再通过全功率变频器与电网相连接，其中发电机通常采用永磁同步发电机。半直驱型风电机组工作原理如图 5-5 所示。

半直驱型风电机组主要组成部件包括叶片、轮毂、叶片、变桨系统、主机架、中速齿轮箱、中速永磁发电机、控制系统等。半直驱型风电机组的优点是齿轮箱和发电机制造难度小、电网接入性能优异，成本适中；缺点是变频器容量大，运维成本较高。半直驱型风电机组典型结构如图 5-6 所示。

5.1.4 主流风电机组品牌及机型

《2016 年中国风电装机容量统计简报》显示，2016 年中国风电新增装机 2337 万 kW，

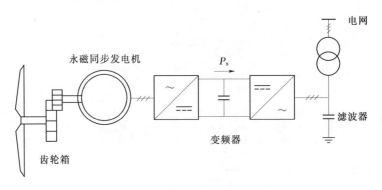

图 5-5　半直驱型风电机组工作原理图

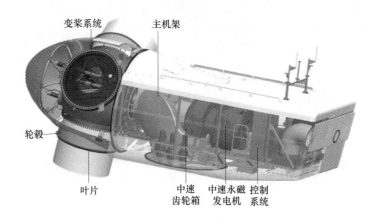

图 5-6　半直驱型风电机组典型结构示意图

累计装机容量达 1.69 亿 kW。国内 2016 全年风电新增装机容量排名前十的企业分别为金风科技股份有限公司（简称金风科技）、远景能源（江苏）有限公司（简称远景能源）、广东明阳风电产业集团有限公司（简称明阳风电）、国电联合动力技术有限公司（简称联合动力）、中船重工（重庆）海装风电设备有限公司（简称重庆海装）、上海电气风电集团（简称上海电气）、湘电风能有限公司（简称湘电风能）、东方电气风电有限公司（简称东方风电）、浙江运达风电股份有限公司（简称运达风电）、华创风能有限公司（简称华创风能）。其中金风科技以 2016 年国内新增装机容量 634.3 万 kW 位列第一。

表 5-1 统计了国内 5 家主流制造企业适合于山地风电场的单机容量 1500～2500kW 的产品主要参数。

可以看出，除金风科技和东方电气外，各主要厂商的产品集中于双馈异步型风电机组。在同等单机容量下，为适应低风速区的风能资源要求，提高风能利用率，众多厂商均开发了直径较大的各类机型。以单机容量 2000kW 为例，各厂商推出的该类机型直径已超过 110m，甚至长达 127m。

同时，由于不同轮毂高度的风电机组风能利用率也会有所差异，各厂商对同一机型大多提供了不同数值的轮毂高度，可以更好地匹配不同风能资源状况的风电场，该方面内容将在后文详述。

表 5 - 1 国内主流制造企业产品主要参数表

制造企业	机型编号	单机容量/kW	风轮直径/m	风电机组类型	轮毂高度/m
金风科技股份有限公司	GW87/1500	1500	87	直驱型	75/85
	GW93/1500	1500	93	直驱型	75/85
	GW108/2000	2000	108	直驱型	80
	GW115/2000	2000	115	直驱型	80/85/100
	GW109/2500	2500	109	直驱型	80/90
	GW121/2500	2500	121	直驱型	90/120
	GW130/2500	2500	130	直驱型	90/120
东方电气风电有限公司	FD87	1500	87	双馈异步型	69
	FD89	1500	89	双馈异步型	70/85
	FD93	1500	93	双馈异步型	69
	FD108	2000	107.708	双馈异步型	80/84.865
	FD116	2000	115.928	双馈异步型	80/90
	FD110	2500	109.678	双馈异步型	80
	FD127	2000	127	双馈异步型	85/95
	DF87 - 1500	1500	87	直驱型	65/70/80
	DF93 - 1500	1500	93	直驱型	65/70/80
	DF110 - 2500	2500	110	直驱型	80/90
	DF121 - 2500	2500	121	直驱型	90
浙江运达风电股份有限公司	WD103 - 2500	2500	103.6	双馈异步型	80/90
	WD107 - 2500	2500	107	双馈异步型	80/90
	WD125 - 2500	2500	125	双馈异步型	80/90
	WD103 - 2000	2000	103	双馈异步型	80
	WD107 - 2000	2000	107	双馈异步型	80
	WD110 - 2000	2000	110	双馈异步型	80
	WD115 - 2000	2000	115	双馈异步型	80/90
	WD121 - 2000	2000	121	双馈异步型	85
广东明阳风电产业集团有限公司	MY1.5 - 89	1500	89	双馈异步型	70/80
	MY2.0 - 104	2000	104	双馈异步型	80/85
	MY2.0 - 110	2000	110	双馈异步型	80/85/90
	MY2.0 - 121	2000	120.4	双馈异步型	80/85/90
	MY2.5 - 121	2500	121	半直驱型	85

制造企业	机型编号	单机容量 /kW	风轮直径 /m	风电机组 类型	轮毂高度 /m
远景能源（江苏）有限公司	EN－110/2.2	2200	110	双馈异步型	80/90/100
	EN－115/2.2	2200	115	双馈异步型	80/90/100
	EN－121/2.2	2200	121	双馈异步型	80/90
	EN－103/2.3	2300	103	双馈异步型	80/90
	EN－110/2.3	2300	110	双馈异步型	80/90
	EN－115/2.3	2300	115	双馈异步型	80/90
	EN－110/2.5	2500	110	双馈异步型	80/90
	EN－121/2.5	2500	121	双馈异步型	90

5.2　低风速型风电机组

随着我国风电产业的不断发展，风速较高、风功率密度较大的区域已经发展得较为成熟，而往往这些区域又处于我国经济实力较为薄弱的地区，受制于能源消耗需求及电网长距离输送的困难，在该类地区建设风电场的收益并不如预期。因而众多研究人员和投资商都把目光投向了四类风能资源区域，旨在将这些地区的风能资源利用起来。基于实际情况，低风速型风电机组应运而生。与常规风电机组相比，低风速型风电机组适用区域为年平均风速低（经标准空气密度换算后）、风功率密度小的区域。本节主要介绍低风速风电场的气象特点，低风速风电场对风电机组的影响和低风速型风电机组的技术特点。

5.2.1　低风速风电场的风能资源特点

低风速风电场的主要特点是年平均风速低、极限风速低，由于风功率密度与风速的三次方成正比，因此低风速风电场的风功率密度更低。低风速风电场一般是指风功率密度等级介于 1～2 级、标准空气密度下轮毂高度处年平均风速低于 6.5m/s，且风功率密度介于 $150\sim300W/m^2$ 的风电场。

我国低风速资源非常丰富，可利用的低风速资源面积约占全国风能资源区面积的 68%。低风速风电场主要分布在四类风能资源区，在我国分布范围最广，且接近电网负荷的受端地区，消纳能力强。随着低风速型风电机组技术的逐渐成熟，目前已成为风力发电开发的主力区域。

2016 年全年，全国风电新增并网容量 2337 万 kW。与 2015 年相比，2016 年我国华北及华东地区以及中南地区占比均出现了增长，西北地区和东北地区均出现减少，西南地区占比维持不变。

5.2.2　低风速型风电机组主要技术特点

根据 GL 风电机组认证规范（GL wind guidelines），低风速风电场适用的低风速型风电机组对应于 S 类风区安全等级，即适应于更低的年平均风速和极限风速。根据《低风速风力发电机组选型导则》（NB/T 31107—2017），低风速风电机组等级分类见表 5-2。

针对低风速风电场特点，低风速风电机组一般有以下几种适应性改进方案。

表 5-2　　　　　　　　　　低风速风电机组等级分类参数表

风电机组等级		D-Ⅰ	D-Ⅱ	D-Ⅲ	D-S
$v_{\text{ref}}/(\text{m·s}^{-1})$		32.5	30	27.5	由设计者规定参数
I_{ref}	A	0.16			
	B	0.14			
	C	0.12			

注：1. v_{ref} 为参考风速，风电机组所能承受的轮毂高度处 50 年一遇 10min 平均风速应小于 v_{ref}；I_{ref} 为平均风速为 15m/s 时轮毂高度处湍流强度的期望值；A 为较高湍流特性等级；B 为中等湍流特性等级；C 为较低湍流特性等级。

　2. 空气密度为 1.225kg/m³，实际风场空气密度变化、等级风速需进行换算。

　3. 参考风速与年平均风速的为 5 倍关系，$v_{\text{ref}}=32.5\sim37.5\text{m/s}$ 为标准Ⅲ类风力发电机组。

1. 增大风轮直径

增大风轮直径即增大单位千瓦扫风面积，以捕获更多的风能。

风电机组吸收风功率的计算公式为

$$P=\frac{1}{2}\rho A v^3 C_{\text{p}} \tag{5-1}$$

式中　P——风电机组吸收的风功率；

　　　C_{p}——叶片的风能利用系数；

　　　ρ——空气密度；

　　　A——风电机组的扫风面积；

　　　v——风速。

由式（5-1）可以看出，与风电机组有关的参数为 C_{p} 和 A，要提高风电机组的风功率吸收能力，关键需要提高叶片的风能利用系数 C_{p} 和风电机组的扫风面积 A。由于目前风电机组叶片已经达到较高的风能利用系数，并且该值是有限的，理论最大值仅能达到贝茨极限（betz limit）0.593，再大幅提高的可能性较低。因此为适应更低风速，加长叶片增加扫风面积是一种有效的途径，也是目前国内低风速型风电机组的主流发展方向。

以国内 2MW 等级风电机组为例，为逐步开发更低风速的风电场，风轮直径从早期的 80m 等级（82m、87m 等），逐步增加至 90m 等级（93m、96m、99m 等）、100m 等级（103m、105m、108m 等）、110m 等级（110m、111m、115m、116m、118m 等），直至目前已经推出或正在开发的 120m 等级（120m、121m、127m 等）。

为确保低风速风电场具有经济开发价值，针对低风速风电场开发的低风速型风电机组，其单位千瓦扫风面积通常不宜低于 4.4m²/kW，针对不同的年平均风速等级，不宜低于表 5-3 中的对应值。

表 5 - 3 低风速型风电机组单位千瓦扫风面积对应表

参 数		D_Ⅰ	D_Ⅱ	D_Ⅲ
年平均风速/(m·s⁻¹)		6.5	6	5.5
单位千瓦扫风面积/(m²·kW⁻¹)		4.4	4.7	5.2
风轮直径/m	1.5MW 额定功率等级	92	95	100
	2.0MW 额定功率等级	106	109	115
	2.5MW 额定功率等级	118	122	129
	3.0MW 额定功率等级	130	134	141

注：单位千瓦扫掠面积＝风电机组的扫掠面积/风电机组额定功率。

2. 提高塔架高度

由于风速切变效应，风速通常随高度增加而增大。低风速型风电机组通常采用高塔架设计，但由于高度增加将导致塔架重量大幅增加，从而导致成本增加，因此针对具体的低风速风电场，需要具体评估其经济性以确定是否使用高塔架设计方案。

由于大功率风电机组风轮直径大，转速低，导致激励频率 1 倍频和 3 倍频均较低，而塔架高度的增加会导致刚度降低，系统频率减小。按常规设计，需保证在风电机组运行区间内，系统频率介于 1 倍频和 3 倍频之间，并尽量远离 1 倍频和 3 倍频，以避免出现共振，这样设计出来的塔架重量大、成本较高。为解决此类问题，国内通常采用两种高塔架设计方案：一种是柔性钢制塔架（柔性钢制塔架与常规钢制塔架对比见表 5 - 4）；一种是混凝土混合塔架，即下部采用混凝土结构，上部采用钢制塔架的混合应用方案，现均已完成 120m 高度的方案设计和

表 5 - 4 柔性钢制塔架与常规钢制塔架对比表

120m 常规钢制塔架	120m 柔性钢制塔架
1P<f<3P	f<1P

注：f—塔架一阶频率。

应用。混凝土混合高塔架方案如图 5 - 7 所示。

图 5 - 7 混凝土混合高塔架方案示意图

3. 优化低风速控制策略

由于低风速风电场的低风频率占比高，为提高风电机组低风速下的风能利用能力，减小风电机组频繁启停机，降低低风速运行时的风电机组自耗电，低风速型风电机组通常都会进行相应的控制策略优化设计，如变桨控制策略优化、低风速下启停机控制策略优化、低风速下偏航控制策略优化等。

5.3 高原型风电机组

我国地势多变，不同地域差异较大。青藏高原、云贵高原、黄土高原和内蒙古高原是我国的四大高原，其中青藏高原是我国最大、世界海拔最高的高原地区。高原地区气候条件艰苦，伴随着低温、低压、寒冷干燥、长时间日照和高辐射等气候条件，因此在高原地区建设风电场和选择风电机组需要考虑众多的外部条件。本节主要介绍高原山地风电场的气候特点，高原山地风电场对风电机组的要求和高原型风电机组的技术特点。

5.3.1 高原山地风电场气候特点

高原山地风电场一般是指海拔在 2000～4000m 的风电场。我国海拔高差大，总体地势呈西高东低的特征，高海拔地区分布广，目前我国大规模商业开发的高原山地风电场多集中在云贵及青藏高原地带，主要分布于云南、贵州、四川、青海等省。某高原山地风电场现场如图 5-8 所示。

图 5-8 某高原山地风电场现场

高原山地风电场由于海拔较高，且多分布于西南山地地区，因此主要具有以下气象及地理特点：

（1）高海拔，低空气密度。

（2）低气压，电气绝缘降低。

（3）风速、风向变化大，高湍流。

（4）高湿度，低温度，易凝露。

（5）强紫外线。

（6）多雷暴。

5.3.2 高原山地风电场对风电机组的影响

高原山地风电场特殊的气象和地理环境，给风电机组带来了较大的影响，针对高原山地风电场，风电机组需要进行针对性的设计和优化。高原山地风电场对风电机组的影响主要体现在以下方面：

（1）随着海拔增加，空气密度降低、风能资源下降，风电机组的年利用小时数加速下降；同时随着空气密度降低，常规风电机组会出现叶片失速，影响风电机组出力，如图 5 -9 所示。

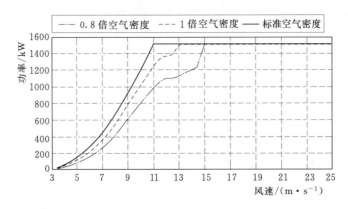

图 5 - 9　不同空气密度下叶片失速功率曲线示意图

（2）随着海拔增加，气压降低，电气系统绝缘能力降低，风电机组需要进行针对性改进设计，从而防止绝缘击穿，适应现场环境要求。

（3）高原地区，尤其是西南高原山地地区地形复杂、植被茂盛，给气流带来较大的割裂，使得风电场风速、风向变化大，湍流强度高。其中：

1）图 5 - 10 为某高原山地风电场短时间风速、风向变化示意图，可以看到，风速可在一瞬间从 6m/s 增加到 20m/s，风向可在几十秒内变化超过 180°。

2）风向变化快会引起风电机组较大的偏航误差，从而造成较大的电量损失。偏航误差角度与发电量损失大致呈 $\cos^2$ 关系 ［《风电机组功率特性测试标准》 （IEC - TC88 - MT12）中确认了此关系］，且风速越低，偏航误差的影响越明显。

3）湍流强度高会引起风电机组振动、荷载增加、功率曲线下降等问题。湍流强度的增加引起功率曲线的下降如图 5 - 11 所示。

（4）高原地区，尤其是西南高原山地地区，普遍湿度较高，风电机组风速仪、风向标、气象架、叶片等部件易结冰，影响风电机组运行；同时，高湿度也会降低风电机组内部电气元件的绝缘性能。

（5）高原山地风电场由于海拔较高，紫外线强度大，比海平面强 1.5～2.5 倍，容易引起风电机组油漆老化开裂和外露部件加速老化。

（6）高原山地风电场通常多雷暴天气，而风电机组往往安装在区域海拔的最高点位

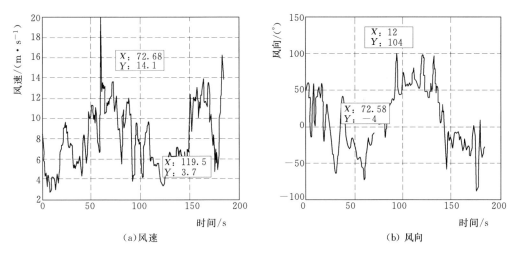

（a）风速　　　　　　　　　　　（b）风向

图 5-10　某高原山地风电场短时间风速、风向变化示意图

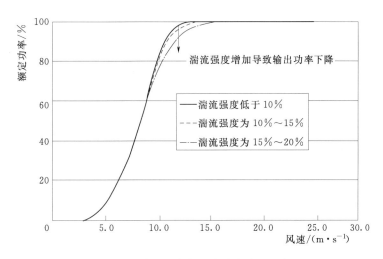

图 5-11　湍流强度与功率曲线关系示意图

置，因此更容易遭到雷击，需要高原型风电机组具有更强的雷电保护能力。

（7）高原山地风电场普遍面临着设备超限严重、道路等级低、山地回头弯多、交通管制严、雨雪季节长等问题，给风电机组运输带来较大困难。

5.3.3　高原型风电机组主要技术特点

针对高原山地风电场的特殊气候和地理特点，高原型风电机组应进行相应的针对性和适应性设计，具有以下技术特点：

（1）在风电机组荷载计算中考虑高原环境的特殊条件，考虑高原环境条件下空气密度对气动力的影响，在荷载仿真计算时使用根据高原环境条件下空气密度修订过的、与确定的环境条件相对应的运行控制算法，防止出现叶片失速等问题。

（2）复合材料部件、橡胶部件、弹性部件等在高海拔环境条件下的机械性能会发生改变，从而影响这些部件的刚度、弹性力和阻尼等，这些影响需在确定部件荷载时予以考虑；如果这些影响涉及到风电机组传动链的性能，如传动链阻尼、机械刹车性能等，需在荷载计算中对这些影响加以分析。

（3）针对空气密度降低带来的散热能力变差的情况，建立模型详细核算不同海拔下的发电机、变频器等部件的温升、冷却介质流量情况（变频器温升仿真如图 5 - 12 所示），通过提高冷却风流量等措施确保各部件正常运行。发电机和辅助电机的温升根据《旋转电机　定额和性能》（GB 755—2008）的表 11 和表 14 进行修正，户外型低压电器的温升按以下公式确定：

$$T = T_0 + \Delta t \tag{5-2}$$

式中　T——相关产品在常规条件下的温升限值；

　　　Δt——温升限值的海拔修正值。

其中，Δt 可按照《特殊环境条件高原用低压电器技术要求》（GB/T 20645—2006）附录 A.2 选取。

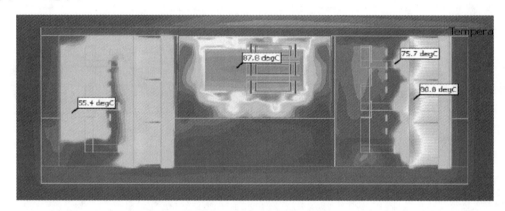

图 5 - 12　变频器温升仿真示意图

（4）高原型风电机组的电气部件符合相应常规标准产品，并按照相关高原电气标准进行修订。目前发电机主要采用标准见表 5 - 5。

表 5 - 5　高原型风电机组发电机相关标准

标　准　号	标　准　名　称
GB/T 20626.1～3—2006	特殊环境条件　高原电工电子产品
GB/T 20645—2006	特殊环境条件　高原用低压电气技术要求
JB/T 8439—2008	使用于高海拔地区的高压交流电机防电晕技术要求
GB 14711—2013	中小型旋转电机通用安全要求
GB/T 755—2008	旋转电机　定额和性能

变频器主要采用标准见表 5 - 6。

表 5－6　高原型风电机组变频器相关标准

标 准 号	标 准 名 称
GB/T 20626.1～3—2006	特殊环境条件　高原电工电子产品
GB/T 22580—2008	特殊环境条件　高原电气设备技术要求　低压成套开关设备和控制设备
GB/T 20645—2006	特殊环境条件高原用低压电器技术要求
GB 7251.1～10	低压成套开关设备和控制设备
GB 14048.1～21	低压开关设备和控制设备
IEC 62477.1—2012	电力电子变换器系统和设备的安全要求
GB/T 3859.1—2013	半导体变流器　通用要求和电网相变器　第1－1部分：基本要求的规定

　　（5）高原型风电机组电气部件绝缘介质应符合《特殊环境条件高原电工电子产品第 1 部分：通用技术要求》（GB/T 20626.1—2006）的相关要求，同时按照标准取定电气间隙和爬电距离的修正系数，以及工频耐压和冲击耐压的修正系数，见表 5－7。

表 5－7　高原型风电机组电气修正系数表

修 正 系 数	标 准 号	海 拔	
		3000m	4000m
电气间隙和爬电距离的修正系数	GB/T 20645—2006（以海拔 2000m 为基准）	1.14	1.29
	GB/T 20626.1—2006（以海拔 1000m 为基准）	1.28	1.46
工频耐压和冲击耐压的修正系数	GB/T 20645—2006（以海拔 2000m 为基准）	1.11	1.25
	GB/T 20626.1—2006（以海拔 1000m 为基准）	1.25	1.43

　　（6）针对高原山地风电场风速、风向变化大，湍流强度高等特点，高原型风电机组通常需要根据项目实际情况，进行针对性的控制算法和控制参数优化。

　　（7）针对高原山地风电场高湿度、易凝露的特点，高原型风电机组通常会增强各部件的加热除湿能力，如各电气控制柜、发电机、齿轮箱、风速仪、风向仪等，均增加加热器。另外，根据高原山地风电场的具体情况，也可以配置工业级除湿机等设备，确保风电机组可靠运行。

　　（8）针对高原山地风电场强紫外线的特点（海拔 2000～3000m 为 1060W/m²，海拔 3000～4000m 为 1120W/m²），高原型风电机组在设计时需要考虑较强的太阳辐射强度，同时各主要部件需要进行试验验证。

　　1）叶片。叶片抗紫外线辐射人工气候老化试验参照《色漆和清漆涂层的人工气候老化曝露于荧光紫外线和水》（GB/T 23987—2009）的规定进行，试验应进行到试板表面达到设计辐射曝露量。涂层老化的评级参照《色漆和清漆　涂层老化的评级方法》（GB/T 1766—2008）的规定进行，涂层综合老化性能等级应不低于保护性漆膜 1 级。

2）机舱罩、轮毂罩加速老化试验。根据《非金属材料进行暴露的测试方法》（ASTM G151—09）和《非金属材料紫外线曝光用荧光设备使用标准》（ASTM G154—06）标准的规定，进行 UVA（长波黑斑效应紫外线，波长 320～420mm）加速老化试验，或采用其他相当的试验方法，试验应进行到试板表面达到设计辐射曝露量。涂层老化的评级参照《色漆和清漆　涂层老化的评级方法》（GB/T 1766—2008）的规定进行，涂层综合老化性能等级应不低于保护性漆膜 1 级。

3）塔架抗紫外线辐射试验。塔架抗紫外线辐射人工气候老化试验参照《色漆和清漆　涂层的人工气候老化曝露　曝露于荧光紫外线和水》（GB/T 23987—2009）和《色漆和清漆人工气候老化和人工辐射曝露滤过的氙弧辐射》（GB/T 1865—2009）的规定进行，试验应进行到试板表面达到设计辐射曝露量。涂层老化的评级参照《色漆和清漆　涂层老化的评级方法》（GB/T 1766—2008）的规定进行，涂层综合老化性能等级应不低于保护性漆膜 1 级。

（9）高原型风电机组的防雷通常按照《风力涡轮发电机系统防雷标准》（IEC 61400—24）要求的防雷等级 I 级进行设计，见表 5-8。

表 5-8　防　雷　等　级

防护等级	电流峰值 /kA	能量比 /(kJ·Ω⁻¹)	电流平均上升速率 /(kA·μs⁻¹)	转移总电荷 /C
I	200	10000	200	300
II	150	5600	150	225
III	100	2500	100	150

（10）针对高原山地风电场的工程建设和设备运输难度大等特点，高原型风电机组通常具备定制化的多段式塔架设计方案，同时能够采用扬举车等特殊运输工具进行运输。

5.4　山地风电场风电机组适应性

在山地风电场的建设过程中，由于建设条件各异，建设水平参差不齐，风电机组种类繁多，如何综合考虑建设过程以及风电机组选型后可能出现的各种问题，是每一个设计施工人员需要面对的难点。因此在山地风电场风电机组选型过程中，需要合理考虑所选风电机组的适应性，主要从安全性、经济性等方面进行衡量取舍。

5.4.1　安全性分析

5.4.1.1　安全性因素

山地风电场区域地形复杂，风况变化多端，使得风电机组的应用环境格外复杂，在实际应用中需要针对项目具体情况进行详细的风电机组安全性分析，确保风电机组在该风电场的安全运行。风电机组安全性分析重点需要分析以下因素。

1. 风况

山地风电场地形复杂、地势起伏，风电机组只能布置在山脊上，而大部分情况下主风向垂直于山脊，这就造成了山地风况与平坦地区风况的差别。由于摩擦力的影响，风速在竖直方向上一般呈对数分布，但当风遇到陡坡后，风速便不再遵守对数分布，而是更加均匀；更有甚者，坡顶上的风还有可能出现负切变的情况，即高度低处风速高，高度高处风速反而低。风速切变越负，风轮所受的不平衡荷载越大，也意味着风电机组所受的疲劳荷载将会越大，且很可能导致叶片与塔架的净空不足。

在一些极端情况下，由于机位或者施工条件限制，风电机组不得不布置在山脊背后，此时风况将会变得更加恶劣，当风吹过山坡后，由于分离效应，使得山坡后的风产生非常大的漩涡和湍流，此时风电机组对风不准，偏航系统反复启停，严重破坏偏航刹车、偏航轴承以及偏航齿轮箱等零部件。

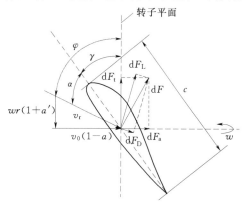

图 5-13 风电机组叶片来流角度关系图

2. 入流角

入流角也叫相对风角，是相对风与旋转平面的夹角，即来流合速度（风速和旋转相对速度的合速度）与旋转平面的夹角，如图 5-13 所示的 φ 角。

入流角的变化，也是山地复杂地形所带来的一个危害。从地势平坦方向来流的风，入流角集中在 $2°\sim8°$，没有超出一般设计风电机组时采用的 $8°$ 入流角；而从陡坡方向来流时，入流角约为 $10°$，超出了风电机组设计标准。所以，复杂地形所带来的入流角的变化，超出了风电机组设计时所考虑的标准和极限范围，给风电机组的强度、寿命和发电性能带来很大的危害。

3. 湍流强度

山地风场的湍流对风电机组也是一种考验，大湍流影响着风电机组的性能，同时也会带来各种振动、超速问题。

由于国内市场竞争激烈，各厂家所推出的风电机组风轮直径越来越大，如 1.5MW 风电机组从早期的 70m、77m 变成了 89m、93m；2.0MW 风电机组风轮直径则增加至 108m、116m、121m 甚至 127m。风轮的惯性越来越大，这样的风电机组在大湍流下会出现各种问题：

（1）风轮转速无法跟上快速变化的风速，导致叶尖速比偏离最佳值，使得风电机组不可能时时刻刻运行在最优点，对风电机组的发电性能产生了一定的影响。

（2）在额定风速以上运行时，由于变桨系统响应的滞后，大惯性的风轮转速无法在大湍流下得到很好的控制，超速现象频发。

（3）风轮越大，同等风速下的风轮推力越大，当风速变化较快时，风轮推力也会随之

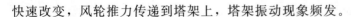

快速改变，风轮推力传递到塔架上，塔架振动现象频发。

5.4.1.2 安全性分析流程

基于山地风电场的风能资源特点，校核风电机组在相应情况下的荷载至关重要，因为如果有些边界条件超出过大，对风电机组的荷载影响是致命的。校核方法主要是结合山地风电机组的风能资源特点，对比关键参数与风电机组设计参数的差别（主要参数包括湍流强度、风速切变、入流角、年平均风速和当地风场空气密度等），如果其中有参数超出风电机组设计参数，就需要对风电机组荷载重新校核；反之，则不需要荷载和结构强度的校核。风电机组安全性分析主要流程包括以下三个方面。

1. 风能资源关键参数计算

要判断风电机组设计参数范围是否超出，前提是对特定项目的山地风能资源情况进行微观选址分析，利用风电场一年以上有效的测风数据、地形的 CAD 等高线图和机位坐标，计算布机后每个机位上的风能资源关键参数情况。

针对项目分析风电机组的适用性，通过关键参数的一一对比，选取超出设计范围的机位，然后再在这些机位中用包络方法，筛选出最终需要计算的机位。根据《风电机组　第1部分：风力发电机设计要求》（IEC 61400—1—2005）标准利用选出的机位关键参数，重新设置荷载工况，进行机组极限荷载和疲劳荷载的计算。

2. 荷载仿真计算

利用 Bladed 软件对风电机组机位进行荷载仿真，荷载设计工况包括正常发电、发电兼故障、启动、正常关机、停机（静止或空转）、停机兼故障和运输、组装、维护、修理工况（表 5-9）。考虑机位的风能资源情况计算所有工况，重新计算出机位风电机组的荷载水平，与风电机组零部件的设计荷载进行对比分析。

表 5-9　风电机组设计荷载工况

设计工况	DLC	风　况	其他情况	分析方法	局部安全系数
1. 正常发电	1.1	NTM inhub out≪VVV	极端状况归纳	U	N
	1.2	NTM in hub out≪VVV		F	*
	1.3	ETM in hub out≪VVV		U	N
	1.4	ECD hubr＝r−2m/s,r+2m/s VVVV		U	N
	1.5	EWS in hub out≪VVV		U	N
2. 发电兼故障	2.1	NTM in hub out≪VVV	控制系统故障或者电网亏损	U	A
	2.2	NTM in hub out≪VVV	保护系统或者前期内部电气故障	U	A
	2.3	EOG hub out＝rVV2m/s V±和	内部或外部电气故障包括电网亏损	U	A
	2.4	NTM in hub out≪VVV	控制、保护或者电气故障包括电网亏损	F	*

续表

设计工况	DLC	风　　况	其他情况	分析方法	局部安全系数
3. 启动	3.1	NWP in hub out≪VVV		F	*
	3.2	EOG		U	N
		hub in out＝，rVVV 2m/s $V±$和			
	3.3	EDC hub in out＝，rVVV 2m/s $V±$和		U	N
4. 正常关机	4.1	NWP in hub out≪VVV		F	*
	4.2	EOG hub out＝rVV2m/s $V±$和		U	N
5. 紧急关机	5.1	NTM hub out＝rVV2m/s $V±$和		U	N
6. 停机（静止或空转）	6.1	EWM 50 年的循环周期		U	N
	6.2	EWM 50 年的循环周期	电网亏损	U	A
	6.3	EWM 1 年的循环周期	极端偏航角误差	U	N
	6.4	NTM hub ref　$V<0.7V$		F	*
7. 停机兼故障	7.1	EWM 1 年的循环周期		U	A
8. 运输、组装、维护、修理	8.1	NTM maint$V$ 由厂家说明		U	T
	8.2	EWM1 年的循环周期		U	A

注：DLC—设计载荷状况；ECD—带风向变化的极端持续阵风模型；EDC—极端风向变化模型；EOG—极端运行阵风模型；EWM—极端风速模型；EWS—极端风速切变模型；NTM—正常湍流模型；ETM—极端湍流模型；NWP—正常风速廓线模型；F—疲劳；U—极限强度；N—正常状况；A—异常状况；T—运输与安装；＊—疲劳局部安全。

关键荷载又分为极限荷载和疲劳荷载两部分，主要包括叶片根部、轮毂中心、偏航系统和塔架底部等荷载。分析各部件的极限强度和疲劳强度是否满足设计要求。

3. 风电机组结构强度校核

风电机组设计过程需要根据图 5-14 所示流程进行开发设计，整个设计过程是一个反复迭代的过程，图中的风电机组荷载为各零部件的设计荷载，如果风电机组荷载发生变化，零部件需要按照图中的流程做相应的校核计算，主要目的是确保风电机组各部件安全。

如果风电机组按照特定场址进行了荷载计算，当关键位置的荷载未超出设计荷载时，则可理论上判断风电机组应用于该环境下是安全的；如果超出了设计荷载，则需要针对这个部件进行相应的极限强度和疲劳强度校核，依据这条准则判断风电机组是否适用于该类风电场环境。

此外还要对比分析塔架和基础的荷载变化情况，校核设计时的荷载是否安全。如果超过安全值，就需要对塔架和基础进行加强设计。

综上所述，山地风电机组安全性分析的主要流程是：首先要对特定场址进行微观选址

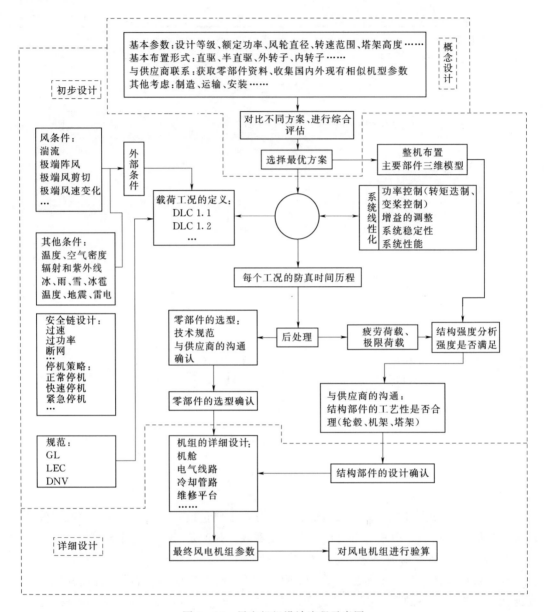

图 5-14 风电机组设计流程示意图

分析，筛选出需要计算的风电机组机位，然后进行特定的荷载计算仿真，得到关键部件的极限荷载和疲劳荷载，最后针对相关的部件进行结构安全性校核，从而判断风电机组是否适用。

5.4.2 经济性分析

风电机组选型的经济性主要是评价该风电场投资所能产生的经济效益，一般由各类财务指标反映，例如成本、总投资内部收益率、资本金投资内部收益率、投资回收期、总投资收益率（ROI）等。影响风电场投资财务指标的因素主要有项目投资、年上网电量、上网电价等因素。由于风电机组设备价格常伴随材料、运输等价格因素而有较大波动，尤其针对山地风电场而言，建设条件往往更为复杂。因此在年上网电价给定的情况下，对于一个风电场的建设和投资，需考虑单位千瓦静态投资、动态投资、年发电量对最终项目经济性的影响。

风电场工程本体投资主要包括施工辅助工程、设备及安装工程、建筑工程及其他费用。其中设备投资占比约 $65\%\sim80\%$，设备投资中风电机组投资占比超过 90%。因此风电机组造价高低直接影响整个项目投资。有统计数据表明，单机容量在 $0.25\sim2.5\mathrm{MW}$ 的各种机型中，单位千瓦造价随单机容量的变化呈 U 形变化趋势，即在某单机容量附近，随着单机容量的增加和减少，单位千瓦造价都会有一定程度的增加。单机容量增加，风轮直径、塔架高度和设备重量都会增加；而风轮直径和塔架高度的增加会引起风电机组疲劳荷载和极限荷载的增加，从而需要重新对基础等结构进行设计，并进行风电机组安全性校核；在风电机组的控制方式上也要做相应调整；同时道路运输等费用也有一定增加，从而引起单位千瓦造价上升。

但在山地风电场可使用机位受限的情况下，单机容量越大的风电机组越可以提高风电场的风能利用率，长远来说，其经济适应性更好。同时，山地风电场一般地形较陡、海拔较高，现有道路条件差，其道路、吊装平台等土建投资较高。为减少大单机容量风电机组的使用而增加的土建投资通常可以采用以下几种方式：场内改变运输工具，如采用特种扬举车运输叶片；将塔架适当多分节，一般最长节控制在 20m 以内；采用小平台吊装工艺，使用风电专用吊车等。

5.5 山地风电场风电机组选型

风电机组选型是指在风电场建设过程中，需要风电机组制造水平、技术成熟程度及价格，并结合特定风电场的风况特征、安全等级的要求，以及现场交通运输条件、地形地质状况及施工安装条件等，选择综合指标最佳的机型。

准确、可靠的风电场风能资源评估是风电场设计的前提和基础，而合理的风电机组选型则是风电场能否长期保持正常运行的必备因素。风电机组选型结果的好坏不仅影响风电场投资的多少，还影响投产后的发电量和运行成本，最终影响风电场的收益。因此，在风电项目开发建设中，风电机组的选型具有重要意义。

5.5.1 选型要点

5.5.1.1 安全等级

在选择风电机组安全等级时，常采用年平均风速、极端风速、参考风速、湍流强度等参数作为衡量所选风电机组安全等级的指标，根据《风力发电机组 设计要求》（GB 18451.1—2012）确定哪类风电机组适合拟建风电场。

风电机组选型中的额定风速常以风能资源评估结果中拟建场址代表性测风塔的年平均风速值为基准。不同风电机组的出力差别主要集中在额定风速以下区间，因此对风电机组额定风速的选择和确定将直接关系到出力指标。额定风速与拟建场址的年平均风速越接近，则风电机组的满载发电率越高。山地风电场多处于Ⅲ类、Ⅳ类风资源区，年平均风速约为 6.5m/s 或更低（经空气密度换算后），因此若选择额定风速过高的风电机组，其在低风速区获能效率并不高。

极端风速也是确定风电机组安全等级的重要参数之一，根据《风力发电机组 设计要求》（GB/T 18451.1—2012）的规定，风电机组安全等级是根据风速和湍流参数来划分的，分为 4 种等级，风表 5-10。

表 5-10　风电机组安全等级基本参数

风电机组安全等级	Ⅰ	Ⅱ	Ⅲ	S
$v_{ref}/(m \cdot s^{-1})$	50	42.5	37.5	由设计者确定参数
$AI_{ref}(-)$	0.16			
$BI_{ref}(-)$	0.14			
$CI_{ref}(-)$	0.12			

注：1. 各参数值适用于轮毂高度。

　　2. v_{ref} 为 10min 平均参考风速；A 为较高湍流特性等级；B 为中等湍流特性等级；C 为较低湍流特性等级。

极端风速在风电机组选型中的表现主要与表 5-11 中的参考风速有关，其值主要关系到风电机组的安全性。若拟建风场的极限风速超过拟选风电机组的极限风速，则风电机组可能在极端天气下遭到破坏，造成人员伤害和财产损失，但是如果盲目追求安全性，不恰当地选择极限风速过高的风电机组产品，则会增加投资。因为当风速处于额定风速到切出风速区间时，风电机组处于满功率发电状态，选择切出风速高的风电机组有利于多发电，但切出风速高的风电机组在额定风速到切出风速的控制增加需要增加投入，同时高风速区相对而言占比并不大。设计人员必须根据风电场的风能资源特点综合考虑合适方案。

湍流强度对于风电机组选型也有较大影响，根据风电场风能资源评估结果可以确定该地区盛行风向是否稳定，湍流强度是否满足《风力发电机组 设计要求》（GB/T 18451.1—2012）中的基本要求。较高的湍流强度会对风电机组长期稳定运行带来负面影响。因此合理选择风电机组安全等级是非常必要的。

对于高原山地风电场，一般阵风性强，50 年一遇最大风速相对较大，但换算到当地空气密度下基本都小于 37.5m/s，这类区域适合选用 IECⅢ级及以上机型；风电场湍流强度较大，一般都超过 0.14，有些甚至超过 0.16，因此应选用安全等级为 B 级及以上机型。而对于峡谷风电场，风向稳定，风速较小，一般适合选用 S 型安全等级为 B 级及以上机型。这其中，50 年一遇的最大风速计算时应考虑各机位处的极端风速；湍流强度应以各机位轮毂高度处全风速时段计算结果来综合判定风电场湍流强度等级，不能简单地以某一个或几个测风塔轮毂高度处 15m/s 风速时段计算结果判定。

5.5.1.2　风电机组型式

由于风能具有随机性、不稳定性等特征，因而变速恒频风力发电系统更能合理利用风能。目前，风力发电系统中主流机型有双馈异步型风电机组和直驱型风电机组两类。双馈异步型风电机组并网简单，无冲击电流，可实现功率因素的调节，输出电能质量较好，有较高的性价比，目前市场占有率较高。直驱型风电机组省去了齿轮箱，使得结构更简单、运行维护费用降低，可靠性相对较高，且风电机组损耗降低，同等条件下年上网电量有所提高，目前市场占有率逐渐提高。目前国内这两类机型基本都具备低电压穿越能力和有功、无功功率调节能力，以及对电网的适应性能力等，各种特性满足国家标准委批准发布的《风电场接入电力系统技术规定》（GB/T 19963—2011），能实现批量生产，通过权威机构监测与认证，满足国家对风电信息管理的要求。

根据山地风电场及风能资源的特点，对于高原山区可根据风电场具体情况选用双馈异步型或直驱型风电机组；对于峡谷地区，由于风况复杂，附近居民可能较多，选用低风速低噪声的直驱型风电机组有利于后续风电场的运行管理。

此外，山地风电场海拔多集中在2000～4000m，这些区域具有空气稀薄、高湿、低温、低气压、雪灾、凝冻、结冰、强雷暴、强紫外线等高原特性，因此必须选用高原型风电机组。国内主流风电机组厂家都致力于高原型风电机组的研发制造，主要是在常规风电机组基础上进行电气设备降容、加强绝缘、改变控制策略、增加应对装置（如加热除湿设备）、改变设备材料、优化核心控制算法参数、增大风轮直径以及连接部件密封性等改进。目前高原型风电机组已取得了一定成果，1.5MW、2.0MW、2.5MW机型在高原山地风电场投入运行，目前的情况来看风电机组适应性尚可。而在峡谷风电场机型相对较多，主要为低风速机型，风电机组适应性较好。总之，应根据建设条件、机型成本等综合选择经济适用的机型。

5.5.1.3　单机容量

国内外风电场工程的经验表明，在风电技术可行、价格合理的条件下，单机容量越大，越有利于充分利用土地和风电场的风能资源，整个项目的经济性就越高。目前陆上风电场选用的风电机组单机容量一般为1.5～2.5MW。单机容量小的风电机组运输和安装方便，但占用土地较多；而单机容量较大的风电机组占地少，风能资源利用充分，但对运输和安装等的要求相对较高。

对于山地风电场，场址海拔较高，且与现有等级公路高差较大，部分风电场高差达到2000余m，需要修建较长的进场公路；山脊不连续、起伏较大，适合布置风电机组的位置相对较分散。为了减少风电场进场道路、场内道路和集电线路长度，增加风电场规模，以提高风电场经济性，同等条件下选用单机容量大的风电机组较为合理。对于山脊比较陡峭的区域，需综合考虑吊装平台以及风电机组基础与边坡边缘的安全距离等因素确定单机容量，这类风电场选用单机容量一般为1.5MW；而对于山脊相对平缓的高原山地风电场或峡谷风电场，规模相对较大的风电场可优先考虑选用2.0MW和2.5MW风电机组。

5.5.1.4　风轮直径

对于同一单机容量风电机组，风轮直径是衡量风电机组捕获风能大小的重要参数。风轮直径越大，捕获风能越大，低风速时更容易获得更多的发电量。风轮直径大的风电机组对于高原山地风电场及峡谷风电场有较好的适应性，使得原本不具备利用价值的风能资源逐渐得到开发利用；而对于阵风性较强的风电场，选用风轮直径较大的风电机组时应综合考虑安全等级等因素。风轮直径增加也需要考虑经济性，风轮直径越大，对应叶片长度增

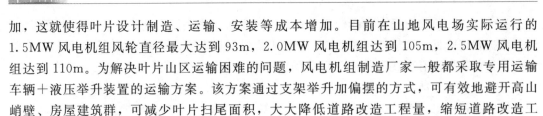

加，这就使得叶片设计制造、运输、安装等成本增加。目前在山地风电场实际运行的 1.5MW 风电机组风轮直径最大达到 93m，2.0MW 风电机组达到 105m，2.5MW 风电机组达到 110m。为解决叶片山区运输困难的问题，风电机组制造厂家一般都采取专用运输车辆＋液压举升装置的运输方案。该方案通过支架举升加偏摆的方式，可有效地避开高山峭壁、房屋建筑群，可减少叶片扫尾面积，大大降低道路改造工程量，缩短道路改造工期，减少对植被的破坏，提高叶片运输效率。

5.5.1.5　轮毂高度

市场上同一风电机组一般有 1～3 种轮毂高度可供选择。具体到每个风电场，应根据风电场的风况特征、塔架成本、运输和安装费用、基础造价等方面分析不同轮毂高度的适应性并进行技术经济分析，选择合适的轮毂高度。

我国不同地区山地风电场风能资源特性差异明显。峡谷风电场由于受地形的狭谷效应影响，风速切变明显，且随高度增加而增大，增加轮毂高度对于提高项目经济性有一定的效果，如某河谷风电场第五期工程的轮毂高度在前四期的基础上提高 10m，达到 90m，同等条件下发电量可提高 6% 左右，而投资仅增加 2%。根据数据统计显示，对低风速（5.5～6.5m/s）的风电场，风速每增加 0.1m/s，发电量可增加 4% 左右，若风速切变指数在 0.08 以上，提高风电机组的轮毂高度对提高发电量来说是重要途径之一。

在复杂的高原山区地形中，通常会有一些类似于缓坡的地形，当气流通过上述地形时，气流被压缩并加速。但这种加速效果只发生在山脊以上相对较薄的某一段高度内，导致了某一高度区间内风速有所增高，而更高高度处的风速则不受影响。因此，虽然通常情况下，风速随垂直高度增高而增大，但在这些复杂的高原山区地形中，近地面某层高度风速因为地形原因被加速，而更高高度处则因不在地形加速效应层内而未被加速，风速随高度增高而增大的效果就不明显了，风速切变指数变小。甚至，当地形加速效应较大时，加速后的低层风速比未经加速的更高层的风速大，这样就产生了负切变现象。因此在出现负切变现象的风电场，应防止后续风电机组运行时造成风轮不平衡而影响风电机组安全。

对于植被茂密或地面附着物较多的风电场，轮毂高度应增加一个置换高度，以减少这些障碍物对风流的影响，从而确保资源评估的准确性。同时，当轮毂高度超过 80m 时，为了运输方便，一般建议厂家分成四节甚至五节。目前，山地风电场已采用轮毂高度一般为 65m、70m、80m、85m 和 90m 等几种。

5.1.5.6　气候适应性

山地风电场自然条件与平原风电场有较大差异，可能出现多种特殊自然因素，例如强降雨、冰霜、冰雹、紫外线辐射强等，在风电机组选型过程中，应综合考虑风电机组在该类气候条件下的适应性，衡量风电机组的安全性能。

1. 防雷

高原山地风电场多位于高山山脊等开阔地带，所处山区多为高雷暴地区，由于风电机组离地高度较高，机组遭受雷击的概率比较大。雷电破坏力大，会对风电机组叶片、电气设备等造成大规模破坏。叶片是风电机组上最容易受到雷击的部位，其损坏维修费用占风电机组总维修成本比例很高。叶片遭受雷击后，其表层、基材或叶片整体结构可能遭到破坏，使得风电机组的发电效率降低或者根本无法发电。

风电机组防雷性能主要是针对某些比较容易受到雷击的特殊情况设计。抗雷性能的强弱将会关系到风电机组能否在雷雨等气候条件下正常运行。

2. 抗震

抗震性能对于处于地震带地区风电场的风电机组而言必不可少。我国位于世界两大地震带——环太平洋地震带与欧亚地震带之间，受太平洋板块、印度板块和菲律宾海板块的挤压，地震断裂带十分活跃。青藏高原地震区是我国最大的一个地震区，也是地震活动最强烈、大地震频繁发生的地区。我国山地风电场多位于这些区域，因此风电机组选型时需充分考虑抗震性能。

3. 抗低温、抗冰冻

高原山地地区容易形成结冰气候条件，气候变化急剧，温差幅度较大，处于临界状态的雨、雪、雾、露遇到低温的设备和金属结构表面时会结冰。凝冻对风电机组的影响主要表现在叶片覆冰，风电机组叶片的空气动力学轮廓就会受到影响；同时叶片表面的大量覆冰会引起风电机组的附加荷载与额外的振动，从而降低其使用寿命；风电机组叶片覆冰后还会影响风电场的发电量，国外有研究表明，风电机组叶片挂冰运转，风电机组的发电量会减少 $10\%\sim20\%$。在极端情况下，覆冰甚至会造成塔架整体坍塌或局部破损。因此在高原山地风电场风电机组选型时，应考虑风电机组具备抗低温、抗冰冻等性能。

根据《低温型风电机组》（GB/T 29543—2013）规定，低温型风电机组是指工作温度在$-30\sim40℃$，生存温度为$-40\sim50℃$的风电机组。

5.1.5.7 其他性能

根据国家能源主管部门及并网方面要求，山地风电场风电机组机型还应具备如下性能：

（1）具备低电压穿越能力、有功功率和无功功率调节能力、对电网的适应性能力等，各种特性应满足国家标准委批准发布的《风电厂接入电力系统技术规定》（GB/T 19963—2011）。

低电压穿越能力是指，当电网因为各种原因出现瞬时的、一定幅度的电压降落时，风电机组能够不停机、继续维持正常工作的能力。风电机组的低电压穿越能力是衡量风电机组并网性能的重要指标，直接影响了风电机组的选型。

（2）应通过有关部门的电能质量测试，电能质量需满足电网要求。

（3）所选机型应为实现批量生产以及通过权威机构监测与认证的机型。国外利用最多的风电设计标准包括两类：一类是由国际电工委员会发布的 IEC 标准，包括整机和部件要求等；另一类是由德国劳氏船级社发布的 GL 风电机组认证规范。这两类标准均得到了许多国家能源机构的承认。我国的风电也在不断发展，相应的国家标准也在不断完善，现在所发布的国家标准和机械行业标准已基本满足风电产业的发展需求。

目前国内主要风电整机厂商风电机组因考虑到国际认证体系成熟度及出口市场，主要以获得 DNV GL、TUV 等国际认证为主。国内认证机构需通过国家认证认可监督管理委员会核准资质，目前仅有北京鉴衡认证中心、中国船级社及中国质量认证中心三家。

（4）所选机型应满足国家对风电信息管理的要求，并取得相关认证。

5.5.2 技术经济比选

技术经济比选工作主要包含两方面：一类是技术比选；一类是经济比选。在技术比选中，需综合考虑前述各部分因素，结合各厂家提供的技术资料进行比对选择。厂家提供的技术资料包括风电机组情况简介、技术参数表、标准功率曲线、推力系数曲线图以及风电机组塔架资料等。而在经济比选中，需根据项目建设条件、风电机组型式等，分别估算各机型方案投资，进行经济性比较。

5.5.2.1 技术比选

1. 技术参数表

技术参数表通常会由整机厂商提供，包括风电机组的性能参数、技术参数、规格参数等，能够较为全面地反映出产品的特性、功能以及规格。

以某厂家风电机组主要技术参数表为例，表 5-11 列出了风电机组选型及工程设计所需的技术参数。

表 5-11　某厂家风电机组主要技术参数表

参　　数		WTG1	WTG2	WTG3	WTG4	WTG5
切入风速/$(m \cdot s^{-1})$		3	3	2.5	2.5	2.5
额定风速/$(m \cdot s^{-1})$		9.8	9.6	9.4	9.2	8.6
切出风速/$(m \cdot s^{-1})$		25	25	20	20	20
再启动风速/$(m \cdot s^{-1})$		22	22	18	18	18
适用风场类型		GLI	GLI/GL II	GL III	GL III	GLS
风场年平均风速适用范围（标准空气密度下）/$(m \cdot s^{-1})$		<10	<8.5	<7.5	<6.5	<6
运行温度/℃		-20~40（常温）；-30~40（低温）				
特征湍流强度		0.16				
功率因数		-0.95~+0.95（具备发静态无功能力）				
防护等级		IP54				
耐地震等级/度		VII/VIII				
功率调整方式		变速、变桨距				
紧急刹车方式		变桨制动和机械制动				
风速—桨角关系		控制功率				
风速—转速关系		追踪最佳 C_p				
振动值	整个风电机组	—				
	机舱	≤0.85mm/s				
	增速齿轮箱	1.4mm/s				
	高速轴/低速轴	1.4mm/s				

参　　数	WTG1	WTG2	WTG3	WTG4	WTG5
噪声/dB（A）	54～58				
风轮					
直径/m	103	107	110	115	121
叶片长度/mm	50500	52500	53800/54000	56500	59500
扫风面积/m²	8430	8992	9520	10388	11499
单片重量/t	11.6	11.3	11.8	12.5	13.5
叶尖速度/(m·s⁻¹)	72.3	75	77.2	80.6	80
风轮转速/(r·min⁻¹)	8.42～13.4			8.0～12.7	
叶片数	3				
风轮倾斜度/(°)	5				
叶片锥度/(°)	—5				
叶片材料	玻璃纤维复合材料				
叶片根部到轮毂中心的距离/mm	1050				
弦（根/尖）长/mm	3800				
最大扭转角度/(°)	14.7				
轮毂					
轮毂重量/t	22.7				
机舱					
机舱重量/t	85				
尺寸/(mm×mm×mm)	11475×4240×4287				
发电机					
发电机型式	双馈异步发电机				
发电机额定功率/kW	2100				
发电机额定电压/V	690				
发电机额定频率/Hz	50				
绝缘等级	H（温升按照 F 级考核）				
定子额定电流/A	1472				
转子额定电流/A	580				

续表

参　数	WTG1	WTG2	WTG3	WTG4	WTG5
额定转速/(r·min⁻¹)	1800				1750
最大瞬时功率/kW	2310				
默认功率因数	1				
功率因数范围	−0.95～＋0.95 动态可调				
功率因数范围调节方式	集中控制，远程给定				
发电机尺寸/(mm×mm×mm)	3450×1650×1850				
发电机重量/kg	7300				
风电机组最大接地电阻要求/Ω	4				
雷电保护等级	《风力涡轮发电机系统防雷标准》（IEC 61400—24）				
齿轮箱（若有）					
类型	一级行星齿轮和两级平行轴				
传动比	130				138
额定转矩/(N·m)	11804.9				
齿轮箱润滑	强制喷射油润滑				
齿轮箱冷却	油冷				
齿轮箱油加热器功率/W	2600				
齿轮箱尺寸/（mm×mm×mm）	2556×3100×2500				
齿轮箱重量/kg	22000				
齿轮箱-发电机连接型式	联轴器				
齿轮箱维护周期	半年				
变桨系统					
变桨系统型式	电动变桨				
变流系统（变频器）					
容量/kVA	502、956				
输入、输出电压/V	690±10％				
输入、输出电流/A	420（网侧）、800（机侧）				
输入、输出频率变化范围/Hz	48～50.2				

2. 功率曲线图及标幺值功率曲线

功率曲线图是指风电机组输出功率和风速的对应曲线。一般制造商会给出从切入风速至切出风速各间断点的标准功率值。风电机组的功率曲线是一条先增大后不变的曲线，其横坐标为风速，纵坐标为输出功率。当风速小于额定风速时，功率随风速的增加而增加；当风速达到额定风速或更大时，输出功率值达到额定功率，并通过风电机组自身调节方式保持其功率恒定。

以某厂家某风电机组为例，其标准功率曲线如图 5-15 所示。

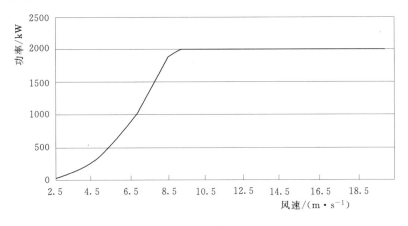

图 5-15 某机型标准功率曲线图

为方便对比不同输出功率的风电机组的性能，常采用标幺值对比的方式。标幺值是工程中常用的数值标记名称，用来表示各物理量及参数的相对值，可视其为一无量纲常数。标幺值的大小是相对于某一基准值而言的，对同一有名值，当基准值选取不同时，其标幺值也不同。

在对比不同机型的功率曲线时，通常以其额定功率作为基准值来计算各风速下输出功率的标幺值。图 5-16 表示两种不同机型功率标幺值的对比，可以看出两者额定风速不同。对于大部分山地风电场而言，其年平均风速较低，因此更倾向于选择额定风速较低的风电机组，以充分利用当地风能资源。

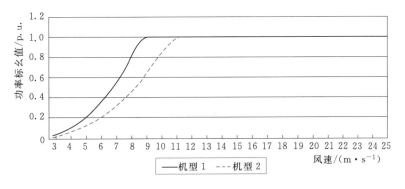

图 5-16 不同机型功率标幺值对比图

3. 推力系数曲线

风电机组推力系数可表示为平均推力与动能和扫掠面积之积的比值，一般而言，对于低速风电机组，推力系数越大，则在低风速时段的风能利用效率越高。因此在山地风电场机型比选时，应重点参考该值。图 5-17 为某风电机组的推力系数曲线图，可以看出在切入风速时推力系数最大，随着风速的增大，推力系数不断减小，保持一段平稳期后将继续减小，最终趋向于0。

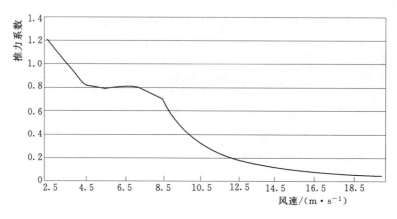

图5-17 某机型推力系数曲线图

综上所述，应根据实际情况和业主要求选择合理的机型技术方案，比如：

（1）根据拟建风电场的风能资源、工程建设条件，结合山地风电场风电机组选型要点，初步选择适合于本项目的几种机型。

（2）根据技术参数表收集参选机型技术参数，并对技术参数进行技术比选，如绘制功率曲线和推力系数曲线对比图。便于分析各参选机型对风电场风能资源分布特性的适应性情况。

（3）根据风能资源分布及风电机组布置制约因素，初步布置各参选机型布置方案。

（4）采用相关计算软件分别对各机型布置方案进行发电量估算。列出各机型能量指标对比表，见表5-12，给出理论发电量、尾流折减后发电量、年上网电量、年等效利用小时数等参数。并对推荐机型能量指标做相应分析说明。

表5-12 机型比选能量指标表

项　　目	WTG1	WTG2	...
单机容量/kW			
风轮直径/m			
机组台数/台			
装机容量/MW			
理论发电量/(万 kW·h)			
尾流折减后发电量/(万 kW·h)			
年上网电量/(万 kW·h)			
装机等效利用小时/h			

5.5.2.2 经济比选

在机型比选的过程中，最终方案需要基于技术和经济指标，经综合考虑后得出。

在进行机型选择中，除进行技术比选外，还需考虑风电机组、塔架、箱变、土建工程、场内道路、集电线路、吊装施工以及变电站等的成本，进行经济比选。需进一步对各种机型方案进行综合经济比较，综合技术经济指标比较见表5-13。

表 5-13 综合技术经济指标比较

项 目	WTG1	WTG2	…
单机容量/kW			
机组台数/台			
装机容量/MW			
年上网电量/(万 kW·h)			
装机等效利用小时/h			
施工辅助工程/万元			
设备及安装工程/万元			
建筑工程/万元			
其他费用概算/万元			
基本预备费/万元			
静态总投资/万元			
单位千瓦投资/元			
单位电能投资/[元·(kW·h)$^{-1}$]			
全部投资财务收益率/%			
资本金财务收益率/%			

静态总投资、单位千瓦投资、单位电能投资、全部投资财务收益率、资本金财务收益率等详细指标都是评价某一比选机型经济可行性的重要参数。通过完整的技术经济比选流程，可以得出经济指标较优的推荐机型方案。

5.5.3 选型综合评价

作为风力发电最重要的装置，风电机组在风电场的建设和运用过程中，对以上涉及的各个因素和相关指标都应合理考虑评估，并基于评估内容进行综合模型优化。这些工作不能仅仅停留在技术层面，还与环境、经济、算法优化，包括运营管理等都息息相关。

5.5.3.1 评价原则

经过长期的工程实践研究，拟推荐机型的确定应经过充分的技术、经济比选后得出，风电机组选型综合评价主要遵循以下原则：

（1）比选方案所涉及的资料应翔实可靠。

（2）备选方案的各类指标取值差异不大时，不能依此判定方案的优劣，只有指标存在足够的差异，且估算和测算的误差不足以使评价结论出现逆转时，才能认定比选方案是存在显著差异的并依此判定优劣。

（3）山地风电场建设中机型比选结果的判定相对复杂，即使在综合了技术和经济指标并赋予一定比例的权重后，还应考虑拟建项目现场的相关实际情况、产品采购便宜程度，并充分考虑业主的需求，综合衡量后才能得出结论。

（4）最终设计方案应经过正规招投标程序后实施。

5.5.3.2　评价方式

1. 容量系数法

容量系数是指风电场运行年有效利用小时数与全年小时数的比值，或风电场实际运行年上网电量与额定年上网电量的比值（表示为百分比），即

$$A = \frac{T}{8760} \tag{5-3}$$

由于容量系数的大小是风电机组选型的重要依据，容量系数越大，风电机组在该风场可靠性越高，输出功率越大，发电量也就越多。

假定某一机型年有效利用小时数 $T = 2000h$，则其容量系数 $A = 0.23$。有工程经验表明，对于山地风电场而言，当其容量系数 $A \geqslant 0.23$ 时，可保证该项目具有良好收益。

2. 特定单位电量成本分析法

特定单位电量成本表示为特定总投资与年发电量的比值，该值与常规单位电量成本有所差异。所谓特定，是指在评价过程中，不考虑道路、集电线路、变电站以及送出工程等费用，而仅仅选择与风电机组息息相关的各方面成本，得出特定总投资。该方法有助于简化风电机组选型步骤，计算量小，简洁方便。

3. 赋分权重法

在数学上，为了显示若干量数在总量中所具有的重要程度，分别给予其不同的比例系数。权重系数表示当其他指标项不变的情况下，某一项目该指标项的变化对结果的影响。

赋分权重法主要根据工程经验而来，通过收集工程资料、访问有经验的专家学者，综合判定哪项指标重要，哪项指标不太重要，从而确定这些指标项权重系数的大小，并依此打分排序，最后选择得分最高的风电机组。该方法通常用于投标评估。

4. 算法优化法

遗传算法（genetic algorithm，GA）是模拟达尔文生物进化论的自然选择和遗传学机理的生物进化过程的计算模型，是一种通过模拟自然进化过程搜索最优解的方法。近年来，遗传算法在不同领域均得到了广泛应用，不同的算法在特定方面均有其优势。在选型综合评价中，由于需要考虑的因素繁杂，且相互之间有一定的关联，因此越来越多的人采用算法优化的方式来衡量选型评价结果。

此外，遗传算法正日益与神经网络、模糊集理论以及混沌理论等其他智能计算方法相互渗透和结合，通过合理的选型指标体系构建、综合评价模型构建以及推演方式得出最优解。最后以此为基础赋予各指标权重，得出结论。

第6章 山地风电场土建工程设计

6.1 工 程 地 质

山地风电场位于山顶、山脊或高山峡谷，地势险要高陡，地貌以山地为主，局部间隔山间洼地。风电场场地内地下水一般埋藏较深，上覆地层主要为坡残积土层及全风化、强风化岩层，基岩常出露于地表；上覆地层地基承载力较高，岩土力学性能较好。

6.1.1 高原山地风电场不良地质及特殊性岩土

6.1.1.1 滑坡

1. 对风电场的影响

高原山地风电场受场地限制，施工时土石开挖工程量较大，对山体破坏严重，易引发山体滑坡，危及风电场场地稳定；特别是进场道路施工开挖，对山体的破坏是带状的、成片的，同时进场道路又是大件运输及后期运营检修通道，少数道路还兼顾地方通勤道路功能，一旦发生滑坡将造成严重影响。高原山地风电场进场道路与滑坡如图6-1所示。

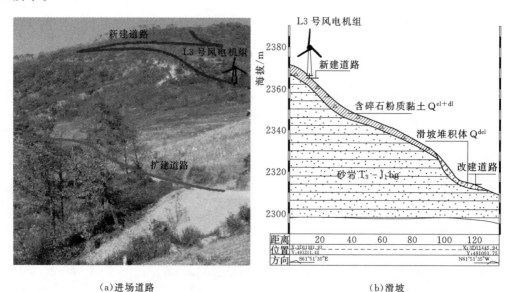

(a)进场道路   (b)滑坡

图6-1 高原山地风电场进场道路与滑坡

2. 工程地质特性

（1）滑坡分类。作为工程类滑坡，高原山地风电场滑坡可分为工程新滑坡及工程复活古滑坡；工程新滑坡是由于开挖稳定山体形成的滑坡；工程复活古滑坡是久已存在的滑坡，由于开挖山体引起重新滑动的滑坡。

（2）形成滑坡的条件，包括以下条件：

1）地质条件。岩性，在岩土层中，必须具有受水构造、聚水条件和软弱面等，才可能形成滑坡；地质构造，岩体构造和产状对山坡的稳定、滑动面的形成和发展影响很大，一般堆积层和下覆岩层接触面越陡，则其下滑力越大，滑坡发生的可能性也越大。

2）地形及地貌。从局部地形可以看出，下陡中缓上陡的山坡和山坡上部形成马蹄形的环状地形，且汇水面积较大时，在坡积层中或沿基岩面易发生滑动。

3）气候径流条件。主要包含气候条件、地表水作用及地下水作用等。

4）其他因素。人为破坏边坡坡脚、破坏自然排水系统、坡顶堆载等。

（3）判别滑坡的标志，具体如下：

1）地物地貌的标志。滑坡在斜坡上造成环谷状地貌（如圈椅形、马蹄形等），或使斜坡上出现异常台阶及斜坡坡脚侵占河床（如河床的凹岸反而稍微突出或有残留的大孤石）等现象。滑坡体上常见有鼻状凸丘或多级平台，其高程和特征与外围阶地不同。滑坡体两侧形成沟谷，并有双沟同源现象。有的滑坡体上还有积水洼地、地面裂缝、醉汉林、马刀树和房屋倾斜、开裂等现象。

2）岩、土结构标志。滑坡范围内的岩、土常有扰动松脱现象，基岩层位、产状特征与外围不连续，有时局部地段新老地层倒置现象，常与断层混淆；常见有泥土、碎屑充填或未被充填的张性裂缝，普遍存在小型崩塌。

3）水文地质标志。斜坡含水层的原有状况被破坏，使滑坡体成为复杂的单独含水体。在滑动带前缘有成排的泉水溢出。

4）滑坡边界及滑坡床的标志。滑坡后缘有断壁，有顺坡擦痕，前缘土体常被挤出或呈舌状凸起；滑坡两侧常以沟谷或裂面为界；滑坡床常具有塑性变形带，其内多黏性物质或黏粒夹磨光角砾组成；滑动面很光滑，其擦痕方向与滑动方向一致。

3. 勘察手段

目前高原山地风电场常用的滑坡勘察手段主要是地质调绘＋坑槽＋土工试验，当规模较大时增加物探（如高密度电法）、钻探或洞探勘察。

4. 处理措施及建议

（1）严格按照标准坡比进行开挖，防止影响地下水、地表水位及边坡稳定性。当边坡土质较差、开挖高度较大或发育不利结构面时，可采用挡墙、土钉墙、锚杆及抗滑桩等措施；特别要注意的是，在进行边坡开挖支护施工过程中，严禁于坡顶堆载，防止边坡失稳。

（2）对古滑坡进行绕避，尽可能不扰动或少扰动滑坡体。

6.1.1.2 崩塌

1. 对风电场的影响

高原山地风电场地势高陡，常有较多机位位于薄壁山脊上，距离风化岩石陡崖较近，在风化卸荷作用下，岩体易发生崩塌，影响风电机组基础稳定性。风化卸荷与岩石崩塌如图 6-2 所示。

图 6-2　风化卸荷与岩石崩塌

2. 工程地质特性

（1）分类。根据崩塌的特征、规模及其危害程度，可分为Ⅰ、Ⅱ、Ⅲ三类。

1）Ⅰ类。山高坡陡，岩石软硬相间，风化严重，岩体结构面发育，松弛且组合关系复杂，形成大量破碎带和分离体，山体不稳定，破坏力强，难以处理。

2）Ⅱ类。崩塌介于Ⅰ类与Ⅲ类中间。

3）Ⅲ类。山体平缓，岩层单一，风化度轻微，岩体结构面密闭且不甚发育或组合关系简单，无破碎带和危险结构面，山体稳定，斜坡仅有个别危岩石，破坏力小，易于处理。

（2）崩塌产生的条件，包括以下条件：

1）地貌条件，崩塌多产生于地势陡峭的斜坡地段，坡度一般大于 55°，高度一般大于 30m，坡面多不平整，上陡下缓。

2）岩性条件，坚硬岩层多形成高陡山坡，在节理裂隙发育，岩体破碎的情况下易发生崩塌。

3）构造条件，当岩体中各种软弱结构面的组合位置处于最不利的情况时易发生崩塌。

4）昼夜温差大，季节温度变化大，促进岩石风化，地表水冲刷；溶解和软化裂隙充填物形成软弱面，或水的渗透增加静水压力；强烈的地震以及人类工程活动中的爆破，边坡开挖过高、过陡，破坏山体平衡……都会引发崩塌。

3. 勘察手段

崩塌勘察在于重点查明产生崩塌的条件及规模、类型、范围，并对工程建设适宜性进行评价，提出防治方案建议。目前勘察手段主要采用地质调绘。

4. 处理措施及建议

（1）高原山地风电场在机位选址时应充分考虑工程地质勘察给出的结论和建议，将机位置于岩石风化卸荷影响范围之外，防止崩塌对机位的威胁。

（2）当不能完全避开岩石风化卸荷影响范围时，需要对崩塌进行治理。高原山地风电场崩塌治理应以根治为原则，若不能根治或清除时，可在岩体中的空洞及裂缝等处用混凝土镶补勾缝，对易风化的岩石采用沥青、砂浆或浆砌片石护面，同时做好影响区域的截排水措施；也可在危岩突出的山嘴以及岩层表面风化、破碎、不稳定的山坡地段刷缓边坡或于危岩体下部设置支挡。

6.1.1.3　岩溶

1. 对风电场的影响

可溶性岩石发育区遭受岩溶最大的威胁就是隐伏性的溶洞、溶蚀沟及塌陷坑（图 6-3）等导致的风电机组基础不安全。岩溶地区地貌特征如图 6-4 所示。

图 6-3 岩溶塌陷坑　　　　　　　　图 6-4 岩溶地区地貌特征

2. 工程地质特性

岩溶是指在可溶性岩石发育区，可溶性岩石在足够流动的地下水及地表水不断冲刷溶蚀作用下，产生一系列的溶洞、溶蚀沟槽及塌陷等的不良地质现象。岩溶发育与岩性、地质构造、新构造运动地表水体流向及气候均有关系，并且呈现明显的带状性及成层性。

3. 勘察手段

岩溶勘察的重点在于查清岩溶洞隙的类型、形态及分布规律，查清地面起伏、形态和覆盖层厚度，查清地下水蕴存条件、水位变化和运动规律，查清岩溶发育与地貌、地质构造、地层岩性、地下水的关系。目前对岩溶主要采用地质调绘＋物探（高密度电法）及勘探取样等多种手段结合进行勘察。

4. 处理措施及建议

（1）充分利用地质勘察成果，明确岩溶类型、规模等，在条件容许的情况下对岩溶发育地段进行避让。

（2）当构筑物无法避让岩溶时，针对不同的岩溶情况采取以下措施：①对于洞口较小的洞隙，采用换填、镶补、嵌塞等，必要时采用跨盖；②对于洞口较大的洞隙，采用梁、板、拱等结构进行跨越，但应注意该类结构需要有可靠的支撑面；③对于基础下埋藏较深的洞隙，可采用钻孔灌浆；④在压缩性不均匀的土岩地基上，凿去突出的基岩（石芽、孤石），在基础与岩石接触的部位设置"褥垫"，防止不均匀沉降。

6.1.1.4 冻土

1. 对风电场的影响

由于高原山地风电场处于海拔较高、气温较低的区域，地表易形成冻土，特别是我国北部、西北部的高原区域普遍存在冻土问题。冻土主要因为其冻结膨胀、融化沉陷对地基造成破坏，进而导致基础失稳或破坏，危及风电场构筑物及设备安全。我国冻土分布详见《建筑地基基础设计规范》（GB 50007—2011）附录 F 的中国季节性冻土标准冻深线图。

冻土特征和冻土融陷分别如图 6-5、图 6-6 所示。

图 6-5 冻土特征

图 6-6 冻土融陷

2. 工程地质特性

冻土按照冻结持续时间分类，可分为多年冻土及季节冻土。

多年冻土是指冻结时间在 2 年及 2 年以上的冻土，一般分布在高纬度、高海拔的大（小）兴安岭、青藏高原、祁连山、天山、阿尔泰山及长白山等区域。

季节冻土是指冬天冻结、夏天融化的冻土，一般分布在长江流域以北、东北多年冻土南界以南和高海拔多年冻土下界以下的地区。

冻土的主要力学指标有融化下沉系数、融化压缩系数、冻胀率、冻胀力、冻结力、抗剪强度。

冻土作为建筑物地基，在冻结状态时，具有较高的强度及较低的压缩性，但冻土融化后承载力大为降低，压缩性剧增，使地基产生融沉；相反在冻结过程中又产生冻胀，对地基不利。冻土的冻胀和融沉与土的颗粒大小及含水量有关，一般土的颗粒越粗，含水量越小，土的冻胀及融沉性越小。

3. 勘察手段

冻土勘察可按一般地区勘察方法进行，但需要特别注意：

（1）勘探点间距、原位测试数量、取样等均应适当增加。

（2）钻探施工宜采用大口径低速钻钻进，终孔直径不小于 108mm，必要时采用低温泥浆或植物胶。

（3）土样在试样送样至开样前应保持冻土状态，避免融化。

（4）季节性冻土地质调绘时间宜在 2—5 月，多年冻土上限深度的勘察时间宜在 9 月和 10 月。

4. 处理措施及建议

（1）冻土地区构筑物场地选择宜选在地势高、地下水位低、地表排水良好的地段。

（2）对地下水位以上的基础，基础侧面应回填非冻胀性的中砂或粗砂，其厚度不小于 10cm；对于地下水位以下基础，可采用桩基、自锚式基础或采取其他措施。

（3）防止雨水、地表水及其他水渗入建筑地基，应设置截排水措施。

6.1.1.5 湿陷性黄土

1. 对风电场的影响

对于我国东北、西北、华中和华东部分地区，纬度 33°～47°之间地区建设的风电场，由于该区域广泛分布的湿陷性黄土在遇水状态下发生沉陷，影响风电机组及附属构筑物的基础稳定性。

甘肃定西地区黄土地貌和黄土湿陷陷穴分别如图 6-7、图 6-8 所示。

图 6-7　甘肃定西地区黄土地貌　　　　　图 6-8　黄土湿陷陷穴

2. 工程地质特性

黄土呈黄色、褐黄色，具有大孔隙（孔隙比一般大于 1），富含碳酸盐类，具垂直节理；在上覆土层自重应力作用下，或者在自重应力和附加应力共同作用下，因浸水后土的结构破坏而发生显著附加变形。

黄土具体分类及特性见表 6-1。

表 6-1　黄土具体分类及特性

年代		黄土名称		成因		湿陷性
全新世 Q₄	近期 Q₄²	新黄土	新近堆积黄土	次生黄土	以水成为主	强湿陷性
	早期 Q₄¹		黄土状土			一般具有湿陷性
晚更新世 Q₃		老黄土	马兰黄土	原生黄土	以风成为主	
中更新世 Q₂			离石黄土			上部分具湿陷性
早更新世 Q₁			午城黄土			不湿陷性

3. 勘察手段

黄土地区勘察的主要目的是查清黄土湿陷性等级、厚度、分布范围、成因等，目前主要采用坑槽探＋采集原状土样的方法，当坑槽深度不能满足要求时，应使用钻探、薄壁取土器配合使用。

4. 处理措施及建议

（1）黄土治理原则是以地基处理为主，防水措施及结构措施为辅助。

（2）消除地基的全部湿陷量宜采用桩基础，将基础设置在非湿陷性地层上。

（3）消除部分湿陷量主要采用强夯法、换填法等。

6.1.2 峡谷风电场不良地质及特殊性岩土

峡谷风电场地势相对低洼、平缓，地貌主要为山前斜坡堆积、河流侵蚀堆积及河流堆积。场地内地下水埋藏浅，基岩埋藏深，第四系地层较厚，地层以冲洪积层、洪积层为主，局部靠山脚区域分布坡洪积地层，地质条件较复杂。

6.1.2.1 泥石流

1. 对峡谷风电场的影响

峡谷风电场地势低洼，一般处于泥石流堆积区或流通区末端，承受泥石流冲击，若风电机组靠近沟口过近，将遭受巨大危险。

山区泥石流如图 6-9 所示，泥石流与峡谷风电场如图 6-10 所示。

2. 工程地质特性

泥石流是山区特有的一种挟带大量砂石、块石的特殊洪流，具有爆发突然、历时短暂、来势凶猛、破坏力强等特点。

图 6-9 山区泥石流

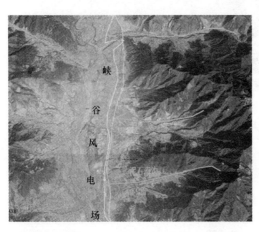

图 6-10 泥石流与峡谷风电场

3. 勘察手段

拟建峡谷风电场场地遭受泥石流威胁时应进行专项泥石流勘察，勘察手段以工程地质调绘和调查为主，调绘范围应包括沟谷至分水岭的全部地段和可能受泥石流影响的地段。

4. 处理措施及建议

应根据泥石流规模、类型、强度、频繁程度、危害程度等确定其沟边、沟头附近修建风电场及构筑物的可能性。

（1）通过技术经济比较，若不能消除泥石流威胁或治理成本过高时，应考虑尽量避绕泥石流沟。

（2）修筑排洪道、急流槽、导流堤等构筑物对泥石流进行排导。

（3）在泥石流中修筑拦挡坝，用以减少泥石流规模，减小其流速，降低泥石流对下游及沿途的破坏。

6.1.2.2 砂土液化

1. 对风电场的影响

峡谷风电场常发育冲洪积砂土层，呈松散～稍密状态，在发生一定强度震动时砂土层瞬间丧失抗剪强度及承载力，导致风电机组及构筑物基础下沉破坏。同时，在基础开挖时形成砂土层剪出口，开挖过程中易形成流沙或管涌，对基坑成型及基础施工造成不利。砂土液化如图6-11所示。

图 6-11　砂土液化

碎石桩处理液化砂土如图 6-12 所示。

2. 工程地质特性

松散的砂土受到震动时会出现变得更紧密的趋势，饱和砂土孔隙中充满的水在这种趋势下压力骤然上升，且来不及消散，使原来由土颗粒传递的压力逐渐减少，直至全部消失，即砂土内部压力由水承担，砂土具备水的特性，即砂土液化。

影响砂土液化的因素主要有砂土粒径、砂土密度、上覆土层厚度、地面震动强度、震动持续时间及地下水的埋藏深度等。

图 6-12　碎石桩处理液化砂土

3. 勘察手段

砂土液化的勘察不用专门进行，一般情

况下对 20m 深度范围内的砂土，在钻探过程中进行标准贯入试验测试，根据测试结果（不修正）按照规范规定的计算公式进行判定液化等级即可。

4. 处理措施及建议

液化砂土发育地区风电场对于砂土液化避无可避，唯有采取治理措施消除或减轻液化影响，主要措施如下：

（1）采用桩基础或深基础，直接穿透液化砂层，进入稳定地层一定深度。

（2）加密法（如振冲、振动加密、挤密碎石桩、强夯等），处理至液化砂层下界，同时满足处理后标准贯入试验击数小于临界值。

图6-13　CFG桩处理软土

（3）采用非液化土层全部换填液化砂层。

（4）液化等级为中等～严重的古河道、河滨等，当液化有侧向扩展及流滑可能时，在距离时水线 100m 范围内不宜修建永久建筑，否则应进行抗滑验算及采取结构措施。

6.1.2.3　软土

1. 对风电场的影响

峡谷地区常伴有河流，由于河床的不断改道，在峡谷河漫滩、低阶地区及洪积扇区域易形成淤积暗塘、暗沟。软土分布不均匀，厚度不一，因其承载力低、压缩性高，易产生不均匀沉降，危及地面构筑物。CFG桩处理软土如图6-13所示。

2. 工程地质特性

天然孔隙比不小于 1.0，且天然含水量大于液限的细粒土称为软土，包括淤泥、淤泥质土、泥炭、泥炭质土等，具体分类标准见表6-2。

表6-2　软土的分类标准

土的名称	划分标准	土的名称	划分标准
淤泥	$e \geqslant 1.5$，$I_L > 1$	泥炭	$W_U > 60\%$
淤泥质土	$1.5 > e \geqslant 1.0$，$I_L > 1$	泥炭质土	$10\% < W_U \leqslant 60\%$

注：e 为天然孔隙比；I_L 为液性指数；W_U 为有机质含量。

软土具备触变性、流变性、高压缩性、低强度、低透水性、不均匀性等特性。

3. 勘察手段

由于软土对于工程影响较大，且分布不均匀，故在勘察的各个阶段都需要重点关注，适当加密钻孔或进行施工定点勘察。

软土地区的勘察主要采用钻探＋原位测试室内土工试验等多种手段相结合，所有方法均需保持软土的原状性。钻探时需要注意控制速度，做到"轻提慢放"；原位测试注意多样性，包含十字板剪切试验、旁压试验、螺旋板荷载试验及扁铲侧胀试验；土工试验需要现场采用薄壁取土器采集原状土样，进行三轴试验、有机质含量分析、含水量/液限测试、灵敏度分析等。

4. 处理措施及建议

(1) 对于范围较小、厚度不大的软土，采用换填＋强夯处理。

(2) 对于面积较大、厚度较小的软土，可采用短桩处理。

(3) 对于厚层软土可采用桩基、复合地基（砂桩、碎石桩、灰土桩、旋喷桩等）和预压法（堆载预压法、真空预压法）等进行处理。

6.1.2.4 填土

1. 对峡谷风电场的影响

峡谷地区通常为人类聚居区，同时也是各类线路的走廊通道，原始地貌多受到人为改造，填土分布广泛。对于峡谷风电场，风电机组基坑开挖基本能将表层填土挖除，受填土影响最大的是风电场进出场道路。

强夯处理人工填土如图 6-14 所示，弃土堆风电机组基础如图 6-15 所示。

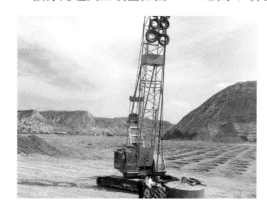

图 6-14 强夯处理人工填土

图 6-15 弃土堆风电机组基础

2. 工程地质特性

填土具有不均匀性、湿陷性、自重压密性及低强度、高压缩性。

3. 勘察手段

填土勘察根据填土成分确定。以黏性土为主的填土可采用钻探取样、轻型钻具与原位测试相结合的方法；对于含较多粗颗粒成分的建筑垃圾、工业废料等，宜采用动力触探、钻探，并配合少量坑槽探。

4. 处理措施及建议

(1) 对于地下水位以上填土，可采用换填＋垫层方法。

(2) 对于浅埋松散低塑性黏土可采用机械碾压、重锤夯实和强夯。

(3) 对于厚度较大填土，可采用挤土桩、灰土桩、砂石桩、CFG 桩等。

6.1.2.5 膨胀岩土

1. 对峡谷风电场的影响

峡谷风电场靠山体侧边缘、膨胀土发育区二级及二级以上阶地和山前丘陵坡地区域分布膨胀岩土，一般情况下由于风电机组基础开挖已穿透膨胀岩土大气影响深度，受膨胀岩土的影响较小，场内道路及升压站建（构）筑物基础受影响最大。膨胀岩土如图 6-16 所示。

图 6-16　膨胀岩土

2. 工程地质特性

黏粒成分以亲水矿物（伊利石、蒙脱石）为主，具有显著的吸水膨胀、失水收缩特性的黏性土岩土称为膨胀岩土。膨胀土自由膨胀率（实验测定）一般大于 40%，其承载力可以随反复的膨胀、收缩逐渐下降。

3. 勘察手段

膨胀岩土地区勘察主要采用钻探＋取样测试等手段。对膨胀土需测定 50kPa 压力作用下的膨胀率，对膨胀岩应测定黏粒、蒙脱石或伊利石含量，体胀量及无侧限抗压强度。另外，为测定膨胀岩土的承载力、膨胀压力，还可进行浸水试验、剪切试验和旁压试验等。

4. 处理措施及建议

（1）对于膨胀土局部发育地段，风电机组及附属构筑物尽量避让。

（2）地基处理主要采用换土、砂石垫层、土性改良等方法，亦可采用桩基础。

6.2　风 电 机 组 基 础

风电机组基础通常泛指风电机组塔架底法兰向下至土体末端为止的结构。

风电机组是风电场能量转换的关键设备，通常由专业设备制造商整机提供，具有高耸结构的受力特点，但区别于常规高耸结构（电视塔、微波塔、烟囱、水塔、拉绳杆塔），风电机组结构受风荷载作用比重较大，结构本身为动力机械设备，风电机组基础作为下部结构，设计上与常规高耸结构基础有较大差异。

同时，山地风电场具有地形复杂、地质条件多变的特点，风电机组基础设计应遵循因地制宜的思路，针对特定地质条件作出适应性设计，在确保结构安全、可靠的前提下，达到建设成本最低化的目标。

6.2.1　设计等级与分类标准

6.2.1.1　基础设计

进行山地风电场风电机组基础设计时应根据场地条件和风电机组类别确定基础设计级别，还应根据风电场工程重要性和基础破坏后果的严重性确定结构的安全等级；当设计混凝土结构型式时，还应进一步确定环境类别和裂缝宽度限值等一系列设计基本要素。

1. 设计级别

根据风电机组单机容量、轮毂高度和地质条件的复杂程度。将山地风电场风电机组基础分为三个设计等级，具体按表 6-3 选用。

表 6-3　山地风电场风电机组基础设计级别

设计级别	单机容量/MW	轮毂高度/m	地质条件
1	>1.5	>80	复杂地质条件或软土地基
2	介于1级和3级之间的地基基础		
3	<0.75	<60	地质条件简单的岩土地基

注：1. 基础设计级别按表中指标划分分属不同级别时，按最高级别确定。
　　2. 对于1级别基础，地质条件较好时，经论证后基础设计级别可降低一级。

我国山地风电场单机容量大都在1.5MW以上，通常情况下山地风电场风电机组基础设计级别为1级或2级。

2. 基础结构安全等级

根据风电场工程的重要性和基础破坏后果（如危及人的生命安全、造成经济损失和产生社会影响等）的严重性，风电机组基础结构安全分为两个等级，见表6-4。

表 6-4　山地风电机组基础结构安全等级

基础结构安全等级	基础的重要性	基础破坏后果
1	重要的基础	很严重
2	一般的基础	严重

注：机组基础结构安全等级还应与风电机组和塔架等上部结构的安全等级一致。

由于基础上部的风电机组为风电场关键设备，造价较高，而且当基础结构破坏时，受限于交通运输条件，检修成本较高，因此山地风电场风电机组地基基础结构安全等级一般定义为1级。

3. 环境类别

《风电机组地基基础设计规定（试行）》（FD 003—2007）规定混凝土结构的耐久性应根据环境类别（表6-5）和设计使用年限进行设计。环境类别的确定主要为基础结构设计时确定混凝土结构裂缝宽度限值使用。

表 6-5　混凝土结构的环境类别

环境类别		条　件
二	a	非严寒和非寒冷地区的露天环境，与无侵蚀性的水或土壤直接接触的环境
	b	严寒和寒冷地区的露天环境，与无侵蚀性的水或土壤直接接触的环境
三		使用除冰盐的环境，严寒和寒冷地区冬季室外变动的环境，滨海室外环境
四		海水环境
五		受人为或自然的侵蚀性物质影响的环境

注：严寒和寒冷地区的划分应符合《民用建筑热工设计规范》（GB 50176—2015）的规定。

基础设计应考虑地下水、环境水及基础周围土壤对其的腐蚀，必要时应遵照《工业建筑防腐蚀设计规范》（GB 50046—2008）等有关规定采取有效的防腐措施。

对于山地风电场，基础采用混凝土结构时环境类别一般为二类。

4. 基础裂缝宽度限值

《风电机组地基基础设计规定（试行）》（FD 003—2007）规定，二类和三类环境中，

基础混凝土裂缝宽度应满足下列规定：

（1）正常运行荷载工况，最大裂缝宽度不得超过 0.2mm。

（2）极端荷载工况，最大裂缝宽度不得超过 0.3mm。

四类和五类环境中的混凝土结构，其耐久性要求应符合有关标准的规定；对临时性混凝土结构，可不考虑混凝土的耐久性要求。

6.2.1.2　抗震设防类别、标准和指标

对于不同使用性质的建筑物，地震破坏造成后果的严重性也不一样，因此对于不同用途建筑物的抗震设防，不宜采用同一标准，而应根据其破坏后果予以区别对待。我国《建筑抗震设计规范》（GB 50011—2010）规定，抗震设防的所有建筑物应确定其抗震设防类别和抗震设防标准。抗震设防类别是根据建筑物遭遇地震破坏后，可能造成人员伤亡、直接和间接经济损失、社会影响的程度及其在抗震救灾中的作用等因素，对各类建筑所做的设防类别划分。抗震设防标准是衡量抗震设防要求高低的尺度，由抗震设防烈度或设计地震动参数及建筑抗震设防类别确定。建筑抗震设防类别和抗震设防标准应按现行国家标准《建筑工程抗震设防分类标准》（GB 50223—2008）确定。

建筑抗震设防类别划分应根据下列因素的综合分析确定：

（1）建筑破坏造成的人员伤亡、直接和间接经济损失及社会影响大小。

（2）城镇的大小、行业的特点、工矿企业的规模。

（3）建筑使用功能失效后，对全局的影响范围大小、抗震救灾及恢复的难易程度。

（4）建筑各区段的重要性有显著不同时，可按区段划分抗震设防类别，下部区段的类别不应低于上部区段。

（5）不同行业的相同建筑，当所处地位及地震破坏所产生的后果和影响不同时，其抗震设防类别可不相同。

1. 抗震设防类别

建筑工程应分为以下四个抗震设防类别：

（1）特殊设防类，指使用上有特殊设施、涉及国家公共安全的重大建筑工程和地震时可能发生严重次生灾害等特别重大灾害后果、需要进行特殊设防的建筑，简称甲类。

（2）重点设防类，指地震时使用功能不能中断或需尽快恢复的生命线相关建筑，以及地震时可能导致大量人员伤亡等重大灾害后果、需要提高设防标准的建筑，简称乙类。

（3）标准设防类，指大量的除（1）、（2）、（4）项以外的、按标准要求进行设防的建筑，简称丙类。

（4）适度设防类，指在人烟稀少且震损不致产生次生灾害的情况，容许在一定条件下适度降低要求的建筑，简称丁类。

2. 抗震设防标准

各抗震设防类别建筑的抗震设防标准，应符合下列要求：

（1）标准设防类，应按高于本地区抗震设防烈度Ⅰ度的要求加强其抗震措施，抗震设防烈度为Ⅸ度时应按比Ⅸ度更高的要求采取抗震措施；基础的抗震措施，应符合有关规定，同时，应按本地区抗震设防烈度确定其地震作用。

（2）特殊设防类，应按高于本地区抗震设防烈度Ⅰ度的要求加强其抗震措施，抗震设

防烈度为Ⅸ度时应按比Ⅸ度更高的要求采取抗震措施；同时，应按批准的地震安全性评价的结果高于本地区抗震设防烈度的要求确定其地震作用。

（3）适度设防类，容许比本地区抗震设防烈度的要求适当降低其抗震措施，但抗震设防烈度为Ⅵ度时不应降低；一般情况下，仍应按本地区抗震设防烈度确定其地震作用。

3. 抗震设防指标

建筑所在地区遭受的地震影响，应采用相应于抗震设防烈度的设计基本地震加速度和特征周期来表征。

设计基本地震加速度和抗震设防烈度的对应关系，应符合表6-6规定。设计基本地震加速度为 $0.15g$ 和 $0.30g$ 的地区内的建筑，应分别按抗震设防烈度Ⅶ度和Ⅷ度的要求进行抗震设防。

表6-6 设计基本地震加速度和抗震设防烈度的对应关系

抗震设防烈度	Ⅵ	Ⅶ	Ⅷ	Ⅸ
设计基本地震加速度	$0.05g$	$0.10（0.15）g$	$0.20（0.30）g$	$0.40g$

注：g 为重力加速度值。

6.2.1.3 洪水设计标准

山地风电场遭遇的洪水主要是山洪，降落在一定汇水面积内的暴雨形成洪水可能冲刷风电机组和基础；峡谷风电场遭遇的洪水主要是流域内雨季强降水，峡谷较低洼处的河面水位快速上升，河水漫至风电机组机位，夹杂各种漂浮物对风电机组和下部基础结构形成冲刷、撞击等影响。风电机组基础防洪要求具体可理解为两方面：①基础的洪水荷载计算高程的确定；②风电机组塔架内电气柜防洪高程的确定。对于不能满足要求的风电机组机位，应采取防洪措施。

风电场工程建筑物应根据工程所在位置，分别确定高原山地、峡谷区洪水设计标准。

山地风电场风电机组基础的洪水设计标准应根据风电机组基础的级别，按表6-7确定。

表6-7 山地风电场风电机组基础的洪水设计标准

基础级别	1	2、3
洪水设计标准（重现期）/年	30～50	10～30

当风电机组机位位于山顶、山脊等区域时，汇水面积较小，强降水对风电机组基础的冲刷影响很小，满足洪水设计标准；防浪堤的洪水设计标准，应根据防护区内洪水设计标准较高的防护对象的洪水设计标准确定；围堰的洪水设计标准，根据围堰结构型式、围堰级别，按表6-8确定。

表6-8 围堰的设计洪水标准

围堰材料	围堰级别		
	3	4	5
土石	20	10	5
混凝土、浆砌石及其他	10	5	3

针对高原山地风电场，防洪措施可采用提高塔架内电气柜平台或基础顶面高程的方法，以及采用修建防洪堤、防浪墙等方法；针对峡谷风电场，风电机组位可能布置于狭谷效应最为明显的河谷地带，基础受洪水影响次数较多，冲、淘、刷作用频次较高，地基的缺失、变形都影响到基础的稳定，宜对基础周围一定范围内采取可靠的、永久的防护和防淘措施，如采取铺土工膜加混凝土预制块、铺土工膜加大块石和防淘墙等措施。

6.2.2　工程环境特点

山地风电场工程环境指的是与山地风电场工程建（构）筑物相关的各种环境现象的总称，在此特指与风电机组基础结构物密切相关的山地环境因素。山地风电场工程环境可分为物理环境、化学环境等。物理环境主要包括气候条件、地形地貌、地基、覆冰等；化学环境包括结构物的环境腐蚀性等。

6.2.2.1　气候条件

山地风电场工程海拔多位于 2000～4000m 之间，多属于大陆性季风气候，干湿交替明显，雨季降水量大且集中，冬季气温较低。

1. 降水

因干湿交替明显，雨季降水量大且集中，因此微观选址时需注意避免将风电机组布置在冲沟、河谷等水流汇集区域，降低水流对风电机组基础的冲刷作用；严禁将风电机组布置在泥石流或滑坡地段。

风电机组多布置于山丘或山脊顶部，洪水水位远低于机位地表高程，满足防洪设计要求。当机位布置于山坡时，若有较大汇流面积，需考虑设置截洪沟等措施，防止对风电机组基础的冲刷。当风电机组布置在狭谷效应较明显的峡谷时，若风电机组临河、沟布置，需按表 6-7 确定洪水设计标准，根据风电机组具体位置的地形地貌、地基土体性质、淹没深度分析确定具体防洪措施。结合相关峡谷风电场工程经验，常采用抬高基础顶面高程的方法，同时酌情设置防冲层、浆砌石护坡。

2. 冻土

较高海拔的山地风电场在冬季气温较低时可能存在季节性冻土，需考虑土壤冻融循环对基础结构的影响。为保证基础结构稳定性，根据《建筑地基基础设计规范》（GB 50007—2011），基础埋置深度宜大于场地冻结深度。

3. 温度

山地风电场海拔较高，可参考《水工混凝土结构设计规范》（DL/T 5057—2009），根据气候分区、年冻融循环次数、检修条件等参数选定风电机组基础混凝土抗冻等级，见表 6-9。在不利因素较多时，抗冻等级宜提高一级。

6.2.2.2　地形地貌

山地风电场风电机组大多位于山丘或山脊顶部，地势起伏较大，地表多被植被覆盖。

结合山地风电场工程相关经验，风电机组基础一般临近边坡，可参考《建筑地基基础设计规范》（GB 50007—2011），需对边坡稳定性进行验算。基础底外边缘至坡顶的水平距离（图 6-17）应按式（6-1）、式（6-2）粗略复核，且不得小于 2.5m。

表 6-9　混 凝 土 抗 冻 等 级

项次	气候分区	严寒		寒冷		温和
	年冻融循环次数	≥100	<100	≥100	<100	—
1	受冻严重且难于检修的部位： （1）水电站尾水部位，蓄能电站进出口的冬季水位变化区的构件，闸门槽二期混凝土，轨道基础。 （2）冬季通航或受电站尾水位影响的不通航船闸的水位变化区的构件、二期混凝土。 （3）流速大于 25m/s、过冰、多沙或多推移质的溢洪道，深孔或其他输水部位的过水面及二期混凝土。 （4）冬季有水的露天钢筋混凝土压力水管、渡槽、薄壁冲水闸门井	F400	F300	F300	F200	F100
2	受冻严重但有检修条件的部位： （1）大体积混凝土结构上游面冬季水位变化区。 （2）水电站或船闸的尾水渠，引航道的挡墙、护坡。 （3）流速小于 25m/s 的溢洪道、输水洞（孔）、引水系统的过水面。 （4）易积雪或结霜或饱和的路面、平台栏杆、挑檐、墙、梁、板、柱、墩、廊道或竖井的薄壁等构件	F300	F250	F200	F150	F50
3	受冻较重的部位： （1）大体积混凝土结构外露的阴面部位。 （2）冬季有水或易长期积雪、结冰的渠系建筑物	F250	F200	F150	F150	F50
4	受冻较轻的部位： （1）大体积混凝土结构外露的阳面部位。 （2）冬季无水干燥的渠系建筑物。 （3）水下薄壁构件。 （4）水下流速大于 25m/s 的过水面	F200	F150	F100	F100	F50
5	水下、土中及大体积内部混凝土	F50	F50	F50	F50	F50

注：1. 年冻融循环次数分别按一年内气温从 3℃ 以上降至 −3℃ 以下、然后回升到 3℃ 以上的交替次数和一年中日平均气温低于 −3℃ 期间设计预定水位的涨落次数统计，并取其中的大值。

2. 气候分区划分标准为：

（1）严寒，最冷月平均气温低于 −10℃。

（2）寒冷，最冷月平均气温不低于 −10℃、不高于 −3℃。

（3）温和，最冷月平均气温高于 −3℃。

3. 冬季水位变化区是指运行期内可能遇到的冬季最低水位以下 0.5～1m 至冬季最高水位以上 1m（阳面）、2m（阴面）、4m（水电站尾水区）的部位。

4. 阳面指冬季大多为晴、平均每天有 4h 阳光照射、不受山体或建筑物遮挡的表面，否则均按阴面考虑。

5. 最冷月平均气温低于 −25℃ 地区的混凝土抗冻等级宜根据具体情况研究确定。

条形基础

$$a \geqslant 3.5b - \frac{d}{\tan\beta} \qquad (6-1)$$

矩形基础

$$a \geqslant 2.5b - \frac{d}{\tan\beta} \qquad (6-2)$$

式中　a——基础底面边缘至坡顶的水平距离，m；

b——垂直于坡顶边缘线的基础底面边长，m；

d——基础埋置深度，m；

β——边坡坡角，(°)。

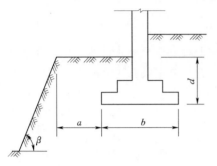

图 6-17　基础底面边缘至坡顶的
水平距离示意图

当边坡坡角大于 45°，坡高 $M>8m$ 时，复核公式为

$$M_R/M_S \geqslant 1.2 \qquad (6-3)$$

式中　M_S——滑动力矩，kN·m；

M_R——抗滑力矩，kN·m。

当场内过于狭小时，亦可采用较为精准的方法进行复核，如极限平衡法、有限单元法、概率论分析法，其中整体极限平衡法适用范围较为广泛，在实际工程中应用较广。

边坡失稳的破裂面形状按土质成因的不同而不同、粗粒土或砂性土的破裂面多呈直线形，细粒土或黏性土的破裂面多为圆弧形，滑坡的滑动面多为不规则的折线或圆弧状。根据边坡不同破裂面形状有不同的分析模式，通常采用的有直线破裂面法、圆弧条法、毕肖普法。

6.2.2.3　地基

山地风电场机位所在处浅表覆盖层多为耕植土或腐殖土，具有厚度不均的特点，同一风电场不同机位间可能存在较大差异。风电机组基础地基持力层多为碎石土、黏性土、全～强风化基岩或弱风化基岩；地基类型可大致分为土质地基、土岩组合地基、岩石地基。

峡谷风电场地基情况较为特殊，机位多位于冲洪积地带，地基持力层多为形成年代较近的碎石土、有机质土、黏性土、砂土、卵石土，地质情况与沿海滩涂风电场有一定的共性。

1. 一般规定

山区地基的设计应对下列条件进行分析认定：

(1) 建设场区内，在自然条件下有无滑坡现象，有无影响场地稳定性的断层、破碎带。

(2) 在建设场地周围，有无不稳定的边坡。

(3) 施工过程中因挖方、填方、堆载和卸载等对山坡稳定性的影响。

(4) 地基内岩石厚度及空间分布情况、基岩面的起伏情况、有无影响地基稳定性的临面空间。

(5) 建筑地基的不均匀性。

(6) 岩溶、土洞的发育程度，有无采空区。

(7) 出现危岩崩塌、泥石流等不良地质现象的可能性。

(8) 地面水、地下水对建筑地基和建设场区的影响。

为查明以上地质情况，地质勘察过程中可采用高密度电法、坑槽探、钻孔相结合的方式进行勘察。

2. 土质地基

风电机组基础地基持力层为黏石土或黏性土时，常借助轻型动力触探试验检验基底高程的地基承载力特征值。总结相关山地风电场工程基础结构计算数值，采用重力式风电机组基础时，地基承载力特征值要求不低于 200kPa。

当风电机组基础地基持力层为砂土、有机质土等较软弱土时，承载力无法满足要求，优先考虑换填垫层法处理。若软弱土体变形验算无法通过或换填施工困难，设计应从两方面进行考虑：①对地基进行加固，如采用 CFG 桩、钢管砂石桩、高压注浆、振冲法等复合地基；②考虑更改基础型式，如采用桩承台基础、P&H 无张力灌注桩基础等基础型式。

3. 土岩组合地基

当风电机组基础建基面范围内出现以下情况之一时，属于土岩组合地基：

（1）下卧基岩坡面较大的地基。

（2）石芽密布并有出露的地基。

（3）大块孤石或个别石芽出露的地基。

土岩组合地基基底持力层岩石与土体交叉分布，因两者承载力及压缩模量差异较大，为避免基底净反力应力集中，需进行工程处理。结合工程实例，土岩组合地基常采用铺设褥垫层的方法进行处理，以确保基底应力分布均匀。

4. 岩石地基

当基岩出露较早时，山地风电场风电机组基础以基岩为地基持力层。根据《建筑地基基础设计规范》（GB 50007—2011），可按表 6-10 进行岩石完整等级划分。

表 6-10 岩石完整等级划分

完整等级	完整	较完整	较破碎	破碎	极破碎
完整性指数	＞0.75	0.75～0.55	0.55～0.35	0.35～0.15	＜0.15

注：完整性指数为岩体纵波波速与岩块纵波波速之比的平方。选定岩体、岩块测定波速时应有代表性。

较破碎、破碎、极破碎岩石通常容易开挖，风电机组基础可采用浅埋重力式基础。当岩石为完整或较完整时，可考虑采用岩石锚杆基础以减少基础石方开挖量和总工程量。

6.2.2.4 覆冰

山地风电场由于高海拔、高湿度的特点，冬季可能在风电机组表面形成较厚覆冰，增加构筑物自重，因此风电机组塔架底部荷载计算时需考虑覆冰影响。

6.2.2.5 环境腐蚀性

山地风电场风电机组地基基础结构与环境土壤及环境水直接接触，应结合表 6-5 混凝土结构的环境类别及地质勘察结果，对环境做出分析评价，进行适应性设计。

6.2.3 风电机组荷载及地震作用

风电机组基础直接承受风电机组运行各工况产生的风电机组荷载，风电机组荷载计算是高原山地风电场风电机组基础结构设计的重要组成部分，常由风电机组制造商完成，并将塔架底部荷载提供给设计院，设计院根据荷载资料完成基础结构设计。此处仅对风电机组荷载及地震作用做简要介绍。

6.2.3.1　风电机组荷载

风电机组荷载是风电机组在运行、故障、停机和运输等多种可能工况下产生的荷载，荷载一般以荷载分量的形式给出，即笛卡尔坐标下的 3 个荷载分量和 3 个弯（扭）矩分量。由于弯矩的量值取决于作用面的相对位置，本节风电机组荷载中所指的弯矩值均为相对于塔架底端的弯矩。风电机组荷载计算需要采用结构动力学模型，并包含风电机组整个寿命期内所有可能出现的风况条件与风电机组运行工况（或电网运行工况）的组合。结构动力模型分析应能反映风电机组基础结构所具有的刚度特性，必要时应根据样机试验数据来修正动力计算模型和工况，从而使模型计算结果与风电机组受力情况更吻合。

风电机组荷载通常由风电机组制造商提供，其荷载计算取决于风电机组设计时采用的相关标准，国际上一般以《风电机组　第 1 部分：风力发电机设计要求》（IEC 61400 - 1—2005）的规定为主，也可依据如德国劳埃德船级社 GL 规范等，两者略有不同。

以下内容均依据《风电机组　第 1 部分：风力发电机设计要求》（IEC 61400 - 1—2005）中相关内容进行归纳整理得到。

1. 风况

风电机组荷载首先取决于所处的风况条件，分为正常风况和极端风况。正常风况为风电机组正常工作期间出现的风况，极端风况为风电机组所处风电场 100 年或 50 年一遇等较小发生概率的风况。

（1）湍流模型。湍流表示的是 10min 平均风速的随机变化。湍流模型包括风速变化、风向变化和风速切变。

湍流模型分析中多采用风谱密度来反映风的随机特性，3 个方向的风谱密度为

$$\left.\begin{aligned} S_1(f) &= 0.05\sigma_1^2 (\Lambda_1 / v_{\text{hub}})^{-\frac{2}{3}} f^{-\frac{5}{8}} \\ S_2(f) &= S_3(f) = \frac{4}{3} S_1(f) \end{aligned}\right\} \tag{6-4}$$

式中　S_1、S_2、S_3——纵向、横向、竖向的风谱密度；

$\quad\quad\quad f$——频率；

$\quad\quad\quad \sigma_1$——纵向风速标准差；

$\quad\quad\quad \Lambda_1$——尺度参数，m；

$\quad\quad\quad v_{\text{hub}}$——轮毂高度处的风速。

（2）正常风况。风电场中风速分布对风电机组的设计至关重要，因为它决定了各级荷载出现的频率。轮毂高度处 10min 内的平均风速按瑞利分布确定，即

$$P_R(v_{\text{hub}}) = 1 - \exp[-\pi(v_{\text{hub}}/2v_{\text{ave}})^2] \tag{6-5}$$

式中　v_{hub}——轮毂高度处的风速；

$\quad\quad\quad v_{\text{ave}}$——年平均风速。

（3）极端风况。极端风况用于确定风电机组的极端荷载，风况包括极限风速切变和由暴风造成的极大风速，以及风向和风速的急剧变化。极端风况通过 6 种风况模型来反映，

分别为极端风速模型（EWM）、极端运行阵风（EOG）、极端湍流模型（ETM）、极端风向变化（EDC）、极端相干阵风（ECD）和极端风速切变模型（EWS）。

2. 荷载工况

风电机组荷载取决于风电机组的运行状态、设计工况与外部条件的组合方式，应将具有合理发生概率的各相关荷载状态与控制和保护系统动作放在一起进行考虑。风电机组的荷载工况通常需根据3大类组合形式进行计算，包括正常设计工况和正常外部条件或极端外部条件。

6.2.3.2 地震作用

结构工程中，作用指的是引起结构内力、变形等反应的各种因素，作用可分为直接作用和间接作用。各种荷载作用（如重力、风荷载）为直接作用，而各种非荷载作用（如温度、基础沉降等）为间接作用。结构地震动为地震动通过结构惯性引起的，因此结构地震惯性力是间接作用，而不称为荷载，通常称为地震作用。地震作用指的是由地震动引起的结构动态作用，包括水平地震作用和竖向地震作用两部分。

地震时，地面原来静止的结构物因地面运动而产生受迫振动，因此结构地震反应是一种动力反应，其大小或振动幅值不仅与地面运动有关，还与结构动力特性（自振周期、振型和阻尼）有关，一般需采用结构动力学方法来进行计算。

1. 地震反应谱法

地震系数 k 表示地面运动的最大加速度与重力加速度之比，即

$$k = \frac{|\ddot{x}_0(t)|_{\max}}{g} \tag{6-6}$$

式中 x_0——地面位移函数；

$|\ddot{x}_0(t)|$——地面运动最大加速度；

t——实际变量；

g——重力加速度。

一般而言，地面运动加速度越大，则地震烈度越高，故地震系数与地震烈度之间存在一定的对应关系；但地震烈度大小还取决于地震的持续时间和地震波的频谱特性。根据统计分析，地震烈度每增加一度，地震系数 k 值增加一倍，见表6-6。

动力系数 β 是结构单质点最大绝对加速度与地面最大加速度的比值，即

$$\beta = \frac{S_a}{|\ddot{x}_0(t)|_{\max}} \tag{6-7}$$

式中 S_a——结构单质点最大绝对加速度。

动力系数 β 与结构自振周期 T 的关系曲线称为 β 曲线。场地土特性、震级以及震中距等都对反应谱曲线有明显影响。

《建筑抗震设计规范》（GB 50011—2010）采用相对于重力加速度的单质点绝对加速度，即 S_a/g 与结构自振周期 T 之间的关系作为设计用反应谱，比值用 α 表示，称为地震影响系数。

水平地震影响系数最大值 $\alpha_{\max}$ 按表6-11选用；特征周期应根据场地类别和设计地震分组按表6-12选用，计算罕遇地震作用时，特征周期应增加 0.05s。

表 6-11　水平地震影响系数最大值

地震影响	6 度	7 度	8 度	9 度
多遇地震	0.04	0.08 (0.12)	0.16 (0.24)	0.32
罕遇地震	0.28	0.50 (0.72)	0.90 (1.20)	1.40

注：括号中数值分别用于设计基本地震加速度为 0.15g 和 0.30g 的地区。

表 6-12　特　征　周　期　值　　　　　单位：s

设计地震分组	场地类别				
	I_0	I	II	III	IV
第一组	0.20	0.25	0.35	0.45	0.65
第二组	0.25	0.30	0.40	0.55	0.75
第三组	0.30	0.35	0.45	0.65	0.90

地震影响系数曲线（图 6-18）的阻尼调整和形状参数应满足一定的要求。

（1）除有专门规定外，建筑结构的阻尼比取 0.05，地震影响系数曲线的阻尼调整系数应按 1.0 采用，形状参数应符合下列规定：

1）直线上升段，周期小于 0.1s。

2）水平段，自 0.1s 至特征周期区段，应取最大值 α_{max}。

3）曲线下降段，自特征周期至 5 倍特征周期区段，衰减指数应取 0.9。

4）直线下降段，自 5 倍特征周期至 6.0s 区段，下降斜率调整系数应取 0.02。

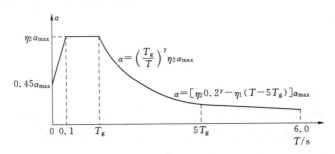

图 6-18　地震影响系数 α 曲线

δ—地震影响系数；α_{max}—地震影响系数最大值；η_1—直线下降斜率调整系数；
η_2—阻尼调整系数；γ—衰减指数；T_g—特征周期；T—结构自振周期

（2）当建筑结构的阻尼比不等于 0.05 时，地震影响系数曲线的阻尼调整系数和形状参数应符合下列规定：

1）曲线下降段的衰减指数为

$$\gamma = 0.9 + \frac{0.05 - \zeta}{0.3 + 6\zeta} \tag{6-8}$$

式中　γ——衰减指数；

ζ——阻尼比。

2）下降段的下降斜率调整系数为

$$\eta_1 = 0.02 + \frac{0.05 - \zeta}{4 + 32\zeta} \tag{6-9}$$

式中　η_1——直线下降斜率调整系数，当小于 0 时取 0。

3）阻尼调整系数为

$$\eta_2 = 1 + \frac{0.05 - \zeta}{0.08 + 1.6\zeta} \tag{6-10}$$

式中　η_2——阻尼调整系数，当小于 0.55 时取 $\eta_2 = 0.55$。

地震影响系数最大值 α_{max} 的计算公式为

$$\alpha_{max} = k\beta_{max} \tag{6-11}$$

《建筑抗震设计规范》（GB 50011—2010）取动力系数最大值 $\beta_{max} = 2.25$，相应的地震系数 k 对多遇地震取基本烈度时的 0.35 倍，对罕遇地震取基本烈度的 2 倍左右，从而计算出表 6-11 中水平地震影响系数最大值。

此外，当结构的自振周期 $T = 0$ 时，结构为一刚体，其加速度将与地面加速度相等，即 $\beta = 1$，此时的地震影响系数 α 为

$$\alpha = k = \frac{k\beta_{max}}{\beta_{max}} = \frac{\alpha_{max}}{2.25} = 0.45\alpha_{max} \tag{6-12}$$

2. 振型分解反应谱法

《建筑抗震设计规范》（GB 50011—2010）中规定，高度不超过 40m、以剪切变形为主且质量和刚度沿高度分布比较均匀的结构，以及近似于单质点体系的结构，可采用底部剪力法等简化方法。对于风电机组整体结构而言，塔架高度一般高于 80m，且机舱和风轮的质量集中在顶部，因此水平地震作用不应采用底部剪力法进行抗震计算，而应采用振型分解反应谱法。

（1）采用振型分解反应谱法时，对于不进行扭转耦联计算的结构，水平地震作用标准值按以下步骤计算。

计算 j 振型的参与系数 γ_j，即

$$\gamma_j = \frac{\sum\limits_{i=1}^{n} x_{ij}G_i}{\sum\limits_{i=1}^{n} x_{ij}^2 G_i} \quad (i = 1, 2, \cdots, n, j = 1, 2, \cdots, m) \tag{6-13}$$

式中　x_{ij}——j 振型 i 质点的水平相对位移；

　　　G_i——集中于质点 i 的重力荷载代表值；

　　　n——质点总数；

　　　m——振型总数。

计算结构 j 振型 i 质点的水平地震作用标准值，即

$$F_{ij} = \alpha_j \gamma_j x_{ij} G_i \tag{6-14}$$

式中　α_j——相应于 j 振型自振周期的地震影响系数，按图 6-18 确定；

　　　γ_j——j 振型的参与系数。

（2）按扭转耦联振型分解法计算时，可取两个正交的水平位移和一个转角共三个自由度，并按下述方法计算结构的地震作用。

j 振型 i 层的水平地震作用标准值计算公式为

$$\left.\begin{array}{l} F_{xij} = \alpha_j \gamma_{tj} x_{ij} G_i \\ F_{yij} = \alpha_j \gamma_{tj} y_{ij} G_i \\ F_{tij} = \alpha_j \gamma_{tj} \gamma_i^2 \phi_{ij} G_i \end{array}\right\} \qquad (6-15)$$

式中　F_{xij}、F_{yij}、F_{tij}——j 振型 i 层的 x 方向、y 方向和转角方向的地震作用标准值；

$\qquad x_{ij}$、y_{ij}——j 振型 i 层质心在 x、y 方向的水平相对位移；

$\qquad \phi_{ij}$——j 振型 i 层的相对扭转角；

$\qquad \gamma_i$——i 层转动半径；

$\qquad \gamma_{tj}$——计入扭转的 j 振型的参与系数。

当仅取 x 方向地震作用时，参与系数 γ_{tj} 的计算式为

$$\gamma_{tj} = \frac{\displaystyle\sum_{i=1}^{n} x_{ji} G_i}{\displaystyle\sum_{i=1}^{n} (x_{ji}^2 + y_{ji}^2 + \phi_{ji}^2 \gamma_i^2) G_i} \qquad (6-16)$$

当仅取 y 方向地震作用时，参与系数 γ_{tj} 的计算公式为

$$\gamma_{tj} = \frac{\displaystyle\sum_{i=1}^{n} y_{ji} G_i}{\displaystyle\sum_{i=1}^{n} (x_{ji}^2 + y_{ji}^2 + \phi_{ji}^2 \gamma_i^2) G_i} \qquad (6-17)$$

当取与 x 方向斜交的地震作用时，参与系数 γ_{tj} 的计算公式为

$$\gamma_{tj} = \gamma_{xj} \cos\theta + \gamma_{yj} \sin\theta \qquad (6-18)$$

式中　γ_{xj}——仅取 x、y 方向地震作用时求得的参与系数；

$\qquad \theta$——地震作用方向与 x 方向的夹角。

（3）对于不进行扭转耦联计算的结构，当相邻振型的周期比小于 0.85 时，水平地震作用效应的计算公式为

$$S_{EK} = \sqrt{\sum S_j^2} \qquad (6-19)$$

式中　S_j——j 振型水平地震作用标准值的效应，对于山地风电场风电机组基础结构计算时振型个数可取 3～7 个。

（4）对于进行扭转耦联计算的结构，单向水平地震作用下的扭转耦联效应的计算公式为

$$\left.\begin{array}{l} S_{EK} = \sqrt{\displaystyle\sum_{j=1}^{m} \sum_{k=1}^{m} \rho_{jk} S_j S_k} \\[4mm] \rho_{jk} = \dfrac{\sqrt[8]{\zeta_j \zeta_k}(\zeta_j + \lambda_T \zeta_k)\lambda_T^{1.5}}{(1-\lambda_T^2)^2 + 4\zeta_j\zeta_k(1+\lambda_T^2)\lambda_T + 4(\zeta_j^2 + \zeta_k^2)\lambda_T^2} \end{array}\right\} \qquad (6-20)$$

式中　S_{EK}——地震作用标准值的扭转效应；

$\quad S_j$、S_k——j、k 振型地震作用标准值的效应，可取前 3～7 个振型；

$\quad \zeta_j$、ζ_k——j、k 振型的阻尼比；

$\qquad \rho_{jk}$——j 振型与 k 振型的耦联系数；

λ_T——k 振型与 j 振型的自振周期比。

3. 竖向地震作用

基础结构竖向地震作用标准值计算时，结构总竖向地震作用标准值和质点 i 的竖向地震作用标准值分别为

$$
\left.
\begin{aligned}
F_{Evk} &= a_{vmax} G_{eq} \\
F_{vi} &= \frac{G_i H_i}{\sum G_i H_i} F_{Evk}
\end{aligned}
\right\}
\tag{6-21}
$$

式中　a_{vmax}——竖向地震影响系数最大值，可取水平地震影响系数最大值的 65%；

　　　G_{eq}——结构等效重力荷载，可取重力荷载代表值的 75%；

　　　G_i——质点 i 重力荷载代表值。

6.2.4　设计工况与荷载效应组合

6.2.4.1　设计工况

1. 工况内容

山地风电场风电机组基础设计中，地基与基础结构应根据正常运行荷载工况、极端荷载工况、多遇地震工况、罕遇地震工况和疲劳强度验算工况等进行设计。各工况具体内容见表 6-13。

表 6-13　验　算　工　况

工况名称	工　况　内　容
正常运行荷载工况	上部结构传来的正常荷载效应＋基础承受的其他有关荷载
极端荷载工况	上部结构传来的极端荷载效应＋基础承受的其他有关荷载
多遇地震工况	上部结构传来的正常运行荷载效应＋多遇地震作用＋基础承受的其他有关荷载
罕遇地震工况	上部结构传来的正常运行荷载效应＋罕遇地震作用＋基础承受的其他有关荷载
疲劳强度验算工况	上部结构传来的疲劳荷载效应＋基础承受的其他有关荷载

2. 设计类项

山地风电场风电机组基础结构设计过程中，相关的设计类项包括基础型式设计、结构强度与稳定性验算、结构变形验算、混凝土结构裂缝验算、疲劳强度验算等。

（1）基础型式设计。基础型式设计包括基础选型、基础体型设计、持力层选择。基础选型应根据 6.2.2 节结合具体机位的环境特点，做出适应性设计，目前山地风电场已得到实施的基础型式有传统重力式基础（板式、梁板式）、岩石锚杆基础和 P&H 无张力灌注桩基础。基础体型设计则是基础选型完成后，根据控制工况验算具体结构轮廓线对应的基础是否满足各种工况下风电场运行要求，初步确定基础结构轮廓线（若基础结构验算难以通过，应返回调整基础型式）。持力层选择应结合山地风电场地质勘察报告，根据体型验算时的基底最大反力或抗拔、抗弯要求选择满足要求的持力层。

传统重力式基础（板式、梁板式）通过基础自身重力和上覆土抵抗上部风电机组传递至基础顶面的倾覆矩。体型设计的控制工况一般为风电机组极端荷载工况，高地震烈度地带可能为多遇地震荷载工况，基础抗倾覆验算控制指标为偏心率对应的基底脱开面积

率，通过结构分析不难发现，传统重力式基础的基底尺寸与基础埋深对基础体型设计起制约作用。

岩石锚杆基础通过高强锚杆的竖向抗拔力抵抗上部风电机组传递至基础顶面的巨大弯矩。混凝土承台设置在锚杆与风电机组间，属于结构过渡段。基础型式设计包括确定承台尺寸、承台埋深、持力层选择、高强锚杆布置。

P&H 无张力灌注桩基础型式上为大直径单桩基础，基础型式设计包括桩型选择、持力层选择、桩径与壁厚和桩长确定等。

（2）结构强度与稳定性验算。结构强度与稳定性验算包括山地风电场风电机组基础结构的拉、压、弯、剪、扭等可能出现的多种内力组合形式下结构强度与整体稳定性、局部稳定性验算。

结构强度与稳定性验算采用荷载基本组合，各荷载需乘以相应的分项系数，并应考虑结构重要性系数的影响。风电机组荷载工况采用极端荷载工况，抗震工况验算时多遇地震工况可作为可变荷载来考虑。

目前山地风电场风电机组结构与下部基础结构之间一般采用基础环或预应力锚栓连接，由国内风电机组制造商提供连接件的设计，设计院通常对其进行复核验算，包括连接件强度、局部承压、疲劳等项目。

（3）结构变形验算。山地风电场风电机组基础结构变形包括基础的沉降、倾斜率。变形验算时采用荷载的标准组合或频遇组合或准永久组合；风电机组荷载采用正常运行工况，对位移控制严格时也可采用极端荷载工况。多遇地震工况下应进行弹性位移计算。

（4）混凝土结构裂缝验算。山地风电场风电机组基础结构中涉及混凝土结构，考虑混凝土结构耐久性设计，必须对其裂缝宽度进行验算。混凝土结构的裂缝验算采用荷载的标准组合还是准永久组合取决于基础裂缝控制等级。

裂缝宽度验算不用考虑多遇地震工况。

（5）疲劳强度验算。当基于可靠度设计理念，将变幅疲劳荷载近似等效为等幅疲劳荷载时，山地风电场风电机组基础结构的疲劳强度验算采用荷载的标准组合，风电机组的荷载采用疲劳工况下的等效荷载。

对于山地风电场风电机组基础结构的疲劳强度而言，结构所受的疲劳荷载主要为风电机组疲劳运行荷载。通常可以根据动力时程分析或谱分析法来进行疲劳强度验算。

山地风电场风电机组基础设计时，各主要相关设计内容与其对应的荷载效应组合和荷载工况见表6-14。

表6-14 山地风电场风电机组地基基础设计内容、荷载效应组合和荷载工况

设计内容	荷载效应组合	荷载工况			
		正常运行荷载工况	极端荷载工况	疲劳强度验算工况	多遇地震工况
基础型式设计	基本组合	√	√	—	＊＊
结构强度验算	基本组合	√	√	—	＊＊
稳定性验算	基本组合	√	√	—	＊＊
结构变形与倾斜率验算	标准组合	√	√	—	＊＊

设计内容	荷载效应组合	荷载工况			
		正常运行荷载工况	极端荷载工况	疲劳强度验算工况	多遇地震工况
沉降验算	准永久组合	√		—	—
裂缝宽度验算	准永久组合	√	√	—	—
疲劳强度验算	标准组合	—		√	—

注：1. √表示该工况参与组合。
  2. ＊＊表示仅当多遇地震工况为基础设计的控制荷载工况时才进行该项验算。

6.2.4.2 荷载组合

1. 荷载分类与代表值

山地风电场风电机组基础设计考虑的荷载主要包括结构自重（风电机组基础和回填土配重）、风电机组荷载、基础风荷载与地震力等。

风电机组荷载：进行风电机组基础结构设计时，所考虑的风电机组荷载为上部结构（风电机组）在各种运行工况下承受的风荷载、机组自重等作用传递至塔架底部的荷载。

基础风荷载：对于塔架下部的基础结构，由于基础风荷载量值相对较小，可按工程所在地区考虑修正后的基本风压计算，并考虑基础结构高度大小、结构体型和风振影响。

地震力：应采用考虑扭转耦联效应的振型分解反应谱法计算，必要时采用动力时程分析进行复核。风电机组整体结构属于高耸结构，不应采用底部剪力法进行地震力计算。

以上风电机组基础结构设计中涉及的相关荷载分类，在进行荷载组合时需要确定荷载的代表值。荷载代表值为设计中用以验算极限状态所采用的荷载量值，例如标准值、组合值、频遇值和准永久值。标准值是荷载的基本代表值，为设计基准期内最大荷载统计分布的特征值（例如均值、众值、中值和某个分位值）。组合值是对可变荷载而言，使组合后的荷载效应在设计基准期内的超越概率能与该荷载单独出现时的相应概率趋于一致的荷载值，或是组合后的结构具有统一规定的可靠指标的荷载值。频遇值是相对可变荷载而言，在设计基准期内，其超越的总时间为规定的较小比率或超越频率为规定频率的荷载值。准永久值是相对可变荷载而言，在设计基准期内其超越的总时间约为设计基准期一半的荷载值。

根据《建筑结构荷载规范》（GB 50009—2012），结构设计时对不同荷载应采用不同的代表值；对永久荷载应采用标准值为代表值；对可变荷载应根据设计要求采用标准值、组合值、频域值或准永久值为代表值；对偶然荷载应按建筑结构使用的特点确定其代表值。

承载能力极限状态设计或正常使用极限状态按标准组合设计时，对可变荷载应按组合规定采用标准值或组合值作为代表值。可变荷载组合值应为可变荷载标准值乘以荷载组合值系数。

正常使用极限状态按频域组合设计时，应采用频域值；按准永久组合设计时，应采用准永久值作为可变荷载的代表值。可变荷载频域值应取可变荷载标准值乘以荷载频域值系数；可变荷载准永久值应取可变荷载标准值乘以荷载准永久值系数。

根据陆上风电机组地基基础设计规定，鉴于风电机组主要荷载——风荷载的随机性较大，且不易模拟，在与地基承载力、基础稳定性有关的计算中，上部结构传至塔架底部与基础交界面的荷载应采用经荷载修正安全系数 k_0 修正后的荷载修正标准值。根据风电机组荷载对应的具体工况，修正安全系数可取 1.35 或 1.1，但该项修正缺乏理论基础，有相关工程经验时，建议取消。基础设计时应将同一工况两个水平方向的力和力矩分布合称为水平合力 F_{rk}、水平力矩 M_{rk}，并按单项偏心计算。

2. 极限状态组合

荷载组合指按极限状态设计时，为保证结构的可靠性而对同时出现的各种荷载设计值的规定：基本组合的定义为承载能力极限状态计算时，永久作用和可变作用的组合；偶然组合的定义为承载能力极限状态计算时，永久作用、可变作用和一个偶然作用的组合；标准组合的定义为正常使用极限状态计算时，采用标准值或组合值为荷载代表值的组合；频域组合的定义为正常使用极限状态计算时，对可变荷载采用频遇值或准永久值为荷载代表值的组合；准永久组合的定义为正常使用极限状态计算时，对可变荷载采用准永久值和荷载代表值的组合。

对于基本组合，荷载效应组合的设计值 S 应从下列组合值中取最不利值确定，即

$$S = \gamma_G S_{Gk} + \gamma_{Q1} S_{Q1k} + \sum_{i=2}^{n} \gamma_{Qi} \psi_{ci} S_{Qik} \qquad (6-22)$$

式中　γ_G——永久荷载的分项系数；

　　S_{Gk}——按永久荷载标准值 G_k 计算的荷载效应值；

　　γ_{Qi}——可变荷载的分项系数，其中 γ_{Q1} 为可变荷载 Q_1 的分项系数；

　　S_{Qik}——按可变荷载标准值 Q_{ik} 计算的荷载效应值，其中 S_{Q1k} 为诸可变荷载效应中起控制作用者；

　　ψ_{ci}——可变荷载 Q_i 的组合值系数；

　　n——参与组合的可变荷载数。

基本组合汇总的设计值仅适用于荷载与荷载效应为线性的情况。当对 S_{Q1k} 无法明显判断时，依次以各可变荷载效应为 S_{Q1k}，选其中最不利的荷载效应组合。

结构构件的地震作用效应和其他荷载效应的基本组合的计算公式为

$$S = \gamma_G S_{GE} + \gamma_{Eh} S_{Ehk} + \gamma_{Ev} S_{Evk} + \psi_w \gamma_w S_{wk} \qquad (6-23)$$

式中　S——结构构件内力组合的设计值，包括组合的弯矩、轴向力和剪力设计值等；

　　γ_G——重力荷载分项系数，一般情况应采用 1.2，当重力荷载效应对构件承载能力有利时，不应大于 1.0；

γ_{Eh}、γ_{Ev}——水平、竖向地震作用分项系数；

　　γ_w——风荷载分项系数；

　　S_{GE}——重力荷载代表值的效应；

　　S_{Ehk}——水平地震作用标准值的效应，应乘以相应的增大系数或调整系数；

　　S_{Evk}——竖向地震作用标准值的效应，应乘以相应的增大系数或调整系数；

　　S_{wk}——风荷载标准值的效应；

　　ψ_w——风荷载组合值系数，一般结构取 0，风荷载起控制作用的结构应采用 0.20（仅适用于基础风荷载，不适用于风电机组荷载）。

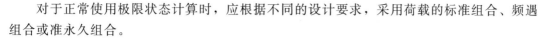

对于正常使用极限状态计算时，应根据不同的设计要求，采用荷载的标准组合、频遇组合或准永久组合。

对于标准组合，荷载效应组合的设计值 S 的计算公式为：

$$S = S_{Gk} + S_{Q1k} + \sum_{i=2}^{n} \psi_{ci} S_{Qik} \qquad (6-24)$$

对于标准组合，荷载效应组合的设计值 S 的计算公式为：

$$S = S_{Gk} + \psi_{f1} S_{Q1k} + \sum_{i=2}^{n} \psi_{qi} S_{Qik} \qquad (6-25)$$

式中 ψ_{f1}——可变荷载 Q_1 的频遇值系数；

       ψ_{qi}——可变和在 Q_i 的准永久值系数。

对于准永久值组合，荷载效应组合的设计值 S 的计算公式为

$$S = S_{Gk} + \sum_{i=1}^{n} \psi_{qi} S_{Qik} \qquad (6-26)$$

上述三种组合中的设计值仅适用于荷载与荷载效应为线性的情况。

国际上疲劳工况分析按照疲劳极限状态组合的概率可靠度分析来进行。国内疲劳计算仍然按照容许应力幅法，应力按弹性状态计算，容许应力幅按构件和连接类别和应力循环次数来确定。在应力循环中不出现拉应力的部位可不进行疲劳计算。

疲劳寿命以损伤度来表征，设计损伤度 D_d 与损伤度特征值 D_c 的关系为

$$D_d = DFF \times D_c$$

式中 DFF——材料疲劳分项安全系数，取决于结构杆件的重要性程度和检查与修复的方便性等因素。

损伤度特征值按照线性累积损伤法则（Miner 准则）进行，计算方法为

$$D_c = \sum_{i=1}^{I} \frac{n_{c,i}}{N_{c,i}} \qquad (6-27)$$

式中 I——应力幅总数；

       $n_{c,i}$——第 i 个应力幅 $\Delta\sigma_i$ 的循环总次数；

       $N_{c,i}$——对应材料下应力幅 $\Delta\sigma_i$ 按照 S—N 曲线确定的应力循环次数。

与上述方法相对应，损伤度设计值的计算公式为

$$D_c = \sum_{i=1}^{I} \frac{n_{c,i}}{N_{d,i}} \qquad (6-28)$$

损伤度特征值按 Miner 准则计算式中应力幅 $\Delta\sigma_i$ 转变为应力幅设计值 $\Delta\sigma_{d,i}$，后按照 S—N 曲线确定的应力循环次数为

$$\Delta\sigma_{d,i} = \gamma_m \Delta\sigma_i \qquad (6-29)$$

式中 γ_m——材料疲劳分项系数。

材料疲劳分项安全系数 DFF 取决于结构物所处的防腐蚀区段、检修程度、防腐蚀措施和对应的 S—N 曲线类型等，可按表 6-15 取值。

表 6-15　材料疲劳分项安全系数 *DFF* 取值

防腐蚀区段	是否可检修	防腐蚀措施是否设置	是否预留防腐蚀厚度	S—N 曲线类型	DFF
大气区	否	是	否	大气	1.0
地下水淹没区	否	是	否	淡水	2.0

当应力幅循环次数对应的数量级很大时，采用材料疲劳分项系数 γ_m 进行计算的损伤度可靠性更高一些，一般情况下材料疲劳分项系数 γ_m 与材料疲劳分项安全系数 *DFF* 之间存在表 6-16 的关系。

表 6-16　材料疲劳分项系数与材料疲劳分项安全系数的关系

DFF	γ_m	DFF	γ_m
1.0	1.0	3.0	1.25
2.0	1.15		

6.2.4.3　分项系数与组合系数

1. 分项系数

基础结构安全等级为一级、二级的结构重要性系数分别为 1.1 和 1.0。

基本组合下各单项荷载的分项系数见表 6-17。

表 6-17　基本组合下各单项荷载的分项系数

单项荷载	风荷载	基础风荷载	自重	地震力（水平）	地震力（竖向）
分项系数	1.2/1.35	1.4	1.2/1.0	1.3	0.5/0.0

注：1. 地震力仅适用于以水平地震力为主，当考虑竖向地震力影响时，分项系数取 0.5，当不考虑竖向地震力时，分项系数取 0。

2. 自重为不利荷载时取 0.2，有利荷载时取 1.0。

标准组合下时各单项荷载的分项系数均为 1.0，风电机组传递至塔架底部的荷载采用修正后的荷载修正标准值。

疲劳荷载工况下，各单项荷载的分项系数均为 1.0。

对于山地风电场风电机组基础结构设计时的抗力系数，钢材的抗力分项系数取 1.1；混凝土材料的分项系数取 1.4；桩基承载力（竖向承载力、抗拔承载力和水平承载力）均采用特征值，对应的安全系数为 2；疲劳分析时采用疲劳分项安全系数。

2. 组合系数

按《风电机组地基基础设计规定（试行）》（FD 003—2007）的"表 7.3.3 主要荷载的分项系数"取值。

6.2.5　常用风电机组基础型式

山地风电场风电机组基础属于陆上风电机组基础，具有陆上风电机组基础重心高、承受倾覆弯矩大的特点。结合山地风电场工程气候、地质条件多变的环境特点，作为下部结构的风电机组基础在设计时应针对具体工程的环境特点作出适应性设计。

浅埋重力式基础由于施工过程中具有开挖深度不大（通常不超过5m）、施工组织较简单、成本相对较低的优势，被广泛用于陆上风电场。我国风电技术由欧洲引进，常采用基础环连接风电机组塔架与下部基础结构，对应基础型式为基础环式基础（包括板式、梁板式）；随着风电机组的投产运行及风电机组轮毂高度增高、叶片直径增大，部分制造商开始采用预应力锚栓笼作为连接件，对应基础型式为预应力锚栓基础。针对特殊地质条件，可采用如岩石锚杆基础（完整～较完整基岩地基）、P&H无张力灌注桩基础等新型风电机组基础型式。

6.2.6 传统基础设计

我国风电大规模发展至今已有10多年时间，前期风电工程大多位于风能资源、工程地质和送出条件较好的地区（如"三北"地区），常采用的基础型式为重力式浅埋基础（以下称为传统基础）。

传统基础在实际工程中得到广泛应用，也是目前山地风电场中的常见基础型式。

传统基础依靠基础自重及覆土重力抵抗风电机组和各种环境荷载作用，从而维持基础的抗倾覆、抗滑移稳定。

（1）传统基础的优点包括：

1）结构型式较简单，技术理论相对较可靠。

2）稳定性和可靠性较高。

3）施工组织较简单。

4）由钢筋和混凝土组成，整体造价相对较低。

（2）传统基础的缺点包括：

1）基础对地基有严格要求（承载力、地基变形设计工况下必须验算合格），地质条件不满足要求时，需要进行地基处理。

2）基础结构轮廓线尺寸较大，占地面积较大，增加征地成本。

3）山地风电场工程机位大多位于山丘或山脊上，平台可用面积有限，采用传统基础时，需对边坡稳定性进行复核，并考虑一定的安全退距，进一步压缩了平台可用空间，或使平台开挖较深、开挖方量较大。

4）基础混凝土方量较大、山地风电场工程交通条件有限的情况下，混凝土浇筑工作的难度较大，对保证基础结构质量不利。

5）基础混凝土方量较大，属于大体积混凝土，施工浇筑、养护过程中需要做好相关措施避免产生裂缝。

6.2.6.1 板式基础环基础设计

1. 基础简介

板式基础环基础为最早出现的山地风电场风电机组基础型式，基础由混凝土台柱及下部混凝土圆台组成（下部结构曾采用正八边形，因风电机组受力水平、受力方向的不确定性而优化为圆台），下部混凝土圆台结构计算同板结构计算原理，风电机组塔架底部与下部基础采用基础环连接，故称为板式基础环基础。

2. 基础体型设计

为保证结构安全，山地风电场风电机组通常由风电机组制造商提供对应的塔架底部荷载，数据坐标采用笛卡尔坐标系，包括风电机组正常运行工况、极端荷载工况、多遇地震工况、罕遇地震工况下和疲劳荷载强度下的荷载数值，作为下部基础设计的边界条件。鉴于风电机组主要荷载——风荷载的随机性较大，且不易模拟，在与地基承载力、基础稳定性有关的计算中，上部结构传至塔架底部与基础环交界面的荷载应采用经荷载修正安全系数 k_0 修正后的荷载修正标准值。一般取 $k_0 = 1.35$，但鉴于这一数值并无可靠理论和国外相关设计规范与工程经验，当有可靠经验时，可适当放宽至 $k_0 = 1.1$。

板式基础环基础属于重力式基础，风电机组下部基础结构体系的稳定性与基础体型直接相关，因此体型设计由基础稳定性验算控制。

根据《风电机组地基基础设计规定（试行）》（FD 003—2007），板式基础设计符合平截面假定，基础底部理解为刚性平面（底板悬挑长度与根部比值不超过 2.5）简化设计模型，结构体系承受较大水平力时基础结构承受较大水平弯矩，基础底面脱开面积需满足表 6-18 的要求。

表 6-18　各计算工况基底容许脱开面积指标

计算工况	基底脱开面积 A_T/基底面积 A	计算工况	基底脱开面积 A_T/基底面积 A
正常运行荷载工况	不容许脱开	极端荷载工况	25%
多遇地震工况			

基底脱开面积验算时可参照《高耸结构设计规范》（GB 50135—2006）的算法，由偏心率进行判定。偏心率为

$$e/r = \frac{M_k + H_k h_d}{N_k + G_k} \tag{6-30}$$

其中

$$M_k = k_0 M_{rk}$$

$$H_k = k_0 F_{rk}$$

$$N_k = k_0 N_{rk}$$

式中　M_k——荷载效应标准组合下，上部结构传至扩展基础顶面力矩合力修正标准值；
　　　H_k——荷载效应标准组合下，上部结构传至扩展基础顶面水平合力修正标准值；
　　　h_d——基础环顶面高程至基础底面的高度；
　　　N_k——荷载效应标准组合下，上部结构传至扩展基础顶面竖向合力修正标准值；
　　　G_k——荷载效应标准值下，扩展基础自重和扩展基础上覆土重标准值；
　　　M_{rk}——上部结构传至扩展基础顶面合力矩标准值；
　　　F_{rk}——上部结构传至扩展基础顶面水平合力标准值；
　　　N_{rk}——上部结构传至扩展基础顶面竖直合力标准值。

当偏心率 $e/r < 0.25$ 时，认为基底不脱开；当偏心率 $e/r > 0.43$ 时，认为基底脱开面积超过基底面积 25%；当偏心率 $0.25 \leqslant e/r \leqslant 0.43$ 时，认为地基脱开，但面积不超过基底总面积的 25%。

3. 连接件设计

板式基础环基础由风电机组制造商提供基础环设计图，设计院对基础环开孔数目进行复核。

基础环通常为刚度较大的薄壁钢结构，参照相关规范，可理解为插入式钢柱脚结构，但插入混凝土结构深度不足（最多为 $0.8D$，D 为基础环直径），因此厂家在基础环壁四周均匀开孔，通过预埋水平向抗剪钢筋进行锚固，水平向抗剪钢筋通常称为穿环钢筋。

穿环钢筋与基础环组成的结构可视为固结柱脚，塔架传至基础环的弯矩通过穿环钢筋传至风电机组基础台柱，再传至风电机组基础。因此基础环作为连接件具有关键作用，具有以下特点：

（1）塔架通过螺栓连接在基础环上，基础环埋入基础混凝土中，基础环壁上有穿环钢筋将传至其上的力分散至钢筋混凝土基础上。

（2）塔架底部的轴向压力通过基础环地面圆环板传至风电机组基础，轴向拉力通过台柱纵向钢筋传至风电机组基础。

（3）塔架底部的弯矩及剪力全部由基础环外围钢筋混凝土台柱承担，再传至基础。

（4）在整个连接体系中，基础环穿环钢筋起着重要的传力作用。

塔架承受的荷载传至基础环顶面，基础环顶面受力如图 6-19 所示。在塔架底部弯矩作用下，基础环截面的正应力使基础环壁产生轴向力，此轴向力通过基础环壁上穿孔钢筋的抗剪强度传到基础环外台柱的混凝土上。

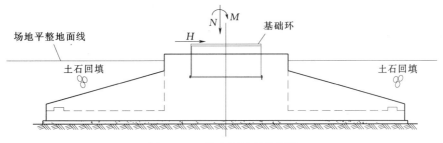

图 6-19　基础环顶面受力图

目前风电机组基础设计中对基础环穿环钢筋并没有深入计算，一般根据设计经验进行配筋，根据风电机组制造商的基础环开孔位置，采用 D28 或 D32 钢筋，逐孔布置、二一均布（一个孔布置两根，一个孔布置一根，间隔布置）或二二均布等方式进行穿环钢筋布置。

当风电机组一侧受较大水平力、对基础环产生偏心压力时，背风侧基础环壁受压，轴向力通过基础环底面直接传给基础，迎风侧基础环壁产生轴向拉力，通过穿环钢筋将力传递给基础，穿环钢筋此时受剪，受力如图 6-20 所示。基础环一侧穿环钢筋的数量 n 的计算公式为

$$\left.\begin{array}{l} \sum_{i=0}^{n} N_{\mathrm{v}}\left(\sin\dfrac{i}{n}+1\right)R = M \\[2mm] N_{\mathrm{v}} = \alpha_{\mathrm{v}} f_{\mathrm{y}} A_{\mathrm{s}} \\[2mm] \text{或}\quad N_{\mathrm{v}} = 0.43 A_{\mathrm{s}}\sqrt{E_{\mathrm{c}} f_{\mathrm{c}}} \end{array}\right\} \tag{6-31}$$

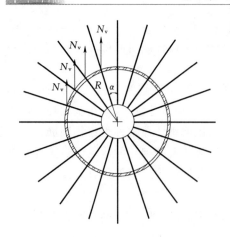

图 6-20　基础环穿环钢筋受力图

式中　N_v——一根穿环钢筋的受剪承载力设计值，
取式（6-31）中二者较小值；

M——基础环顶部的最大弯矩标准值；

α_v——穿环钢筋抗剪承载力系数，可取 0.7；

f_y——穿环钢筋的抗拉强度设计值；

A_s——单根穿环钢筋截面面积；

E_c——台柱混凝土弹性模量；

f_c——台柱混凝土抗压强度设计值；

R——基础环半径。

4. 地基承载力验算

地基承载力特征值可通过荷载试验或其他原位测试、公式计算及结合实践经验等方法综合确定。

风电机组基础宽度大于 3m 且埋置深度大于 0.5m，风电机组体型设计完成后，应根据基础埋深及地质勘察资料对风电机组基础基底高程位置的地基承载力特征值进行修正计算，即

$$f_a = f_{ak} + \eta_b \gamma (b_s - 3) + \eta_d \gamma_m (h_m - 0.5) \qquad (6-32)$$

式中　f_a——修正后土体的地基承载力特征值；

f_{ak}——地基承载力特征值；

η_b、η_d——板式基础环基础宽度和埋深的地基承载力修正系数；

γ——板式基础环基础底面以下土的重度，地下水位以下取浮重度；

b_s——板式基础环基础底面力矩作用方向受压宽度，当扩展基础底面受压宽度大于 6m 时按 6m 取值；

γ_m——板式基础环基础底面以上土的加权平均重度，地下水位以下取浮重度；

h_m——板式基础环基础埋置深度。

风电机组体型设计完成后，根据基础底面刚性假定原则，可计算极端荷载工况或多遇地震工况下的风电机组基础基底最大压力 P_{kmax}，即

极端荷载工况　　　　　$$P_{kmax} = \frac{N_k + G_k}{A} + \frac{M_k}{W} \qquad (6-33)$$

多遇地震工况　　　　　$$P_{kmax} = \frac{F_k + G_k}{\xi r_1^2} \qquad (6-34)$$

式中　r_1——基础底板半径；

ξ——系数，根据《高耸结构设计规范》（GB 50135—2006）取值。

5. 地基变形验算

山地风电场工程地基基础变形验算主要包括地基最终沉降量和基础倾斜率。

地基最终沉降量验算时，地基内应力分布采用各向同性均质线性变形理论假定，采用地基单向压缩模量 E_s 作为中间参数进行计算，具体计算过程参见《建筑地基基础设计规范》（GB 50007—2011）的相关内容。

基础沉降量可按《烟囱设计规范》（GB 50051—2013）相关内容计算。

风电机组基础地基变形容许值按表 6-19 的规定采用。

表 6-19 地基变形容许值

轮毂高度 H/m	沉降容许值/mm		倾斜率容许值 $\tan\theta$
	高压缩性黏土	低、中压缩性黏土，砂土	
$H \leqslant 60$	300		0.006
$60 < H \leqslant 80$	200	100	0.005
$80 < H \leqslant 100$	150		0.004
$H > 100$	100		0.003

6. 稳定性计算

（1）除罕遇地震工况外，其余工况应进行以下稳定性验算：

1）抗滑移验算

$$\frac{F_R}{F_S} \geqslant 1.3 \tag{6-35}$$

2）抗倾覆验算

$$\frac{M_R}{M_S} \geqslant 1.6 \tag{6-36}$$

式中　F_R——荷载效应基本组合下的抗滑力；

F_S——荷载效应基本组合下的滑动力修正值；

M_R——荷载效应基本组合下的抗倾覆力矩；

M_S——荷载效应基本组合下的倾覆力矩修正值。

（2）根据抗震设防目标，罕遇地震工况下应进行以下稳定性验算：

1）抗滑移验算公式为

$$\frac{F_R}{F_S} \geqslant 1.0 \tag{6-37}$$

2）抗倾覆验算公式为

$$\frac{M_R}{M_S} \geqslant 1.0 \tag{6-38}$$

式中　F_R——荷载效应偶然组合下的抗滑力；

F_S——荷载效应偶然组合下的滑动力修正值；

M_R——荷载效应偶然组合下的抗倾覆力矩；

M_S——荷载效应偶然组合下的倾覆力矩修正值。

7. 结构强度计算

当以上验算合格后，应进行风电机组基础混凝土结构强度验算，包括拉、压、弯、剪、冲切、裂缝等验算。风电机组基础混凝土结构分析原则与《混凝土结构设计规范》（GB 50010—2010）保持一致，相关构造规定应符合《混凝土结构设计规范》（GB 50010—2010）和《建筑地基基础设计规范》（GB 50007—2011）的要求。

6.2.6.2 梁板式基础环基础设计

1. 基础简介

梁板式基础环基础由板式基础环基础发展而来，中心混凝土台柱以下采用梁筏结构，混凝土体积较板式有一定减少，因而被逐渐接受并应用于实际工程。

梁板式基础环基础下部结构较板式基础环基础有一定优化，主体工程量有一定减少（约减少30%混凝土），风电机组—下部基础结构体系与板式基础环基础相同，依靠自身重力与上覆土重抵抗风电机组和各种环境荷载作用，从而维持基础的抗倾覆、抗滑移稳定。

2. 基础设计

梁板式基础环基础结构设计与板式基础环基础分析原则一致，应对基础体型、连接件、地基承载力、基础稳定性、结构强度等进行验算。

6.2.6.3 预应力锚栓基础设计

1. 基础简介

在分析板式基础环基础设计中提到风电机组与下部基础间的连接件为结构体系中的关键部件，但前期风电工程中使用较多的基础环由于结构型式上的原因，在实际工程案例中已显露出一些弊端，如基础环与壁壁混凝土脱开、台柱内部混凝土被基础环底板掏蚀，造成风电机组倾斜、结构自振频率改变等现象，影响了上部风电机组的安全运行。

预应力锚栓基础与基础环基础（板式、梁板式）的最大区别在于连接件不同，采用预应力锚栓连接上部风电机组和下部混凝土基础结构。经结构分析可知，风电机组塔底部弯矩作用下产生的轴向力通过锚栓传递至基础混凝土，锚栓直接受拉，避免拉—剪—拉的应力转化过程，可充分利用钢材受拉、混凝土受压的材料力学特征，提高结构体系的可靠性。

2. 基础设计

（1）连接件设计。预应力锚栓基础上部塔架受偏心荷载时，塔架壁产生轴向拉、压应力直接作用于锚栓杆体，通过锚栓传递至混凝土结构。

预应力锚栓通常沿塔架内、外侧均匀布置，由风电机组制造商提供组件设计图纸，设计院对其进行复核。

上部风电机组塔架底部通过刚性法兰盘与预应力锚栓连接，如图6-21所示。

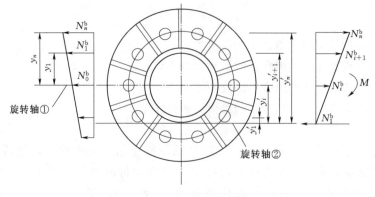

图6-21 刚性法兰盘

根据假定结构模型，可采用以下公式进行受拉承载力的计算：

$$N_{max}^{b} = \frac{M y_n}{\sum y_i^2} - F_z / n \leqslant N_{kmax} \qquad (6-39)$$

其中
$$N_{kmax} = 0.7 A_S Q_{max}$$

式中　N_{max}^{b}——单根锚栓极限拉应力值；

　　　M——塔架底部极限状态下水平合力弯矩值修正标准值，kN·m；

　　　y_n——锚栓距底部塔架中心距离，m；

　　　y_i——第 i 个螺栓中心距旋转轴①的距离，m；

　　　F_z——塔架底部极限状态下竖向合力修正标准值，kN·m；

　　　n——锚栓根数；

　　　N_{kmax}——单根锚栓极限承载力设计值，kN·m；

　　　A_S——单根锚栓截面面积，mm²；

　　　Q_{max}——对应牌号锚栓屈服强度，MPa。

锚栓钢材破坏受剪承载力设计值为

$$V_{Rd,s} = \frac{V_{Rk,s}}{\gamma_{Rs,V}} \qquad (6-40)$$

式中　$V_{Rk,s}$——锚栓钢材破坏受剪承载力标准值，N，对于群锚，锚栓钢材断后伸长率不大于 8% 时，$V_{Rk,s}$ 应乘以 0.8 的降低系数；

　　　$\gamma_{Rs,V}$——锚栓钢材破坏受剪承载力分项系数，按表 6-20 采用。

表 6-20　锚固承载力分项系数 γ_R

项次	符号	锚固破坏类型	被连接结构类型	
			结构构件	非结构构件
1	$\gamma_{Rc,N}$	混凝土锥体受拉破坏	3.0	1.8
2	$\gamma_{Rc,V}$	混凝土边缘受剪破坏	2.5	1.5
3	γ_{Rsp}	混凝土劈裂破坏	3.0	1.8
4	γ_{Rcp}	混凝土剪撬破坏	2.5	1.5
5	γ_{Rp}	混合破坏	3.0	1.8
6	$\gamma_{Rs,N}$	锚栓钢材受拉破坏	1.3	1.2
7	$\gamma_{Rs,V}$	锚栓钢材受剪破坏	1.3	1.2

1）无杠杆臂的纯剪，$V_{Rk,s}$ 的计算公式为

$$V_{Rk,s} = 0.5 f_{yk} A_s \qquad (6-41)$$

式中　f_{yk}——锚栓屈服强度标准值，N/mm²，取值参考《混凝土结构后锚固技术规程》（JGJ 145—2013）；

　　　A_s——锚栓应力截面积，mm²。

2）有杠杆壁的拉、剪复合受力，$V_{Rk,s}$ 应取按下列公式计算的 $V_{Rk,s1}$ 和 $V_{Rk,s2}$ 的较小值：

$$\left. \begin{array}{l} V_{Rk,s1} = 0.5 f_{yk} A_s \\ V_{Rk,s2} = \dfrac{\alpha_M M_{Rk,s}}{l_0} \end{array} \right\} \qquad (6-42)$$

其中

$$M_{\mathrm{Rk,s}} = M_{\mathrm{Rk,s}}^0 \left(1 - \frac{N_{\mathrm{sd}}}{N_{\mathrm{Rd,s}}} \right)$$

$$M_{\mathrm{Rk,s}}^0 = 1.2 W_{\mathrm{el}} f_{\mathrm{yk}}$$

式中　　l_0——杠杆臂计算长度，mm，用垫圈和螺母压紧在混凝土基面上时，取 $l_0 = l$；无压紧时，取 $l = l + 0.5d$；

α_{M}——被连接件约束系数，无约束时，取 $\alpha_{\mathrm{M}} = 1$；完全约束时，取 $\alpha_{\mathrm{M}} = 2$；部分约束时，根据约束刚度取值；

$M_{\mathrm{Rk,s}}^0$——单根锚栓抗弯承载力标准值，N·mm；

N_{sd}——单根锚栓拉力设计值，N；

$N_{\mathrm{Rd,s}}$——单根锚栓钢材破坏受拉承载力设计值，N；

W_{el}——锚栓截面抵抗矩，mm²。

3）满足下列条件时，作用于锚栓上的剪力可按无杠杆臂的纯剪计算：①锚板为钢材，直接固定于基材上，锚板与基材间无垫层，或锚板与基材间有砂浆垫层时，垫层厚度小于 $d/2$，砂浆抗压强度不低于 $30\mathrm{N/mm}^2$；②在锚板厚度范围内，锚板与锚栓全接触。

（2）基础本体结构设计。预应力锚栓基础除连接件设计不同外，其余设计同基础环基础（板式、梁板式）一致，台柱以下可采用板式或梁板式结构。

6.2.7　新型基础设计

传统风电机组基础在山地风电场工程中应用广泛，得到广泛认可。但是山地风电场风电机组的基础设计特点在于环境因素影响较大，同一风电场不同机位的地质条件存在较大差异，风电机组的下部基础设计不仅仅是结构设计，还涉及地基处理、基础结构与土壤或岩石相互耦合的复杂作用，较准确地来讲应该定义为岩土工程设计。

针对山地风电场风电机组基础外部环境（地形地貌、地基条件）多变的特点，参照岩土工程相关理论与工程经验，近年来出现了新型山地风电场风电机组基础型式，如岩石锚杆基础、P&H 无张力灌注桩基础等。

6.2.7.1　岩石锚杆基础设计

1. 基础简介

岩石锚杆基础是在钻凿成型的岩孔灌注水泥砂浆、同时以钢材为杆体而形成的锚杆基础。风电机组基础下部设置混凝土承台，高强锚杆环向均匀布置，锚杆体贯穿承台后锚入岩体固定。

岩石锚杆基础可以充分发挥原状岩体的力学性能，提供良好的抗拔性能，且具有较好的社会、经济、环保效益。山地风电场风电机组岩石锚杆基础示意如图 6-22 所示。

2. 设计原理

山地风电场风电机组基础与输电线路塔基具有某些共同特点，如结构较高，上部结构以承受水平力为主，基础主要受荷为倾覆矩，基础可能布置于较难开挖的基岩上，同时施工工作面非常有限。岩石锚杆基础受输电线路塔基设计启发而来，可大大减少混凝土方量，明显减少基底尺寸，将上部巨大倾覆矩传递至稳定可靠的岩层中，最终获得显著的经济效益。

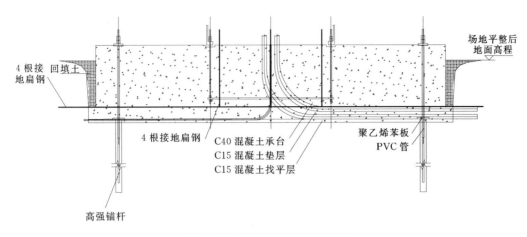

图 6-22 岩石锚杆基础示意图

3. 基础设计

岩石锚杆基础体型设计内容包括承台直径、承台高度、锚杆平面布置、锚杆直径、锚杆锚固段长度等。

相较于传统重力式基础，岩石锚杆基础承台设计主要通过建立结构受力模型后对混凝土局压、冲切、剪切、锚杆强度进行验算。

（1）局压验算。按照《混凝土结构设计规范》（GB 50010—2010）配置间接钢筋的混凝土结构构件，混凝土局压验算与混凝土强度、受压面积有直接关系，其验算公式为

$$F_l \leqslant 1.35\beta_c\beta_l f_c A_{ln} \tag{6-43}$$

其中

$$\beta_l = \sqrt{\frac{A_b}{A_l}}$$

式中 F_l——局部受压面上作用的局部荷载或局部压力设计值；

β_c——混凝土强度影响系数；

f_c——混凝土轴心抗压强度设计值，后张法预应力混凝土构件的张拉阶段验算中，可根据相应阶段的混凝土立方体抗压强度值按线性内插法确定；

A_{ln}——混凝土局部受压净面积；对后张法构件，应在混凝土局部受压面积中扣除孔道、凹槽部分的面积；

A_b——局部受压的计算底面积；

A_l——混凝土局部受压面积。

配置方格网式或螺旋式间接钢筋的局部受压承载力验算为

$$F_l \leqslant 0.9(\beta_c\beta_l f_c + 2\alpha\rho_v\beta_{cor} f_{yov})A_{ln} \tag{6-44}$$

当为方格网式配筋时，钢筋网两个方向上单位长度内钢筋截面积的比值不宜大于1.5，其体积配筋率 ρ_v 的计算公式为

$$\rho_v = \frac{n_1 A_{S1} l_2 + n_2 A_{S2} l_2}{A_{cor}^s} \tag{6-45}$$

当为螺旋式配筋时，其体积配筋率 ρ_v 的计算公式为

$$\rho_v = \frac{4A_{ss1}}{d_{cor}^s} \tag{6-46}$$

式中　β_{cor}——配置间接钢筋的局部受压承载力提高系数；

$\quad\quad \alpha$——间接钢筋对混凝土约束的折减系数；

$\quad\quad f_{yov}$——间接钢筋的抗拉强度设计值；

$\quad\quad A_{cor}$——方格网式或螺旋式间接钢筋内表面范围内的混凝土核心截面面积应大于混凝土局部受压面积 A_l，其重心应与 A_l 的重心重合，计算中按同心、对称的原则取值；

$\quad\quad \rho_v$——间接钢筋的体积配筋率；

n_1、A_{S1}——方格网沿 l_1 方向的钢筋根数、单根钢筋的截面面积；

n_2、A_{S2}——方格网沿 l_2 方向的钢筋根数、单根钢筋的截面面积；

$\quad\quad S$——方格网式或螺旋式间接钢筋的间距，宜取 30～80mm；

$\quad\quad A_{ss1}$——单根螺旋式间接钢筋的截面面积；

$\quad\quad d_{cor}$——螺旋式间接钢筋内表面范围内的混凝土截面直径。

方格网式钢筋，不应少于 4 片；螺旋式钢筋，不应少于 4 圈。

（2）冲切验算。按照《混凝土结构设计规范》（GB 50010—2010），在局部荷载或集中反力作用下，不配置箍筋或弯起钢筋的板的受冲切承载力应符合下列规定：

$$F_l \leqslant (0.7\beta_h f_t + 0.25\sigma_{pc,m})\eta\mu_m h_0 \tag{6-47}$$

其中

$$\eta = \max\left\{\eta_1 = 0.4 + \frac{1.2}{\beta_s}, \eta_2 = 0.5 + \frac{\alpha_s h_0}{4\mu_m}\right\}$$

式中　F_l——局部荷载设计值或集中反力设计值，当有不平衡弯矩时，应换算确定；

$\quad\quad \beta_h$——截面高度影响系数，当 $h \leqslant 800$mm 时，取 β_h 为 1.0；当 $h \geqslant 2000$mm 时，取 β_h 为 0.9；当 800mm$<h<$2000mm 时，按线性内插法取用；

$\quad\quad \sigma_{pc,m}$——计算截面周长上两个方向混凝土有效预压力按长度的加权平均值，其值宜控制在 1.0～3.5N/mm² 范围内；

$\quad\quad \mu_m$——计算截面的周长，取距离局部荷载或集中反力作用面积周边 $h_0/2$ 处板垂直截面的最不利周长；

$\quad\quad h_0$——截面有效高度，取两个方向配筋的截面有效高度平均值；

$\quad\quad \eta_1$——局部荷载或集中反力作用面积形状的影响系数；

$\quad\quad \beta_s$——局部荷载或集中反力作用面积为矩形时的长边与短边尺寸的比值，β_s 不宜大于 4；当 $\beta_s < 2$ 时取 $\beta_s = 2$；对圆形冲切面，取 $\beta_s = 2$；

$\quad\quad \eta_2$——计算截面周长与板截面有效高度之比的影响系数；

$\quad\quad \alpha_s$——柱位置影响系数，中柱，取 $\alpha_s = 40$；边柱，取 $\alpha_s = 30$；角柱，取 $\alpha_s = 20$。

（3）剪切验算。岩石锚杆基础混凝土承台上下端被锚杆贯穿，中央锚杆群连接上部风电机组，锚杆承受较大水平荷载，因此需要对锚杆进行剪切验算。验算原理及过程同传统重力式基础（预应力锚栓式）的连接件抗剪验算。

（4）锚杆设计。岩石锚杆基础在承台分布内外两处锚杆，中央区域锚杆同传统基础（预应力锚栓式）锚杆设计。

外圈环向布置的锚杆承受混凝土承台带来的上拔力，下端与灌浆料紧密黏结，最终将荷载传递至稳定岩体。

锚杆基础应与基岩连成整体，并且应符合下列要求：

1) 锚杆孔直径。宜取锚杆筋体直径的 3 倍，但不应小于 1 倍锚杆筋体直径加 50mm。锚杆基础的构造要求可按图 6-23 采用。

2) 锚杆筋体插入上部结构的长度应符合钢筋的锚固长度要求。

3) 锚杆筋体宜采用热轧带肋钢筋，水泥砂浆强度不宜低于 30MPa，细石混凝土强度等级不宜低于 C30，灌浆前应将锚杆孔清理干净。

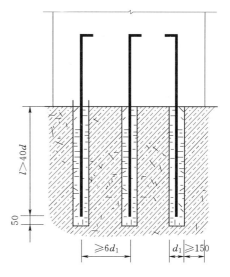

图 6-23 锚杆基础的构造要求

锚杆基础中单根锚杆承受的拔力计算公式为

$$
\left.
\begin{aligned}
&N_{ti} = \frac{F_k + G_k}{n} - \frac{M_{xk} y_i}{\sum y_i^2} - \frac{M_{yk} x_i}{\sum x_i^2} \\
&N_{tmax} \leqslant R_t
\end{aligned}
\right\}
\tag{6-48}
$$

式中　F_k——相应于作用的标准组合时，作用在基础顶面上的竖向力，kN；

　　　G_k——基础自重及其上的土自重，kN；

M_{xk}、M_{yk}——按作用的标准组合计算作用在基础底面形心的力矩值；

　x_i、y_i——第 i 根锚杆至基础底面形心的 y、x 轴线的距离，m；

　　　N_{ti}——相应于作用的标准组合时，第 i 根锚杆所承受的拔力值，kN；

　　　R_t——单根锚杆抗拔承载力特征值，kN。

对应设计等级为甲级的建筑物，单根锚杆抗拔承载力特征值 R_t 应通过现场试验确定；对于其他建筑物应符合

$$
R_t \leqslant 0.8 \pi d_1 l f \tag{6-49}
$$

式中　f——砂浆与岩石间的黏结强度特征值，可按表 6-21 选用。

表 6-21　砂浆与岩石间的黏结强度特征值　　　　　　单位：MPa

岩石坚硬程度	软岩	较软岩	硬质岩
黏结强度	<0.2	0.2～0.4	0.4～0.6

注：水泥砂浆强度为 30MPa 或细石混凝土强度等级为 C30。

6.2.7.2　P&H 无张力灌注桩基础设计

1. 基础简介

结合山地风电场相关工程经验、山地风电场地基土层厚度的不均匀性，部分机位可能位于较厚软弱土层上，若下部采用传统重力式基础，必然需要对地基进行处理。当采取常用的换填垫层法进行处理时，可能存在地基变形验算无法通过的问题；若采取复合地基的处理方式，则处理成本太高，经济性较差。

P&H 无张力灌注桩基础主要工作原理大致与传统桩基础相同，主要由桩土作用下土体被动土压力提供侧向抗倾覆力矩，桩侧摩阻力提供竖向承载力和竖向抗拔力。基础直径约 5～7m；长度根据软弱土层力学参数不同而有所差异，约 8～12m。基础直径相对传统基础有大幅减小，征地面积较小，基础主体工程量较小。

桩土作用效应是一个复杂过程，构成桩—土高度耦合系统。桩基竖向承载力及抗拔力分析较为简单可靠，通过侧摩阻力计算结果是可靠的；桩体进入土体后改变地基内应力，桩周被动土压力随之发生变化，传统桩基直径一般不超过 1.2m，通过试验和工程实践所得数据与结构理论模型可以较好地吻合，但大直径桩基由于尺寸效应，使得理论值与实测值存在一定偏差，与高校研究所得成果也不太一致。

2. 桩土相互作用的模拟方式

当采用基于 Winkler 地基模型时，地基土反力 p 是位移 y 的函数，即

$$p = Ky \tag{6-50}$$

(1) m 法（线性地基模型）。将桩土相互作用假定为线性地基梁，K 为与深度 z 有关的函数，与 y 无关。采用 m 法的计算公式为

$$\left.\begin{array}{l} K_s = mB_0 zh \\ K_n = \dfrac{0.5UH\pi}{\Delta} \end{array}\right\} \tag{6-51}$$

式中　K_s——水平弹簧弹性系数；

　　　　K_n——竖向弹簧弹性系数；

　　　　B_0——桩的计算宽度，桩截面为圆形时取 $B_0 = 0.9(D+1)$；

　　　　m——土的反力模量随深度变化的比例系数，kN/m^4；

　　　　z——桩在地面以下的深度；

　　　　U——桩周长；

　　　　H——所取土层高度；

　　　　π——所取土层对桩侧耳朵摩阻力；

　　　　Δ——桩侧摩阻力达到极限值时竖向位移。

(2) $p-y$ 法（非线性地基模型）。实际地基的性质是非线性的，对于受循环荷载的海洋结构以及地基变形较大的情况，一般风电机组桩基工程设计推荐采用 $p-y$ 曲线法，可以如实引入由地表开始的进行性破坏性质等。$p-y$ 曲线与工程所在区桩基试桩参数有关。本书仅以墨西哥湾一系列海上石油平台试桩结果为例进行介绍。

1) 黏性土 $p-y$ 曲线。

确定桩的水平向极限承载力 P_u，即

$$\left.\begin{array}{ll} P_u = (3c + \gamma X)D + JcX & (0 < X < X_R) \\ P_u = 9cD & (X_R \leqslant X) \end{array}\right\} \tag{6-52}$$

式中　P_u——桩侧向极限承载力，kN/m；

　　　　c——受扰动的黏性土的不排水剪切强度，kPa；

　　　　D——桩的直径，m；

　　　　γ——土体有效容重，kN/m^3；

J——无量纲常数，变化范围 $0.25\sim0.50$；

X——地面以下深度，m；

X_R——地面以下至土抗力减小区底部的深度，m。

2）砂性土 $p-y$ 曲线。

桩的侧向极限承载力 P_u 的计算公式为

$$\left.\begin{array}{ll}P_u=(C_1X+C_2D)\gamma X & (1<X<X_R)\\ P_u=C_3D\gamma X & X_R\leqslant X)\end{array}\right\} \qquad (6-53)$$

式中　P_u——桩的侧向极限承载力，kN/m；

D——桩的直径，m；

γ——土体有效容重，kN/m^3；

X——地面以下深度，m；

X_R——地面以下至土抗力减小区底部的深度，m；

C_1、C_2、C_3——取决于砂土内摩擦角 φ。

对于循环荷载，$p-y$ 曲线的计算公式为

$$p=0.9P_u\tanh\left(\frac{ky}{0.9P_u}\right) \qquad (6-54)$$

式中　p——土体对桩的实际侧向抗力，kN/m；

y——桩的实际侧向位移，m；

k——地基反力的初始模量，MN/m^3，取决于砂土内摩擦角 φ。

轴向桩土相互作用。桩的极限承载能力的计算公式为

$$Q_D=Q_f+Q_p=fA_s+qA_p \qquad (6-55)$$

式中　Q_D——桩的极限承载能力，kN；

Q_f——表面摩擦力，kN；

Q_p——端部总承载力，kN；

f——单位摩擦力，kPa；

A_s——桩侧表面积，m^2；

q——单位桩端承载力，kPa；

A_p——桩端总面积，m^2。

3）轴向荷载传递曲线（$t-z$ 曲线）

黏性土。API规范建议的典型黏性土中的桩的 $t-z$ 曲线模型见表 6-22。

表 6-22　典型的桩 $t-z$ 曲线模式

z/d	t/t_{max}	z/d	t/t_{max}
0.0016	0.30	0.0100	1.00
0.0031	0.50	0.0200	$0.70\sim0.90$
0.0057	0.75	∞	$0.70\sim0.90$
0.0080	0.90		

注：z—桩的局部位移，mm；d—桩的外径，mm；t—可动员的桩土黏结力，kPa；t_{max}—桩土的最大黏结力，kPa。

黏性土桩的表面摩擦力为

$$f = \alpha c \tag{6-56}$$

其中

$$
\left.
\begin{array}{ll}
\alpha = 0.5 \psi^{-0.5} & (\psi \leqslant 1.0) \\
\alpha = 0.5 \psi^{-0.25} & (\psi > 1.0)
\end{array}
\right\}
$$

式中　α——无量纲系数；

α——系数；

c——所讨论点的不排水强度（以应力单位计）；

ψ——c/P_{o}' 所对应的点，P_{o}' 为所讨论点的有效上覆土压力，kPa；

当桩的端部支撑在黏土中时，单位端部承载力的计算公式为

$$q = 9c \tag{6-57}$$

非黏性土。API 规范建议的典型非黏性土中的桩的 t—z 曲线模式见表 6-23。

表 6-23　典型的桩 t—z 曲线模式

z/mm	$t/t_{\max}$	z/mm	$t/t_{\max}$
0	0	∞	1.00
2.54	1.00		

注：z—桩的局部位移，mm；d—桩的外径，mm；t—可动员的桩土黏结力，kPa；$t_{\max}$—桩土的最大黏结力，kPa。

非黏性土桩的表面摩擦力为

$$f = k P_{o}' \tan\delta \tag{6-58}$$

式中　k——无因次侧向土压力系数（水平与垂直有效正应力比值）；

P_{o}'——所讨论点的有效上覆土压力，kPa；

δ——土与桩壁之间的摩擦角。

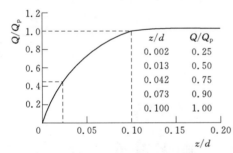

图 6-24　桩端 Q—z 曲线
z—桩端轴向位移；d—桩直径；Q—可动员的桩端承载力；Q_{p}—桩端总承载力

对于非堵塞的开口打入桩，通常假设拉升和压缩荷载的 k 值均为 0.8；对于形成土塞或端部封闭的桩，可假设其 k 值为 1.0。δ 的取值可根据规范选取。

对于长度较长的桩基，f 值不可能无限地线性增加，在这种情况下，f 值应该限制在规范给定的范围内。

4）桩端荷载—位移曲线（Q—z 曲线）。桩端的承载力和荷载性能按图 6-24 确定。

3. 实体有限元法

（1）Mohr-Coulomb（M-C）模型。M-C 模型屈服准则假定：作用在某一点的剪应力等于该点的抗剪强度时，该点发生破坏，剪切强度与作用在该面的正应力呈线性关系。M-C 模型是基于材料破坏时应力状态的 Mohr 圆提出的，破坏线是与这些莫尔圆相切的直线，如图 6-24 所示，M-C 模型的强度准则为

$$T = c - \sigma \tan\varphi \tag{6-59}$$

从 Mohr 圆可以得出以下关系

$$\left.\begin{array}{l} \tau = s\cos\varphi \\ \sigma = \sigma_m + s\sin\varphi \end{array}\right\} \tag{6-60}$$

则 M-C 模型准则可以写为

$$s + \sigma_m \sin\varphi - c\cos\varphi = 0 \tag{6-61}$$

其中
$$s = \frac{\sigma_1 - \sigma_2}{2}$$

式中　s——大、小主应力差的一半，即最大主应力；

　　　σ——大、小主应力的平均值。

M-C 模型屈服准则假定材料的破坏和中主应力无关，典型的岩土材料的破坏通常受中主应力的影响，但这种影响较小，所以对大部分应用来说，M-C 模型屈服准则具有足够精度。

M-C 模型屈服面方程为

$$F = R_m q - p\tan\varphi - c = 0 \tag{6-62}$$

其中
$$R_m = \frac{1}{\sqrt{3}\cos\varphi}\sin\left(\theta + \frac{\pi}{3}\right) + \frac{1}{3}\cos\left(\theta + \frac{\pi}{3}\right)\tan\theta$$

式中　c——材料黏聚力按等向硬化方式的变化过程；

　　　R_m——M-C 模型偏应力系数；

　　　φ——M-C 模型屈服面在 $P-R_{mc}q$ 平面上的斜角，一般指材料的内摩擦角；

　　　p——等效压应力；

　　　q——Mises 等效应力；

　　　θ——广义剪应力方位角，$\cos 3\theta = \left(\dfrac{r}{q}\right)^3$。

在 ABAQUS 中，M-C 模型具有以下特点：

1）在应力空间中，屈服强度取决于静压力的大小且与第二主应力 σ_2 无关，静压力越大，材料强度越高。

2）材料在软化或硬化时是各向同性。

3）流动法则可以考虑剪胀行为。

4）流动势力为连续光滑曲面，而且是非关联的。流动势力在子午面为直线，但在偏应力为椭圆面。

（2）扩展的 Drucker-Prager（D-P）模型。D-P 模型屈服准则取决于屈服面在子午面上的形状，屈服面可以为线性、双曲线性或一般指数函数形式。

线性 D-P 模型由三个应力不变量表示。在偏应力面上它采用非圆形屈服面拟合三轴拉伸和压缩屈服函数，同时提供了其偏应力面上相关的剪胀角和摩擦角。在子午面上，线性屈服函数表达式为

$$F = t - p\tan\beta - d = 0 \tag{6-63}$$

黏聚力 d 与输入的硬化参数有关，若由单轴受压屈服应力 σ_c 来定义硬化，则 $d =$ $\left(1-\dfrac{1}{3}\tan\beta\right)\sigma_c$；若由单轴受拉屈服应力 σ_t 来定义硬化，则 $d = \left(\dfrac{1}{k}+\dfrac{1}{3}\tan\beta\right)\sigma_t$；若由剪切值（黏聚力）来定义硬化，可认为两个 d 相等。β 为摩擦角；k 为材料参数，$0.778 \leqslant k \leqslant 1.0$；$d$、$\sigma_c$、$\sigma_t$ 作为各向同性硬化参数，取决于等效塑性。

偏应力参数 t 为

$$t=\frac{1}{2}q\left[1+\frac{1}{k}-\left(1-\frac{1}{k}\right)\left(\frac{r}{q}\right)^3\right]\bar{\varepsilon}pl \tag{6-64}$$

对于非关联流动法则，塑性应变的方向垂直于塑性势 G，即

$$\mathrm{d}\varepsilon^{pl}=\frac{\mathrm{d}\,\bar{\varepsilon}^{pl}}{c}-\frac{\delta G}{\delta\sigma} \tag{6-65}$$

其中
$$G=t-p\tan\Psi$$

c 为取决于硬化参数的常量，$\mathrm{d}\,\bar{\varepsilon}^{pl}$ 的取法为

$$\mathrm{d}\,\bar{\varepsilon}^{pl}=\begin{cases} |\mathrm{d}\varepsilon_{11}^{pl}| & \text{（单轴压缩）}\\[2mm] \mathrm{d}\varepsilon_{11}^{pl} & \text{（单轴拉伸）}\\[2mm] \dfrac{\mathrm{d}r^{pl}}{\sqrt{3}} & \text{（纯剪）}\end{cases} \tag{6-66}$$

Ψ 为 $p-t$ 平面上的膨胀角，这个流动法则规定了膨胀角的范围为 $\Psi > 71.50$；若 $\Psi \neq \beta$，则在 π 平面上，流动是关联的，但在 $p-t$ 平面上是非关联的；若 $\Psi = 0$，则材料无膨胀；若 $\Psi = \beta$，则材料是完全相关流动的。

6.2.8　复杂地质条件下地基处理

山地风电场工程具有环境因素多变的特点，地质条件因不同工程或不同机位有较大差异，传统风电机组基础（重力式）对地基承载力及地基稳定性有较高要求。山地风电场工程遇不良地质情况如软弱地基或岩石地基（含土岩组合地基和岩溶发育地基）等需要进行工程处理。

6.2.8.1　软弱地基

当地基压缩层主要由淤泥、淤泥质土、冲填土、杂填土或其他高压缩性土层构成时，应按软弱地基进行设计。勘察时应查明软弱土层的均匀性、组成、分布范围和性状。冲填土尚应了解排水固结条件；杂填土应查明填土堆积历史，明确自重下的稳定性、湿陷性等基本因素；在建筑地基的局部范围内有高压缩性土层时，应按局部软弱地基处理。

软弱地基主要涉及建筑物地基承载力及变形验算。山地风电场工程的传统风电机组基础一般要求地基承载力达 200kPa 以上，若发现地基持力层为黏土、粉黏土、淤泥质土、砂土和土体含水率较高时，应重视对地基土层的判定。峡谷风电场工程场地土体大多为冲洪积体，低阶地受地下水影响较明显，土体分层较多，含水率较高，地基持力层可能为碎（砾）石土、卵石土、砂土、黏性土、有机质土，勘察过程中应重视对砂土的判断，对饱和砂土进行液化判定。对地基为易软化、崩解的岩土层及湿陷性土、膨胀土等特殊性岩土层时，应查明其崩解性、湿陷性、膨胀性等特性。

若地基持力层为浅层软弱土体，通常采用换填垫层法进行浅层处理。换填料应结合

具体工程的施工便利性，采用碎石、卵石、矿渣等其他性能稳定、无腐蚀性的材料。换填时根据现场试验确定分层换填的厚度，一般采用机械振动碾压。根据相关规范，通常要求换调料密实度不低于 0.97，换填后承载力特征值不低于 200kPa，换填处理后应对地基复检。

若地基存在下卧软弱层，应计算下卧层地基承载力是否符合设计要求。若下卧软弱层埋藏较深，通过换填垫层法处理时不经济，在不造成发电量较大损失的前提下宜优先考虑将风电机组移动至地质条件较好的位置；机位无法移动时，则应考虑更换基础型式（如桩承台基础、P&H 无张力灌注柱基础）。下卧软弱层存在可液化砂土或粉土时，根据《建筑抗震设计规范》（GB 50011—2010）4.3.3 内容，依据结构设防烈度、基础埋置深度计算上覆土层深度临界值，当液化砂土埋深大于上覆土层深度临界值时，可不考虑地基液化对风电机组基础的影响。若液化土层埋深较浅，应根据建筑物的抗震设防类别（风电机组基础丙类设防）、地基的液化等级选择地基抗液化措施，如地基液化消除、改变基础型式等。

地基液化是一个较为复杂的岩土现象，通常因地震发生时饱和土体孔隙水抵消土体有效应力、土体抗剪强度丧失而发生，因而消除液化影响的原理为对土体进行挤密、排水处理，常用处理方式有振冲法、沉管桩法、高压注浆法等。因液化发生时液化土层抗剪强度丧失，液化地基常用的基础型式为桩基础，桩基需进入液化土层下的稳定土体，采用混凝土灌注桩时，工程造价相对较高，且工期较长，故在峡谷风电场工程中较少采用；若可较容易获得混凝土预制桩（如 PHC 桩、PRC 桩等），可经过计算后结合成本及施工综合分析其适用性。

复合地基设计应满足基础承载力和变形要求。对于地基土为欠固结土、膨胀土、湿陷性土时，设计时要综合考虑土体的特殊性质，选用适当的增强体和施工工艺。对湿陷性土，常采用灰土挤密桩法和土挤密桩法、单液硅化法、碱液法进行处理，考虑到风电机组基础底面积较大，为节约工程造价，可考虑采用 P&H 无张力灌注桩基础；对欠固结土地基，地基变形较大，可采取强夯、预压等方式进行处理；对于膨胀土地基，机位布置时应尽量避开，无法避开时，对于浅层膨胀土可采取置换的方式进行处理，对于较深层的膨胀土可采用桩基穿越膨胀土层支撑于非膨胀土层或支撑在大气影响层以下的稳定层上。

6.2.8.2 岩石地基（含土岩组合地基和岩溶发育地基）

山地风电场风电机组大多位于山顶或山脊上，地表覆盖层可能较浅，岩石出露较早。当大面积岩石较早出露时，认为基础持力层为岩石地基；当石芽或大块石出露时，认为基础持力层为岩土组合地基；当地基持力层范围内存在岩溶发育现象时，认为基础持力层为岩溶发育地基。

岩石地基变性模量通常较小、承载力特征值较高，风电机组基础地基变形符合规范要求。若采用传统基础，开挖过程中如遇到风化程度较弱、难以开挖的基岩，对施工将造成较大困难，影响工期。当机位的完整基岩顶高程接近地基设计高程时（0.5m 范围内），可采取将地基高程适当抬高同时保证回填土高度的方法进行处理。当机位的完整基岩出露较早时，优先考虑采用岩石锚杆基础。

土岩组合地基直接作为基础持力层时，由于岩石与土质变形系数与承载力的较大差异，地基反力将发生较大变化，基础底面受力不均，局部应力集中，对基础产生不利影响。根据基坑开挖后揭示的实际情况，基础持力层范围内岩石较多时，应考虑将软弱土体挖除，同时使用级配碎石或 C15 素混凝土进行换填处理；若基础持力层范围内岩石较少，仅有个别石芽或大块石出露，为避免应力集中，应将基岩挖除一定深度，再铺设褥垫层处理。

在碳酸盐（灰岩、白云岩）为主的可溶性岩石地区，当存在岩溶（如溶洞、落水坑、土洞等）现象时，应考虑其对地基稳定的影响。根据《建筑地基基础设计规范》（GB 50007—2011），岩溶场地按岩溶发育程度划分为三个等级，设计时应根据具体设计情况，按表 6-24 选用。

表 6-24　岩 溶 场 地 等 级

岩溶场地等级	岩 溶 场 地 条 件
岩溶强发育	地表有较多岩溶塌陷、漏斗、洼地、泉眼；溶沟、溶槽、石芽密布，相邻钻孔间存在临空面而且基岩面高差大于 5m；地下有暗河、伏流；钻孔见洞隙率大于 30% 或线岩溶率大于 20%；溶槽或串珠状竖向溶洞发育深度达 20m 以上
岩溶中等发育	介于强发育和微发育之间
岩溶微发育	地表无岩溶塌陷、漏斗；溶沟、溶槽较发育；相邻钻孔间存在临空而且基岩面相对高差小于 2m；钻孔见洞隙率小于 10% 或线岩溶率小于 5%

山地风电场风电机组基础设计时宜避开岩溶强发育地段，存在下列情况之一且未经处理的场地，不应作为浇筑物地基：

（1）浅层溶洞成群分布，洞径大，且不稳定的地段。

（2）漏斗、溶槽等埋藏浅，其中充填物为软弱土体。

（3）土洞或塌陷等岩溶强发育的地段。

（4）岩溶水排泄不畅，有可能造成场地暂时淹没的地段。

对于完整、较完整的坚硬岩、较坚硬岩地基，当符合下列条件之一时，可不考虑岩溶对地基稳定性的影响：

（1）洞体较小，基础底面尺寸大于洞的平面尺寸，并有足够的支撑长度。

（2）顶板岩石厚度不小于洞的跨度。

山地风电场工程中施工常见的岩溶现象为岩溶洞隙、岩溶塌陷。基坑开挖后，若基底出现岩溶洞隙，探明洞隙尺寸后，可采取镶补、嵌塞和跨越的方法处理。对于较大的岩溶洞隙，可在洞隙部位设置钢筋混凝土底板，底板宽度应大于洞隙，并采取措施保证底板不向洞隙方向滑移；当风电机组基础基坑开挖后，若出现因岩溶现象而产生的坑槽时，宜将充填物清除干净，采用强度较高的碎石、卵石或素混凝土进行换填处理。

结合岩溶现象发生机理，对地基进行处理后，应注意采取后坡截水（洪）沟等方式使基础免受水流影响，避免岩溶发育破坏地基。

6.2.9　基础沉降观测设计

根据《风电机组地基基础设计规范（试行）》（FD 003—2007），应对风电机组基础进行沉降观测。沉降水准点安装应与土建施工同时进行，基础施工结束后应立即进行首次观测。

根据山地风电场工程特点，风电机组的正常运行对相对沉降最为敏感，建议采用相对沉降观测法，在风电机组基础台柱顶面成 90°方向设置 4 个观测点，材质为成品不锈钢沉降标志。沉降观测采用独立高程系统，观测基准点可引自施工测量控制网，每台风电机组基础单独设置观测基准点，并负责观测期的记录、维护。观测基准点应尽量靠近观测点位置，基准点基座应设置于完整基岩上，直接用于某个机位沉降观测的基准点数目不少于 3 个。同时，观测基准点的设置应以保证其稳定、可靠、不被破坏和方便施测为原则。应结合具体工程地质特点，对地质条件较复杂的机位加强观测。沉降观测采用水准观测方法，执行《国家一、二等水准测量规范》（GB/T 12897—2006）二等水准测量精度要求。沉降观测过程中，当变形量或变形速率出现异常变化，变形量达到或超出预警值，周边或开挖面出现塌陷、滑坡，基础周边地表出现异常，由于地震、暴雨、冻融等自然灾害引起其他变形异常情况时，观测方必须立即报告委托方，同时应及时增加观测次数或调整变形测量方案。

6.3 风 电 场 道 路

6.3.1 道路设计特点

1. 设计标准不一

在山地风电场的设计中，道路作为非常重要的一个组成部分，与常规平原风电场相比，由于地形地貌的复杂，道路设计难度加大。针对目前还没有专门的风电场道路设计的相关国家标准和行业规范的现状，部分业主公司也根据自身需要编制了相应的企业设计标准，设计中多是参考《公路路线设计规范》（JTG D20—2006）或《厂矿道路设计规范》（GBJ 22—1987）等相关规范中的道路标准，并结合业主要求来进行风电场道路设计。然而，不同业主、不同项目、不同设计单位所采用的设计标准不一，这也造成了山地风电场道路设计标准的多样性，从而影响道路设计。因此，合理地选择设计标准对节省投资至关重要。

2. 运输方式、运输工具复杂

风电机组设备属于大件设备，而山地风电场大多又位于偏远地区的山脊等，通常风电机组设备经过高速公路、水运或铁路运输至风电场附近时，最终还是采用公路运输的方式运至风电场内。为了保证运输能顺利进行，物流公司需要完成前期的运输选线、路勘、清障等工作，采用经济、合理的运输路线。

风电机组设备都具有超长、超宽、超高、超重的特征，需要运用牵引车、平板挂车、叶片扬举车、吊车、人力拖移等方式进行接驳、转运至目的地。不同的运输工具对道路设计的要求也是不同的，进入风电场后，最常用的运输工具是牵引车＋平板挂车和叶片扬举车。通过合理地选择运输工具，优化道路设计参数，能有效地减小山地风电场道路建设成本。常见的运输方式如下。

（1）牵引车＋平板挂车。这种平置式运输方案是常规的运输方式，可以运输叶片、塔架、机舱、轮毂、主变压器等各种设备，如图 6-25 所示。

图 6-25 牵引车＋平板挂车运输方案

平置式运输方式是将叶片平置于平板挂车上,在运输叶片时,该运输方式对道路转弯处要求较高,除了半径要求较大之外需要的加宽值较大,同时叶片扫尾处也不得有障碍物。平置式运输方案各转弯半径下的弯道加宽值见表 6-25。

表 6-25 平置式运输方式各转弯半径下的弯道加宽值

道路转弯半径 /m	路基加宽值 /m	加宽渐变段长度 /m	道路转弯半径 /m	路基加宽值 /m	加宽渐变段长度 /m
≥150	0	0	60~<80	4.1	20
120~<150	0.7	10	50~<60	5.5	20
100~<120	1.5	15	40~<50	7.9	20
80~<100	2.5	15	35~<40	9.9	20

(2)牵引车＋叶片扬举车。该运输方式主要适用于山区长叶片的运输,是近年新发展的一种特种运输方式,如图 6-26 所示。

图 6-26 牵引车＋叶片扬举车运输方式

叶片扬举车采用特种液压装置举升叶片，能够转运 45～60m 长度的叶片；通过特定齿轮控制叶片旋转角度，可以有效缩短转弯半径，由常规运输的 35m（转弯半径）缩短至 20m，能更加安全地避开弯道障碍物，由此降低道路改造成本。

此种特种车辆轴距小于 16m，车体总长小于 20m，后轮具有转向功能，叶片在运输过程中，叶片尖部可以向上张起一定角度（30°或达到 45°），有效缩短转弯半径，叶片在车上可以利用 U 形弯道的单向无障碍空间做纵向移动 5～6m。因此采用该车运输叶片，通常路宽要求不再是控制因素，塔架运输的路宽要求成为确定转弯加宽值的控制性因素。牵引车＋叶片扬举车运输方式各转弯半径下的弯道加宽值见表 6-26。

表 6-26　牵引车＋叶片扬举车运输方式各转弯半径下的弯道加宽值

道路轴线平曲线半径 /m	路基加宽值 /m	加宽渐变段长度 /m	道路轴线平曲线半径 /m	路基加宽值 /m	加宽渐变段长度 /m
70～<100	1.0	20	>25～<30	2.5	20
50～<70	1.5	20	25	3.0	20
30～<50	2.0	20	<25	4.0	20

6.3.2　道路设计

6.3.2.1　设计依据

风电场道路工程施工图设计必须以最终的风电场微观选址报告（报告应明确风电机组机位坐标、高程，吊装场地布置位置及尺寸、高程，升压站布置位置及尺寸、高程等参数）为依据，设计依据应明确风电机组单机容量及型号、运输及风电机组吊装方案及设备类型，必要时应进行适应不同设备运输及吊装方案的道路技术标准论证。进场道路还应考虑主变压器等大件的超限运输条件。

6.3.2.2　路线设计

1. 控制参数

风电场道路设计标准宜参照《公路工程技术标准》（JTG B 01—2014）四级公路标准设计，设计速度采用 15km/h。

（1）平面设计。在地形相对平缓、工程量较小的路段，优先采用山岭重丘四级公路一般值标准设计平面线形；在地形较陡和较复杂、工程量较大的路段，圆曲线最小半径一般值取 30m，极限值取 20m。圆曲线所在路段两端应设置超高、加宽缓和段，通常在圆曲线两端设缓和曲线，超高、加宽值在缓和曲线内过渡完成。缓和曲线最小长度不低于 15m，平曲线最小长度不低于 30m。

两弯道平面曲线间应设不低于 v（设计速度）的夹直线，不具备设最小夹直线长度时，同向圆曲线可不设缓和曲线直接相接，当半径小于 150m 时，反向圆曲线必须设缓和曲线后组成 S 形曲线相接。

两同向圆曲线径相衔接或插入的直线长度不足时，可用回旋线将两同向圆曲线连接组合为卵形曲线；受地形条件限制时，可将两同向回旋线在曲率相同处径相衔接而组合为凸形曲线；受地形条件限制时，大半径圆曲线与小半径圆曲线相衔接处，可采用两个或两个以上同向回旋线在曲率相同处径相连接组合为复合曲线；受地形条件或其他特殊情况限制时，可将两同向圆曲线的回旋线曲率为0处径相衔接而组合为C形曲线。

针对不同的风电机组叶片运输，圆曲线还需满足叶片的运输要求，转弯段的加宽值根据风电机组叶片和塔架长度、按照风电机组制造商推荐值选取，无推荐值时，2.5MW及以下机型按表6-26选用。

两相邻回头曲线之间，应有较长的距离。由一个回头曲线的终点至下一个回头曲线起点的距离应不小于100m。

支线道路与主线道路相交时，应按大件运输方向将支线道路与主线道路顺接，接线半径不小于25m。

（2）纵断面设计。一般情况下，山地风电场主干线道路最大纵坡不宜超过12%，机位支线道路最大纵坡不宜超过14%。受地形条件或其他特殊情况限制时，现场采用临时辅助措施（如辅助牵引），并适当进行局部路面处理。经处理后的主干线道路最大纵坡可达14%，机位支线道路最大纵坡可达16%，仅限直线或线形较好的路段。转角大于135°的小半径平曲线处道路纵坡不宜大于6%，转角90°～135°的小半径平面曲线处道路纵坡不宜大于7%。

施工道路竖曲线半径最小值一般为200m，极限值为100m，竖曲线最小长度为25m，道路最小坡长为60m。当纵坡大于10%且坡长达到限制坡长时，应设置缓坡段，缓坡段纵坡不应大于6%，坡长不应小于60m。缓坡段宜设置在直线或较大半径的平面曲线上，在必须设置缓坡段的地形困难路段，亦可设置缓坡段，但应适当增加缓坡段长度。为满足叶片运输，对竖曲线还需按照叶片运输要求进行设置，以叶片不刮蹭和车底板不碰地面为设置原则。纵坡及限制坡长表见表6-27。

表6-27 纵坡及限制坡长表

纵坡/%	>4	>4～5	>5～6	>6～7	>7～8	>8～9	>9～10	>10～12	>12～14
限制坡长/m	1500	1200	1000	800	600	400	300	200	100

注：当海拔3000～4000m时最大纵坡折减1%，海拔4000～5000m折减2%，海拔5000m以上折减3%。

（3）横断面设计。对风电场工程进场道路应按照"充分利用既有道路、超长件设备运输可采用临时方案通行"的原则采用单车道设计，路基宽度应控制在5.0～6.0m，路面宽度应控制在3.5～5.0m；进场道路应结合地形条件设置错车道，错车道间距应控制在300～400m，错车道路基宽度应控制在6.5～7.0m，错车道路基有效长度为20m。对风电场工程场内道路应按照"施工期设备运输及安装为主、后期运行为辅"的原则确定道路横断面指标，当风电机组设备安装采用汽车吊或可伸缩式履带吊时，场内道路按照单车道设计，路基宽度应控制在5.0～6.0m，路面宽度应控制在3.5～5.0m，并结合地形条件设置错车道，错车道间距应控制在300～400m，错车道路基宽度应控制在6.5～7.0m，错车道

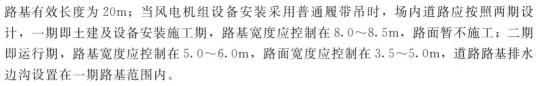

路基有效长度为20m；当风电机组设备安装采用普通履带吊时，场内道路应按照两期设计，一期即土建及设备安装施工期，路基宽度应控制在8.0~8.5m，路面暂不施工；二期即运行期，路基宽度应控制在5.0~6.0m，路面宽度应控制在3.5~5.0m，道路路基排水边沟设置在一期路基范围内。

2. 选线

（1）选线原则。选线应根据风电机组所处山脊及升压站具体位置，并结合路线所经地域的生态环境、地形、地质的特性与差异，按拟定的各控制点由面到带、由带到线确定具体平面路径，同时还应全面权衡、分清主次确定风电场道路的主线及各风电机组支线。当道路为改建利用原有村道且原路穿越村庄聚居点时应提前改线绕行，避免穿越聚居点。路线设计是立体线形设计，在选线时即应考虑平、纵、横面的相互组合与合理配合。

1）山地风电场地处多山区域，风电机组多布置于独立山坡或山脊，布置较为分散，风电机组之间的地面高程起伏变化大，在布置风电机组路线时，应沿风电机组走向，靠近风电机组机位布置设计干道，再接由干道设计通向各机位支线；尽量利用山势盘旋展线，并尽可能利用山脊，减少道路工程量。

2）多方案选择，在道路设计的各个阶段，应运用各种先进手段对路线方案作深入、细致的研究，在多方案论证、比选的基础上，选定最优路线方案。

3）路线设计应在保证行车安全、舒适、迅速的前提下，做到工程量小、造价低、营运费用省、效益好，并有利于施工和养护。在工程量增加不大时，应尽量采用较高的技术指标，不要轻易采用极限指标，也不应不顾工程大小，片面追求高指标。

4）选线应注意同农田基本建设相配合，做到少占田地，并应尽量不占高产田、经济作物田或穿过经济林园（如橡胶林、茶林、果园）等。

5）通过名胜、风景、古迹地区的道路，应注意保护原有自然状态，其人工构造物应与周围环境、景观相协调，处理好重要历史文物遗址。

6）选线时应对工程地质和水文地质进行深入勘测调查，弄清它们对道路工程的影响。对严重不良地质路段，如滑坡、崩坍、泥石流、岩溶、泥沼等地段和沙漠、多年冻土等特殊地区，应慎重对待，一般情况下应设法绕避。当必须穿过时，应选择合适位置，缩小穿越范围，并采取必要的工程措施。

7）选线应重视环境保护，尽量减少由于道路修筑、汽车运营所产生的影响和污染，比如：①路线对自然景观与资源可能产生的影响；②占地、拆迁房屋所带来的影响；③路线对城镇布局、行政区界、农业耕作区、水利排灌体系等现有设施造成分割引起的影响；④噪声对居民以及汽车尾气对大气、水源、农田所造成的污染及影响。

8）选线时应注意尽量不拆迁房屋、不占基本农田、少动迁公用事业管线；尽量利用老路、原有桥梁和隧道，避免大改大调或大填大挖，防治诱发新的地质病害；尽量避免穿越滑坡、泥石流、软土、沼泽、断层等地质不良地段或多年冻土等特殊地区，必须穿越时应缩小穿越范围，并采取必要的工程技术措施。

9）有条件时选线应适当的结合当地道路规划（旅游环线、通村公路等），在满足风电场建设的同时，也能促进地方的发展。

（2）选线方法。选线可采用纸上定线与现场定线相结合的方法，先在风电场 1∶2000 地形图上确定大致线路，再沿纸上定线路径进行现场实地调查，根据现场调查情况局部调整线路。现场调查要注意坟地（特别是少数民族民俗坟地群，有些无任何标记，需找当地村领导或老人访问调查）、神山、灌溉沟渠、暗埋管线、新建房屋、平面交叉、架空线路、沿线地质、不良地质地段等。

6.3.2.3　路基、路面及排水设计

1. 路基设计

（1）路基设计根据沿线地形、地貌、地质、气象、水文、筑路材料等自然条件，并结合对沿线进行的工程地质调查及环境保护要求，按照《公路路基设计规范》（JTG D30—2015）等规范要求执行，保证其具有足够的强度、稳定性和耐久性。

（2）根据不同地区的自然条件和工程地质、水文地质条件，因地制宜、就地取材地选择合理的路基横断面形式和边坡坡率，并采取经济有效的排水防护工程及病害防治措施，防止各种不利因素对路基造成的危害。

（3）尽量保持土石方填挖平衡，尽可能避免高路堤、陡坡路堤和挖方高边坡。

（4）路基断面形式应与沿线自然环境相协调，避免因深挖高填对其造成的不良影响。

（5）取土场、弃土场设置应尽量靠近取土、弃土集中的地方，尽量利用废弃地、荒地、山坡地，少占农田，严禁侵占河道，并设置必要的排水防护及绿化措施，做好环境保护及水土保持设计。

（6）路堑边坡。

1）土质路堑边坡：视土质的组成、胶结程度及地表自然坡度情况，采用 1∶0.5～1∶1.5。坡形采用台阶式边坡，每 8～12m 高设置一道边坡平台，边坡平台宽 2.0m，台面设外倾 3% 的排水横坡。

2）石质路堑边坡：视岩石的岩性、完整程度及风化程度情况，采用 1∶0.15～1∶1。坡形采用台阶式边坡，每 8～15m 高设置一道边坡平台，边坡平台宽 2.0m，台面设外倾 3% 的排水横坡。

（7）路基填方宜优先选用级配较好的砾类土、砂类土、碎石土、石渣等粗粒土作为填料，最大粒径应小于 150mm。液限大于 50%、塑性指数大于 26、含水量不适宜直接压实的细粒土，不得直接作为路基填料。路基压实采用重型击实标准，通过试验确定填土土质的最大干密度和最佳含水量。路基填料最小强度和压实度参照《公路路基设计规范》（JTG D30—2015），见表 6-28。

（8）山地风电场道路因地面横坡较陡，所设挡土墙以路肩墙为主及少量的路堑墙。重力式挡土墙依靠瓦工墙体的自重抵抗墙后土体的侧向推力（土压力），以维持土体的稳定，是我国目前最常用的一种挡土墙形式，多用浆砌片（块）石砌筑。这种挡土墙形式简单、施工方便、可就地取材、适用性强，因而应用广泛。重力式挡土墙墙背形式可分为仰斜、俯斜、垂直、凸折和衡重式五种。设计时应根据现场实际调查的地形、地质情况，分别采用不同形式的重力式挡土墙。

1）仰斜墙背所受的土压力较小，用于路堑墙时，墙背与开挖面边坡较贴合，因而开

表 6 - 28　路基填料最小强度和压实度表

填挖类别	路面底面以下深度/cm		填料最小强度 CBR/%	压实度/%
填方路基	上路床	0～30	5	≥94
	下路床	30～80	3	≥94
	上路堤	80～150	3	≥93
	下路堤	150 以下	2	≥90
零填及路堑路床		0～30	5	≥94
		30～80	3	≥94

挖量和回填量均较小，但墙后填土不易压实，不便施工，适用于路堑墙及墙趾处地面平坦的路肩墙或路堤墙。

2）俯斜墙背所受的土压力较大，其墙身截面较仰斜墙背的大，通常在地面横坡陡峻时，借助陡直的墙面，俯斜墙背可做成台阶形，以增加墙背与填土间的摩擦力。

3）垂直墙背介于仰斜和俯斜墙背之间。

4）凸折式墙背是由仰斜墙背演变而来，上部俯斜、下部仰斜，以减小上部截面尺寸，多用于路堑墙，也可用于路肩墙。

5）衡重式墙背在上下墙间设有衡重台，利用衡重台上的重量使全墙重心后移，增加了墙身稳定。因采用陡直的墙面，且下墙采用仰斜墙背，因而可以减小墙身高度，减少开挖工作量，适用于山区地形陡峻处的路肩墙和路堤墙，也可用于路堑墙。由于衡重台以上有较大的容纳空间，上墙墙背加缓冲墙后，可作为拦截崩坠石之用。

2. 路面设计

风电场道路的路面设计主要是根据道路性质、使用要求、交通量及其组成、自然条件、材料供应、施工能力、养护条件等结合路基进行综合设计。除此之外，还应考虑风电场不同时期（风电场施工期运输重大件物资及后期运行维护）的使用要求、交通量发展变化基本建设计划及投资等因素。

山地风电场道路较长，土石方工程量大，道路投资占总投资比例较高，为节约投资，目前风电场道路普遍采用泥结碎石路面，局部特殊路段采用水泥稳定碎石或水泥混凝土路面。泥结碎石路面最小厚度不应低于 15cm，黏土的含量（干重与石料干重的比例）不应大于 15%，塑形指数宜为 18～27。黏土中不得含有腐殖土和其他杂质。泥结碎石层所用的石料，其等级不低于 4 级，针、片状颗粒不超过 20%，石料粒径规格为 2～4cm，石料压碎值小于 35。

泥结石拌和建议采用装载机与强制拌合机拌合，而实际施工中多采用挖掘机与装载机配合的方式现场拌合，自卸式运输车运输到各路段，人工配合挖掘机、装载机铺筑，压路机压实的工序进行。路基成形后，为使道路交工验收后满足使用要求及节约投资，应根据路床干湿类型及挖方段地质情况，分段确定路面铺筑方案，具体如下：

（1）阴山土质湿润的爬坡路段，应采用石方路段开挖的碎块石土覆盖在路床顶面作为持力层，压实厚度不小于 30cm，再在上铺筑泥结石路面。

（2）地势平缓的浅挖矮填土质湿润路段，应适当降低该段泥结石路面的黏土含量。

（3）石方开挖路段或含石量较高的碎石土路段，根据路基成形情况，可考虑取消泥结石路面，整平碾压后满足使用要求即可。

风电场道路不同路段地质情况不尽相同，路面施工时，地质较差路段应适当加强，地质较好路段应适当节减，以平衡造价，控制投资。

3. 排水设计

（1）排水设计时，依据《公路路基设计规范》（JTG D30—2015）和《公路排水设计规范》（JTGT D33—2012）进行，遵循以下原则：

1）全面规划，合理布局；重视环保，防止水害。

2）据沿线自然条件和涵洞设置等情况综合考虑，形成全线完善的排水系统。

3）排水设施需作加固处理时，加固材料按照"因地制宜，就地取材"的原则选取。

（2）地表排水一般采用边沟、排水沟、截水沟、急流槽和跌水等形式，与桥涵构造物共同形成公路排水系统，同时考虑当地农田水利设施，不使农田失灌或冲毁。沟底纵坡一般与路线纵坡一致，或单独设计，尽量不小于 0.3％，断面形式根据墙身结构材料选用，混凝土、浆砌石或石质边沟宜采用矩形，减小挖方数量；土质或浆砌石边沟、排水沟、截水沟宜采用梯形；跌水及急流槽宜采用矩形。

1）路堤边沟：于路堤坡脚积水侧设置尺寸不小于 0.4m×0.4m 的梯形边沟。若地面无明显横坡度时，应在双侧设置边沟。

2）路堑边沟：深路堑双侧边坡坡脚均设置尺寸不小于 0.4m×0.4m 的梯形边沟；浅路堑内侧设置边沟，外侧扫平后可不设边沟，地表水通过扫平后的坡面排离路基。

3）排水沟：边沟、截水沟采用排水沟与自然沟渠相连接，将其中水流引出路基以外，排水沟截面形式应采用梯形，尺寸不小于 0.4m×0.4m。

4）截水沟：于挖方边坡上方侧堑顶 5m 外设置 0.4m×0.4m 的矩形截水沟。截水沟内边缘至堑顶距离不小于 5m。截水沟所经挖方边坡堑顶地表低凹处应增设急流槽或跌水将水引入截水沟、边沟、涵洞。

5）急流槽：当以上各沟纵坡大于 10％时，宜设置为急流槽形式。

6）跌水：将截水沟中的水排入自然沟渠、路侧边沟、涵洞中。当以上各沟纵坡大于 1∶1 时，设置为跌水形式。

（3）当地下水影响路基强度或危及路基稳定时，则视具体情况采取拦截和旁引等措施，如设置盲沟或加大边沟尺寸等，以排除含水层地下水或降低地下水位。

路基支挡构造物应在距地面 20cm 以上设 ϕ80PVC 泄水孔，孔距一般为 2～3m，上下交错布置，使墙后的水能迅速排除。

（4）路面排水一般通过路拱横坡排入边沟或排水沟，由边沟引至桥涵出口，或经排水沟直接引至路基以外的低洼处或天然沟渠中。

路面水通过路面横坡分散排水，为此路肩可采用厚 15cm 的 C20 水泥混凝土铺砌加固，以防路面水渗入路基或冲蚀路肩，影响路基稳定。

6.3.2.4 桥梁、涵洞设计

1. 桥梁设计

风电场内原则上尽量避免新建桥梁，以减小投资。但若必须架桥时，需参照《公路桥涵设计通用规范》(JTG D60—2015)、结合风电场设备参数及运输工具进行设计。

风电场进场道路利用原有桥梁为等级道路的桥梁时不用加固。当原有桥梁无完备设计和施工验收资料，成为荷载等级不够的村民自建小桥时，首先应进行判断，判断以墩、台是否满足加固利用为主。判断原有桥的墩、台基础是否稳定，基础被冲刷情况，以及墩、台身有无裂纹及发育情况，根据判断决定新建或加固利用。

采用加固方案时宜仅考虑利用或适当加固利用原有桥台、墩，原桥面板拆除重建或在上直接架设钢结构桥面，钢结构以贝雷架或者是工字钢加钢板两种方式为主。钢结构尺寸根据承载力验算确定，原有桥面板不参与荷载计算。

2. 涵洞设计

涵洞设计时，按照《公路工程技术标准》(JTG B01—2003)、《公路桥涵设计通用规范》(JTG D62—2015)、《公路涵洞设计细则》(JTG/T D65—04—2007)，同时结合现场，并考虑因地制宜、就地取材、便于施工和养护等因素：

（1）应根据沿线地形、地质、水文等条件，结合路线排水系统，适应农田排灌，经济合理地布设涵洞，原则上"逢沟设涵"。

（2）在跨越排水沟槽处、通过农田排灌渠道处、平原区路线通过较长的低洼或泥沼地带、傍山或沿溪路线暴雨时径流易集中地带以及边沟排水需要时，均应设置涵洞。若地形条件许可，经过技术、经济比较，可并沟设涵。

（3）涵洞的位置和方向的布设宜与水流方向一致，避免因涵洞布设不当，引起上游水位壅高，淹没农田、村庄和路基，引起下游流速过大，加剧冲蚀沟岸及路基。

（4）涵洞的设置应综合考虑施工和养护维修的要求，降低建设和养护费用。

（5）涵洞布设密度应根据地形、地貌、水文及农田排灌等自然条件确定，但考虑路基施工压实方便，其涵洞间距不宜小于50m。

山地风电场新建道路多数在村庄与山脊之间，连续爬坡路段优先选择在较大较完整且相对较缓的坡面上，无大型深切发育冲沟，季节性小型冲沟居多。因此涵洞以施工简洁快速的预制管涵为主。预制管节分钢筋混凝土预制管节和金属镀锌波纹预制管节，根据现场具体情况分别选用，合理选择管节品种将一定程度上加快工期减小投资及减小后期维护。在地质情况较好的前提下，地形平缓处冲沟或者路基外侧设挡土墙的冲沟处，应优先选择钢筋混凝土预制管节，管底及进出口采用浆砌片石砌筑。当原地面以土质为主、地面线横坡较陡，季节性冲沟分布较密且下切较深大型机械无法施工碾压时，或者地面平缓但基底较软弱的高填方时，管节应优先选择金属镀锌波纹管，管底铺砂即可，进出口采用浆砌片石砌筑。

涵洞管径应以方便维护清淤为原则，最小管径应不低于0.75m，边沟过水涵最小管径应不低于0.3m，灌溉过水涵管径应满足灌溉渠过水要求。路基成形后应全线排查，适当增加横向路基边沟过水涵，以及因道路施工造成的村民进出房屋道路恢复、原排水灌溉系统中断、道路交叉等因素需要增加的边沟过水涵，确保排水通畅。

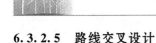

6.3.2.5　路线交叉设计

风电场道路相互交叉或与各等级公路（高速公路、快速路除外）交叉时，宜采用平面交叉。当必须采用立体交叉时，应考虑设备运输时的净空要求。

风电场道路平面交叉形式一般采用加铺转角式交叉、分道转弯式交叉和加宽路口式交叉，平面交叉形式的选择应根据风电场地形和总体规划等情况采用，设计时可参照现行的有关公路的设计规范执行。

平面交叉应设置在直线路段，并宜正交。当需要斜交时交叉角不宜小于45°。当道路受地形等条件限制时交叉角可适当减小。同时，平面交叉宜设在纵坡不大于2%的平缓路段，其长度从路面两侧向外算起各不应小于16m（不包括竖曲线部分长度）、紧接平缓路段的道路纵坡不宜大于3%；困难地段不宜大于5%。当风电场道路条件困难时可不受本段规定的限制但必须采取安全措施。

6.3.2.6　交通安全设施

风电场道路交通安全设施因交通量小，设计车速慢和节约投资等因素，交通安全设施设置较为简单，主要有风电场指路标志牌、限速标志牌、风电机组指示志牌、钢筋混凝土护柱等。

（1）风电场指路标志牌。设置于进场道路起点相交的国省干道或地方道路上，标志版面尺寸、内容、颜色等应以业主集团公司标准制作，统一展示企业形象。

（2）限速标志牌。设置在各段道路的起止点，通常机位支线不设。

（3）风电机组指示牌。设置在各机位支线路口，版面尺寸、内容等与业主商定。

（4）钢筋混凝土护柱。采用钢筋混凝土预制，然后在其地面以上部分刷红白相间的油漆，安装在路基外侧危险路段，用以诱导驾驶员视线。

6.3.2.7　其他设计

1. 道路占地

（1）永久占地和临时占地。场内交通道路包括运行期检修道路和施工期施工道路。交通工程用地范围包括路面、路肩、排水设施、挡墙用地。

对直接利用或改建场内已有的道路不再计算用地面积，对扩建的道路可按增加宽度计算用地面积。

交通工程用地分为永久用地和临时用地。运行期检修道路用地为永久用地，施工期施工道路用地为临时用地。

运行期检修道路路基宽度宜采用4.5m。施工期施工道路宽度由施工期所选用的风电机组型号及起重设备类型及型号确定。

运行期检修道路与施工期施工道路结合使用时，用地面积不应重复计算。交通工程基本用地指标不应超过4500m²/km。

（2）道路占地优化设计。

1）与其他类型道路共用。在风能资源开发建设过程中，道路建设应统筹规划，坚持"实现资源转化、促进生态保护、改善农村生产生活条件"原则，坚持与既有道路、通乡通村公路建设、森林防火通道建设、新农村建设、精准扶贫建设和旅游公路等充分结合，力争做到少占地，并对临时施工道路在工程建设完成后，应及时恢复为原有地貌。

2）新型运输车辆的应用。风电机组设备重量大且长，设备的运输是重点，也是难点。

叶片举升特种车辆能有效解决叶片在爬坡路段、转弯路段难通过的问题。该装置用于叶片运输，使叶片产生扬起、摆动、自身旋转动作，躲避途中的障碍（树木、山体、电线等），实现叶片在运输过程中最大程度地避让阻碍物，减少道路改造工程量，缩短工期，减少资金投入。该装置能够实现叶片运输车在山路上即行通过，同时可通过高效的液压控制使叶片360°旋转，叶片通过油缸的伸缩使叶片的最大张角为60°（从叶尖前面着地算起）。

采用叶片举升特种车辆运输，不仅降低公路建设成本，而且大大减少风电场建设道路占地指标。

3）对风电机组关键部件进行设计改造。近年来，随着低风速地区风能资源的开发利用和风电机组的技术更新，高塔架、长叶片、大装机容量的机型不断涌现。不断更新，高塔架、长叶片、大单机容量的机型不断涌现，在山地风电场开发过程中，什么样的道路标准才能满足这些机型运输要求，减少占用地指标，一直是各方致力研究解决的课题。

目前，对应高塔架可以采用多段分节设计方式，对于100m以上的塔架已研发出混合塔架形式，下段可以采用钢筋混凝土形式，施工方面可以现场浇筑或预制拼装，不受交通运输任何影响；对于风电机组叶片，国内外部分厂家正在研究对叶片进行分段设计制造，现场组装。当这些风电机组部件改造实施后，对运输道路的标准将不断降低，道路征（占）地将有一定程度的减小，实现了降低工程施工难度、满足风电机组运输要求、节约工程投资的设计理念。

2. 沿线筑路材料

应对项目所在区域筑路材料进行了深入调查，包括料场生产规模和生产能力、材料的品质、料场的位置、供应地点、上路距离、运输条件、运输方式、材料的供应价格等。

3. 环境保护与景观设计

（1）路基土石废方处理。山地风电场路基土石开挖量较大，土石挖填方难以平衡，往往挖方大于填方，造成一定数量的弃方。为了保护环境和确保路基填筑质量，同时也为了部分消化路基施工开挖出的大量废方，公路路基开挖出的表层耕植土、腐质土等不能用作填料，全部集中堆放用于路基边坡绿化或弃土场的复耕或绿化。全线应根据实际地形，在合适的位置设置弃土场，所有废方须集中堆放于弃土场。

（2）水土保持措施、土地利用、美化绿化。公路施工过程中难免不破坏植被和原地表，造成水土流失。设计过程中，确定合理的路基边坡坡度，并对高边坡采取必要的措施支护，对保护路堑边坡、确保路容整齐美观有很好的作用。

风电场道路绿化树木、花草的选择，应符合美观经济就地取材、易于成活的要求，升压站内道路绿化应根据生产特点，选择适应性强和具有吸尘、吸附有害气体及抗污染等性能的品种。

设计中必须遵守国家有关法律、法规的规定，以尽量不砍伐树木为原则，对公路侵占的树木可采取移栽等方式加以保护。必须重视对弃土场的治理，为减少公路建设对土地的占用，有条件的弃土场应复耕，同时为减少水土流失，应搞好弃土场的排水和坡面、坡脚等的防护措施。

（3）施工过程中的污染控制。设计需考虑施工过程中产生的固体垃圾、废水、废气、噪声等对周围环境及沿线居民生活将产生一定影响。对于固体垃圾，应集中后统一运到垃圾场处理。施工过程中产生的废水，必须经过处理达到排放标准后才能排入河流。为使施工中产生的噪声不致于影响沿线居民的生活，工程应尽量安排在白天施工。随时保持施工场地路面的湿润，尽量少的产生扬尘。

（4）施工爆破对环境的影响。土石挖方中石方占有一定比例，石方开挖过程中一定要采取先进的爆破技术、严格控制爆破的强度，使爆破对环境的影响降低到最低程度。爆破前一定要做好爆破设计，使爆破即降低施工成本又不至于严重影响环境。

6.4 风电机组吊装平台

6.4.1 吊装组织方案

6.4.1.1 堆放设备后吊装

依据各工程项目的地形地貌情况，并结合风电机组选型的设备尺寸绘制工作区域图，在工作区域图内划分各设备摆放区域（可根据现场工作区的实际情况进行调整摆放位置，达到"因地制宜"效果）。风电机组设备到场后，按指定位置依次摆放，以便吊卸工作有序进行、互不干扰。此种吊装方案为较常用的吊装方式，是目前典型的吊装组织型式。这种方案可根据各个工程自身特点，并结合地形及施工组织情况将方案分为全部设备堆放到现场后进行吊装以及部分设备堆放到现场后进行吊装两种子方案。其中，设备全部堆放在现场方案为常用方案，平台面积占地较大，具体面积尺寸可依据设备尺寸并参照相关规范设计。部分设备堆放到现场后进行吊装方案较前者可节约 $300 \sim 500 \text{m}^2$，对节约占地有利，但对工期具有一定的影响，需根据现场实际情况选用。吊装平台设备堆放布置如图 6-27 所示。

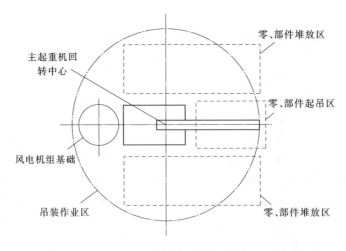

图 6-27 吊装平台设备堆放布置图

6.4.1.2 设备随到随吊

一般来说，山地风电场因山势较高、山体陡峻，局部机位风能资源较好。但也导致没有足够场地空间满足设备现场组装后再吊装的条件。为了山地风电场优质风能资源的利用，并减少吊装场地及施工过程中的生态环境破坏，保证项目收益。一般选择在高速公路出、入口处或其他等级公路附近设置二次转运堆场，之后设备采用特种运输方式运输至吊装现场。施工现场不再单独设置设备堆场，只设置吊车工作场地，设备按照吊装顺序陆续运输至现场逐件吊装。

此方案优点为：各个部件直接起吊，减少了卸货换件；本方案可选取更贴近机位的吊装机械，安装平台尺寸较常规方案大大减小，可做到 30m×30m 的小平台。减少施工用地，保证了"小机位""小平台"仍可完成设备吊装。

此方案缺点为：吊装时间相对较长，对吊装技术也要求较高。因此此方案要求施工组织合理，否则吊装工期不可控。

6.4.1.3 分台阶式吊装

山地风电场考虑到合理利用优质风能资源，机位布置多沿山脊布置。但高山山脉也为部分省界、县界划分的界线。因此部分山地风电场的吊装平台，需以不影响临界线区域为原则，并能满足吊装要求。此方案可于机位布置高程处及其上方约 10m 范围内分台阶开挖吊装平台，风电机组设备堆放至各个台阶指定区域。设备按规定吊装顺序依次吊装。

此方案优点为：分台阶开挖可适当减小开挖量；避免了对省界或县界的开挖扰动，避免了后续不可控因素的产生。

此方案缺点为：对吊装工艺及施工组织存在一定考验。

6.4.1.4 预埋风轮组对基座方案

此方案目的为解决山地风电场无法提供常规面积尺寸的吊装场地问题。施工时预埋基础采用"钢筋混凝土＋锚栓"的结构型式，与塔架基础一起浇筑建造。其中，预埋基础通过组对工装与风轮连接。组对工装为可拆卸结构，可重复使用。组对工装设计为简体结构，并设计有进出通道，便于操作者携带液压扳手等设备的出入。设备吊装时，依次完成塔架、机舱及发电机的吊装工作后，主吊将轮毂固定在风轮组对工装上，并调整好轮毂的方位。风轮组装采用车板随车吊装，采用主吊依次完成三支叶片的组装，并在辅助吊车配合下完成风轮的吊装。预埋风轮组对基座示意图如图 6-28 所示。

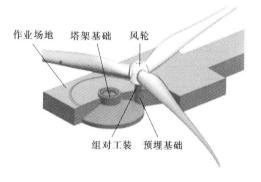

图 6-28 预埋风轮组对基座示意图

此方案的优点为：减少吊装平台面积，降低相应的土建费用；预埋基座一次预制完成，后期大部件更换可重复使用；预制基础强度较高，可操作性强，风轮组对效率高。

此方案的缺点为：混凝土预制基座属于永久性结构，不可重复利用；额外增加基础土建费用；因机位不同导致预埋基座位置有差异，无法批量化设计，增加工作量。

6.4.1.5 辅助工装方案

此方案主要为了解决山地风电项目无法提供常规尺寸的吊装场地问题。其工装结构为分段式，采用螺栓进行紧固连接。且工装可拆卸，可重复使用。使用过程中，辅助工装的长支腿能够产生反力矩，可以平衡风轮组对过程中叶片产生的倾覆力矩。

方案优点为：减少了作业面积，降低了场地土建成本；辅助工装结构可移动，能重复使用。

方案缺点为：辅助工装自身重量较重，增加了运输成本；辅助工装制作成本一般较高；对场地压实度等要求较高。

6.4.2　典型吊装平台设计

6.4.2.1　设计原则

（1）功能。吊装平台宜满足风电机组设备摆放、组装、吊装设备作业需求的基本功能。

（2）形状与尺寸。吊装平台结合现场的地形特征进行设计，平台形状尽量布置成矩形，地形条件较差的可根据实际地形选择合理的形状，但需根据吊车起吊半径和起吊位置确定平台长宽比，以便满足吊车臂长操作空间，确保一次性完成吊装。

（3）位置。吊装平台需结合风电机组和场内道路位置进行布置：①确保风电机组基础不处于填方区，风电机组基础距离悬崖的安全距离满足大于 10m 的一般要求；②吊装平台位置宜靠近场内道路布置，尽量与场内道路结合（如道路穿过平台，可将平台内道路作为吊装平台使用，以减小吊装平台的尺寸）；③吊装平台尽量保证具备两个面以上的扫空条件，以方便风轮组装。

（4）经济与环保。平台设计应力求协调紧凑且经济合理，设计时需结合实际地形地貌、因地制宜，尽量避免深挖高填、节约用地，尽量利用荒地、草地，不占或少占耕地和经济林地；应满足环境保护和水土保持要求。

（5）敏感因素。平台开挖应避开敏感因素，如坟地、省界、县界以及少数民族的宗教建筑或宗教坟墓等，以免产生对工程不利的不可控影响。

6.4.2.2　考虑全部设备堆放的吊装平台尺寸设计

目前国内山地风电场风电机组的装机容量一般为 1.5～2.5MW，涉及吊装平台尺寸的主要参数见表 6-29。

表 6-29　山地风电场主流风电机组型号参数表

序号	项　目	单机容量级别/MW		
		1.5	2.0	2.5
1	转轮直径/m	66～93	96～116	99～121
2	叶片长度/m	31.8～45.2	46.5～56.8	48.8～59.5
3	轮毂高度/m	65～80	80～90	85～100
4	机舱重量/t	51～55	60～85	85 以上
5	吊车/t	400～500t 履带吊 500～800t 轮式吊车	450～650t 履带吊 600～1100t 轮式吊车	500～750t 履带吊 600～1200t 轮式吊车

1. 主要设计步骤

（1）根据吊装部件里最重件（机舱，吊装的最重设备）的重量和轮毂高度选择合适的吊车。

（2）依据吊车参数，并结合最重件，计算吊车吊装最重件时的起吊半径 R。将吊车布置在以风电机组基础为中心、半径为 R 的圆形区域内，并尽量保证将吊车布置在场地中心、基础较稳定的位置。设备进场后应按指定区域堆放，确保之后吊车进场道路通畅。吊车与场内道路之间要避免堆放机舱、塔架、叶片等难以移动的设备。

（3）将机舱布置在以吊车为中心，半径为 R 的圆形区域内，尽量靠近风电机组基础位置。

（4）塔架位置布置需考虑吊装顺序，将先吊装的底段塔架布置在靠主吊一侧。

（5）叶片位置布置可充分利用山地地形，可将叶片的 1/3 处于悬空布置。

（6）剩余空间通过合理区域规划以布置其他零部件。

2. 平台布置尺寸

（1）1.5MW 风电机组吊装平台。按叶片最长 45.2m，塔架高度 77.5m 布置，吊装平台尺寸 30m×40m 能满足目前 1.5MW 风电机组吊装要求，其中主吊车工作平面尺寸按 15m×15m 布置。布置图如图 6-29 所示。

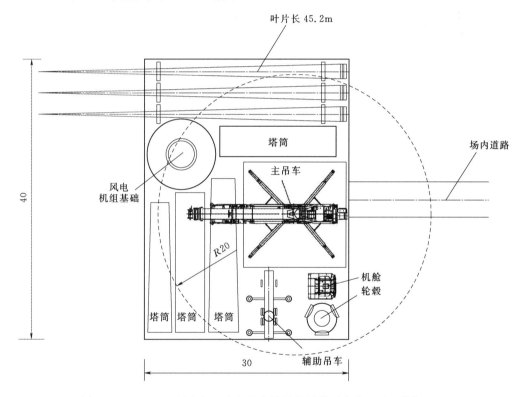

图 6-29　1.5MW 风电机组全部设备堆放的吊装平台布置图（单位：m）

（2）2.0MW 风电机组吊装平台。按叶片最长 56.8m，塔架高度 82.5m 布置，吊装平台尺寸 40m×40m 能满足目前 2.0MW 风电机组吊装要求，其中主吊车工作平面尺寸按 20m×20m 布置。布置图如图 6-30 所示。

（3）2.5MW 风电机组吊装平台。按叶片最长 59.6m，塔架高度 88.5m 布置，吊装平台尺寸 50m×40m 能满足目前 2.5MW 风电机组吊装要求，其中主吊车工作平面尺寸按 20m×20m 布置。布置图如图 6-31 所示。

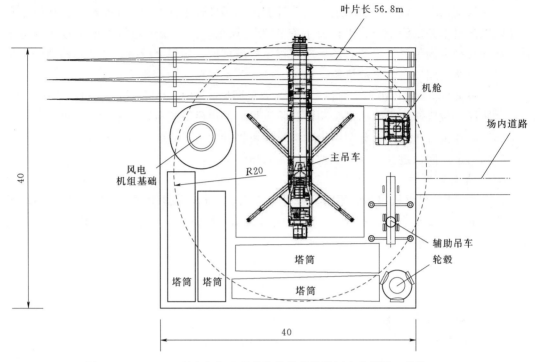

图 6-30　2.0MW 风电机组全部设备堆放的吊装平台布置图（单位：m）

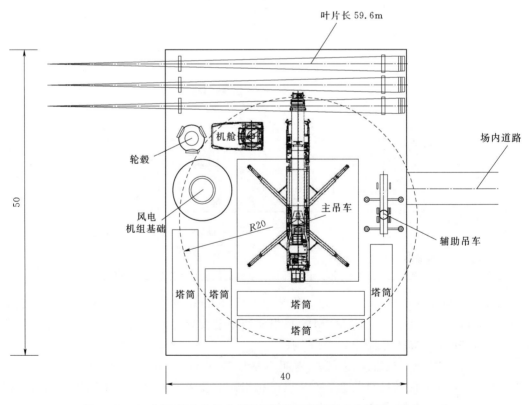

图 6-31　2.5MW 风电机组全部设备堆放的吊装平台布置图（单位：m）

6.4.2.3 考虑部分设备堆放的吊装平台尺寸设计

实际工程中，设备到场的时间往往不一致，若待全部设备到场再进行吊装，将增加吊装工期及吊装场地。因此可采用分步吊装的施工工序，如先将塔架运至现场，后用辅助吊车将已就位的塔架的第一、二节先吊装完成，待机舱、叶片到场后，再依次完成后续吊装。这样可减小吊装平台尺寸，进而降低了工程量，并减小了对环境的破坏。

工程项目可依据实际情况选用以上方法，但由于一个机位存在两个吊装过程，大型主吊车需不停转场来满足吊装需要，对于工期较紧的工程适用性较低。

部分设备堆放的吊装平台设计内容与全部设备堆放的吊装平台设计相同。

部分设备堆放的吊装平台布置如下：

（1）1.5MW 风电机组吊装平台。按叶片最长 45.2m，塔架高度 77.5m 布置，吊装平台尺寸 30m×35m 能满足目前 1.5MW 风电机组吊装要求，其中主吊车工作平面尺寸按 15m×15m 布置。布置图如图 6-32 所示。

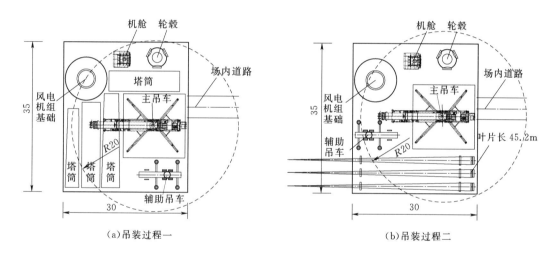

（a）吊装过程一   （b）吊装过程二

图 6-32   1.5MW 风电机组部分设备堆放的吊装平台布置图（单位：m）

（2）2.0MW 风电机组吊装平台。按叶片最长 56.8m，塔架高度 82.5m 布置，吊装平台尺寸 40m×35m 能满足目前 2.0MW 风电机组吊装要求，其中主吊车工作平面尺寸按 20m×20m 布置。布置图如图 6-33 所示。

（3）2.5MW 风电机组吊装平台。按叶片最长 59.6m，塔架高度 88.5m 布置，吊装平台尺寸 40m×40m 能满足目前 2.5MW 风电机组吊装要求，其中主吊车工作平面尺寸按 20m×20m 布置。布置图如图 6-34 所示。

6.4.2.4 其他要求

1. 吊装平台平面位置确定

吊装平台平面位置需根据地形条件、平台尺寸、场内道路建设的难易程度以及风电机组基础位置确定，布置时尽量避免高填深挖。

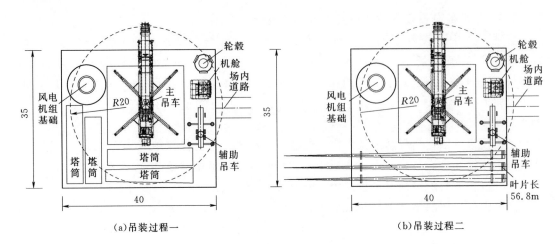

（a）吊装过程一　　　　　　　　　　（b）吊装过程二

图 6-33　2.0MW 风电机组部分设备堆放的吊装平台布置图（单位：m）

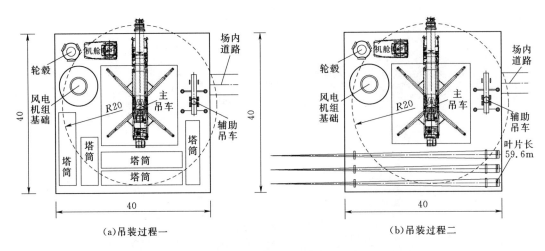

（a）吊装过程一　　　　　　　　　　（b）吊装过程二

图 6-34　2.5MW 风电机组部分设备堆放的吊装平台布置图（单位：m）

2. 吊装平台挖填要求

吊装平台开挖时，挖方边坡若为土质边坡，结合土质的组成、胶结程度及地表自然坡度情况，开挖坡比采用 1∶0.75～1∶1.5，采用台阶式边坡，每 10～12m 高设置一级马道，宽 2.0m，台面设外倾 3% 的排水横坡。若为岩质边坡，结合岩石的岩性、完整程度及风化程度情况，开挖坡比采用 1∶0.15～1∶0.75，采用台阶式边坡，每 12～15m 高设置二级马道，宽 2.0m，台面设外倾 3% 的排水横坡。

吊装平台回填时，应清除地表草皮、腐殖土后再进行回填。回填料优先选用砾类土、砂类土等粗粒土。回填区域地面横坡坡比陡于 1∶5 时，原地面应开挖为台阶状，台阶宽度不小应小于 2.0m。

吊装平台压实度不小于 94%，主吊车对场地承载力有要求的需严格执行；没有要求的，其工作区域压实度按不小于 98% 执行，以确保场地承载力达到要求。

3. 吊装平台排水要求

吊装平台应设置一定坡度以方便平台排水，按不大于 2%。挖方边坡坡脚应设置边沟，边沟一般采用土质边沟，尺寸大小根据汇水面积确定。

第7章 峡谷风电场工程设计案例

7.1 工 程 概 况

西南地区某峡谷风电场位于高原河谷地带，属于典型的峡谷风电场，区域内地形地貌复杂、地表附着物较多。风电场总装机容量约 200MW，分五期开发建设，并建设一座 220kV 升压站。河谷地区为北高南低的狭谷状地形，风的狭谷效应明显，南北向风力大，且冬春季节季风尤为明显；地势较开阔平坦，风电机组机位由南到北分布于河流左右两侧的一、二级阶地上，场区存在高速公路、国道、铁路、高压输电及民房等地物，地物相对较多。

区域主风向和主风能方向基本一致，以南南西（SSW）风和北北东（NNE）风的风速、风能最大，频次最高，盛行风向稳定，基本与河谷方向一致。冬春季风速大、夏季风速小，下半天风速大、上半天风速小。70m 高度处风速频率主要集中在 3.0～11.0m/s，3.0m/s 以下和 20.0m/s 以上的无效风速和破坏性风速较少，年内变化小，全年均可发电。

7.2 设 计 过 程

7.2.1 风能资源评估

1. 风能资源分布特性分析

峡谷区域风能资源分布受局部地形、地面附着物、两侧高山和气候等因素影响而表现出明显的不均匀性，本项目从不同位置测风数据的风速相关性、风速切变、湍流强度等方面进行风能资源分布特性分析。

（1）风速相关性。测风数据作为风电场风能资源评估的重要输入数据来源，可反映风电场一定区域内的风能资源丰富程度。本项目峡谷区域南北长为 14km，东西最宽处为 3km，最窄处仅为 1km，且东西海拔高度差最大处为 200m，部分区域有伸向河中心的高台地。由于复杂地区测风塔能代表的区域有限，经分析，根据实际情况会设置多座测风塔。区域内分三个东西向断面共设置了 7 座测风塔，对各测风塔进行风速相关性分析，结果见表 7-1、表 7-2。

表 7-1 各测风塔各高度风速相关性表

测风塔号		70	71	72	70	71	72	70	71	72	70	71	72
项目		高　　度											
		70m			50m			30m			10m		
高度	70m	1	1	1	0.994	0.863	0.884	0.984	0.844	0.986	0.965	0.813	0.832
	50m				1	1	1	0.994	0.987	0.994	0.977	0.951	0.95
	30m							1	1	1	0.989	0.976	0.854
	10m										1	1	1

表 7 - 2　不同测风塔相同高度风速相关性表

测风塔号		70	71	72	70	71	72	70	71	72	31	32	33	34
项目		高度												
		70m			50m			30m						
测风塔号	70	1	0.69	0.52	1	0.64	0.49	1	0.52	0.45	0.85	0.56	0.48	0.41
	71		1	0.72		1	0.72		1	0.69	0.54	0.81	0.67	0.70
	72			1			1			1	0.48	0.81	0.85	0.78

表 7 - 1 显示各测风塔不同高度风速相关性较好，均在 0.85 以上，且随高度增加，相邻高度的风速相关性趋好。对于不同测风塔相同高度风速相关性，地形类似、距离越近，相关性越好；反之相关性越差。如 70m 高度的 70 号与 71 号测风塔（相距 2km）风速的相关性好于 70 号与 72 号测风塔的（相距 8km），30m 高度的 72 号与 33 号测风塔（相距 1.5km）风速的相关性好于 72 号与 34 号（相距 3.5km）测风塔的。由此可初步判断，峡谷区域各测风塔对其附近一定区域内（1～3km）有较好的代表性。

（2）风速切变。根据风速切变指数计算方法计算本项目各测风塔风速切变指数，计算结果见表 7 - 3。

表 7 - 3　各测风塔风速切变指数计算表

测风塔号		70	71	72	31	32	33	34	70	71	72	70	71	72
项目		高度												
		30m							50m			70m		
高度	10m	0.188	0.284	0.434	0.183	0.182	0.253	0.185	0.192	0.246	0.381	0.179	0.232	0.344
	30m	—	—	—	—	—	—	—	0.201	0.166	0.226	0.169	0.164	0.226
	50m								—	—	—	0.120	0.160	0.167
	70m											—	—	—

分析各测风塔风速切变指数结果可知，受峡谷地形及地表附着物影响，各测风塔离地 30m/10m 处风速切变指数较大，随着高度增加，虽风速逐渐增大，但增加相同高度，如 10m 增加到 30m、30m 增加到 50m 以及 50m 增加到 70m，风速切变系数都是逐渐减少，说明离地高度达到一定值（70～80m）后，风速变化较小且均匀，有利于风能得到充分利用。

此外，通过对各测风塔一个完整年的测风数据进行整理分析，不同测风塔相同高度的年平均风速变化情况如图 7 - 1 所示，从图上可以看出，区域内不同测风塔相同高度风速变化趋势基本一致，其中由于地面树木影响，72 号测风塔 10m 高度风速突变较大。为分析区域内风速水平切变情况，以基本处于同一东西向断面上的 72 号、33 号、34 号测风塔为例进行分析，位置关系上，33 号测风塔靠近峡谷中心线，72 号、34 号分别靠近左岸、右岸高山。10m 和 30m 高度 33 号风速相对较高、34 号次之、72 号最低，说明受地形影响风速从河谷中心线向两侧高山变小，风速水平切变明显，靠近河谷中心且地势相对较高的区域风能资源更有利用价值。

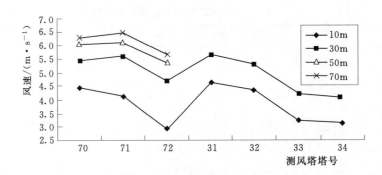

图 7-1　不同测风塔相同高度的年平均风速变化

（3）湍流强度。根据本书 3.4.4 节湍流强度计算方法，计算区域内各 70m 高度测风塔不同高度 15m/s 风速段湍流强度，计算结果见表 7-4。从表中可以看出，随着高度增加，气流受地表粗糙度影响的程度减小，气流趋于稳定，湍流强度逐渐减小，说明离地一定高度后湍流强度相对较小，拟安装的风电机组对其的适应性更好。

表 7-4　各测风塔不同高度湍流强度统计表

高　　度	塔　　号		
	70	71	72
70m	0.1164	0.1001	0.0983
50m	0.1327	0.1169	0.1160
30m	0.1490	0.1384	0.1435
10m	0.1612	0.1782	—

2. 风能资源评估

为了更准确地反映风电场各区域风能资源的分布情况，为后续风电机组布置提供依据，在进行风能资源评估时做了多种方案：①利用区域内各测风塔测风数据分别对整个区域进行风能资源评估；②相邻的（包括横向和纵向）2 个测风塔同时计算分析所控制片区风能资源分布；③区域内各测风塔分别对所控制的片区进行风能资源分析评估。

经过分析对比发现，同一个片区采用不同测风塔的测风数据进行评估所得到的风能资源分布都不一样，但在多次计算分析中发现，各片区风能资源的相对关系基本一致，能一定程度上反映各片区风能资源分布情况。因此，在最后分析评估时采取各测风塔分别计算所在片区的风能资源的方法，采用其中的两个片区进行风能资源评估，各机位处风能资源特征参数见表 7-5。

根据测风塔测风数据计算分析及资源评估结果可知，风电场主风向和主风能方向基本一致，以南南西（SSW）风和北北东（NNE）风的风速、风能最大，频次最高，主风向稳定，基本与河流方向一致。区域内河谷狭窄处、靠近河谷中心线处风能资源好，反之则风能资源一般或较差。

表 7－5 各机位处风能资源特征参数

代表性位置	轮毂高度 /m	平均风速 /(m·s⁻¹)	风功率密度 /(W·m⁻²)	湍流强度	极端风速 /(m·s⁻¹)	备 注
1	70	6.72	310.8	0.157	33.6	位于 71 号测风塔 附近台地
2	70	6.62	308.5	0.173	33.1	右岸近高山缓坡
3	70	6.74	322.6	0.144	33.7	右岸近河缓坡
4	70	6.86	327.4	0.161	34.3	位于 71 号测风塔 附近台地
5	70	6.56	312.1	0.142	32.8	右岸近河缓坡
6	70	6.84	350.3	0.145	34.2	右岸近河缓坡
7	70	6.50	328.3	0.163	32.5	右岸近河缓坡
8	70	6.31	314.1	0.163	31.5	右岸近高山缓坡

7.2.2 微观选址

1. 风电机组布置制约因素分析

（1）风况特性。本项目由于地面附着物较多、地形起伏大导致地表粗糙度较大，近地面处的风速、风向受影响程度较大，并随离地高度增加，其影响逐渐减弱。

部分位于两级阶地交界处的区域，其入流角可能较大；区域内风速较不均匀，区域内河谷狭窄处、靠近河谷中心线处风能资源好，距离峡谷两侧高山较近的区域受影响较大。

地形地貌复杂、附着物较多，沿主风向布置的风电机组可能较多，湍流强度较大，局部区域湍流等级高于现有风电机组湍流强度等级（A 级）。

（2）建设条件。项目区域局部地形起伏较大，河流穿插其中，局部出现台地，而这些台地一般靠近河谷中心线，风能资源相对较好，风电机组可能布置在这些位置。

项目区域局部地段受地层岩性、降雨等因素影响形成了高山区沟谷型泥石流沟。

由于暴雨或连续大雨可能形成洪水，因此河滩地地势相对较容易受到洪水的影响。峡谷区域河滩地风能资源和建设条件相对较好，为了充分利用峡谷区域风能资源，风电机组布置可能会布置在河滩地上。

项目区域地表附着物可能较多，如铁路、高速公路、国道、输电线路、居民房屋等。

项目局部区域存在军事用地等特殊地方。

2. 制约因素控制标准

针对本风电场风电机组布置存在的上述制约因素及可能造成的影响，在进行微观选址时，提出了本项目风电机组布置制约因素控制距离标准，见表 7－6。依据风电机组布置制约因素控制标准及本书第 4 章提出的山地风电场微观选址流程及方法，对该风电场进行微观选址，最终确定了本项目实施机位。

表7-6 风电场布置制约因素控制标准

制约因素	控 制 标 准
风况特性	入流角小于8°，湍流强度小于0.16，垂直主风向风电机组间距最低为2倍风轮直径，主风向风电机组间距最低为5倍风轮直径
地质灾害	距离边坡至少50m；距离泥石流沟中心至少100m
洪水	风电机组高程大部分高于50年一遇洪水位；局部机位进行基础防洪设计
地面附着物	距离铁路、等级公路、35kV级以上电压等级输电线路及重要通信线路130m以上
施工	距离基础周围的高台地、非等级道路、35kV以下电压等级电路等附着物约50m；部分机位施工时采取措施避免影响
环境	噪声和阴影方面要求距离房屋160m；视觉上尽可能保持矩阵式布置

7.2.3 风电机组基础设计

风电机组具有重心高、承受倾覆矩大的特点。风电机组下部基础是一个高度耦合的结构体系，为保证风电机组正常运行，作为下部结构的风电机组基础的设计，在风电工程中具有重要作用。

本峡谷风电场实施阶段采用的风电机组型号为XX121A-2500kW-H90m，该型号机风电机组首次在国内风电场投入使用，具有大功率、高轮毂的特点。项目工程环境影响因素较多，因此实施阶段风电机组基础设计较可研阶段的设计有较大变更。

1. 概况

（1）风电机组。风力发电机组型号为××121A-2500kW-H90m，塔架采用钢制圆锥型式，叶片长度121m，轮毂中心高度90m，风电机组设计使用寿命为20年，风电机组类型为IECⅢ类。风电机组质量主要由风轮、机舱和塔架（含附件）等三部分组成，其中风轮和机舱总重量为167.8t，塔架与附件总重量约为274.9t。

风电机组荷载由风电机组厂家提供，包括正常运行荷载、极限荷载、疲劳荷载。正常运行荷载和极限荷载标准值见表7-7。

表7-7 塔筒底部正常运行荷载和极限荷载标准值（不含安全系数）

类型	M_r	F_r	F_z
正常运行荷载	45545.2	566.7	−4018.1
极限荷载	72885.2	753.2	−3994.0

注：M_r为以水平向为转动轴的倾覆矩；F_r为水平力合力；F_z为竖向力合力；方向采用笛卡尔坐标系。

疲劳荷载与所对应的循环次数有关，本例中风电机组疲劳循环次数为$2×10^7$，不同m值对应的疲劳荷载上、下限见表7-8。

表7-8 塔架底部疲劳荷载上、下限

m	M_x 下限	M_x 上限	M_y 下限	M_y 上限	M_z 下限	M_z 上限	F_x 下限	F_x 上限	F_y 下限	F_y 上限	F_z 下限	F_z 上限
6	−5836.3	8900.3	3092.2	26715.8	−1624.9	2188.9	69.7	362.3	−90.4	82.6	−4064.6	−3971.5
7	−6562.0	93626.0	2382.3	27425.7	−1685.4	2249.4	64.1	368.0	−98.6	90.8	−4064.6	−3971.5
8	−7191.5	10255.5	1672.7	28135.3	−1755.4	2319.4	58.1	374.0	−105.9	98.1	−4065.3	−3970.7

注：M_x、M_y为以水平向为转动轴的倾覆矩；M_z为扭矩；F_x、F_y为水平力；F_z为竖向力合力；方向采用笛卡尔坐标系。

（2）工程地质。场地位于河谷断陷平原的中央地带，多为第四系更新世形成的Ⅰ级、Ⅱ级、Ⅲ级阶地，地形平坦，地势开阔，主要由耕植土、粉质黏土、漂卵石土、卵石土、中细砂等组成。风电场无重大的工程地质问题，主要持力层承载力能够满足风电场主要建筑物和附属建筑物的承载要求。

根据《中国地震动参数区划图》（GB 18306—2015），场址区 50 年超越概率 10% 的地震动峰值加速度为 0.2g，相应地震基本烈度为Ⅷ度。另据《建筑抗震设计规范》（GB 50011—2010），设计基本地震加速度值为 0.2g，设计地震分组为第三组，相应抗震设防烈度为Ⅷ度。

本工程洪水设计标准为 50 年一遇，工程场址区地处河谷，结合实施阶段的机位布置图和水文资料分析，共 4 个机位受 50 年一遇洪水影响。

本工程拟建场地广泛分布厚层第四纪全新世（Q4）饱和砂土层，经标准贯入试验判定，该砂土层为可液化砂土，液化等级总体为轻微—中等。若以液化土层作为风电机组基础的天然地基持力层时，应考虑地基土的液化影响。根据区域砂土成因及地形地貌综合分析，在进行砂土液化处理时，建议按照中等液化考虑。

风电场所处区域河漫滩及一级阶地场地开阔，覆盖层以静水环境沉积层为主，历史上河道经历多次改道，导致该区域河滨、暗塘分布密集，软土发育；本风电场揭露有机质粉质黏土，厚度较大（5~10m），孔隙比小于 1.868、大于 1.0，液性指数 0.89，属软土，在进行作为风电机组基础时应进行地基处理。

2. 设计等级

本风电场工程等别属于Ⅱ等大（2）型工程，风电机组塔架地基基础设计级别为 1 级，结构安全等级为一级。根据《水利水电工程边坡设计规范》（SL 386—2007），风电机组对应边坡级别为 2 级。

抗震设防烈度为Ⅷ度，设计基本地震加速度值为 0.2g，设计地震分组为第二组。建筑场地类别为Ⅱ类。风电场建筑物抗震设防分类为丙类。

3. 基础结构设计方案

国外大容量风电机组与下部结构间采用的连接件为预应力锚栓，风电机组塔架底部弯矩作用下产生的轴向力通过锚栓传递至基础混凝土，锚栓直接受拉，避免拉—剪—拉的应力转化过程，可充分利用钢材受拉、混凝土受压的材料力学特征，提高结构体系的可靠性，因此考虑采用预应力锚栓作为基础连接件。经试算分析，由于少了穿基础环钢筋，有利于施工时钢筋的绑扎和混凝土的浇筑、振捣；为达到防洪设计要求，考虑增加中央台柱高度，预应力锚栓长度做出相应增加即可；板式基础混凝土方量较大，因而浇筑时对混凝土的制造、运输、泵送有较高要求，但该风电场内存在地物众多、施工高峰期气候多变的现象，可考虑采用板式基础减少混凝土方量，保证施工质量。

经过试算分析，实施阶段推荐采用预应力锚栓梁板式基础。

因部分机位存在可液化砂土地基，地震工况下可能发生砂土液化导致地基承载力丧失，根据《建筑抗震设计规范》（GB 50011—2010）相关内容，应采用部分或全部消除液化沉陷的措施进行处理。

4. 液化地基处理

根据《建筑抗震设计规范》（GB 50011—2010），部分或全部消除液化影响的措施有以下几种：

（1）增加上覆非液化土层厚度。

（2）增加原液化层标惯击数（土体加密、改善排水）。

（3）改变基础型式，采用桩基础穿透液化层，桩端以稳定的非液化层土体为基础持力层。

结合工程实际情况，采用第（2）或第（3）种措施将大幅增加成本和工期，因此考虑采用振冲碎石桩复合地基处理的方案消除上部土体液化影响。采用该措施可使碎石状体较容易穿透砂卵石层，造孔和制桩过程中对原液化土体结构破坏重塑，增加了土体抗剪强度，消除土体液化；可形成排水通道加快排水固结。消除深度根据《建筑抗震设计规范》（GB 50011—2010）第4.3节相关要求进行反算。经计算，消除液化深度为9.7m，工程统一设计深度为11m。

振冲碎石桩桩处理设计方案如下：选用55kW振冲器，桩体材料采用含泥量不大于5%、适用指数10～20的级配卵石（填料粒径30～100mm）；桩径0.8m，单桩长8.2m（含预留1.0m桩头，施工完毕挖掉），1.5m×1.5m正方形布置，基础外缘扩大2排桩，共260根。基础以下设0.3m厚碎石褥垫层。地基处理方案示意如图7-2所示。

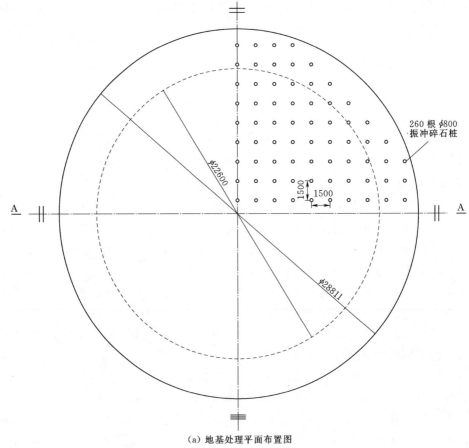

（a）地基处理平面布置图

图7-2（一）　基础地基处理平剖面布置图（1∶100）

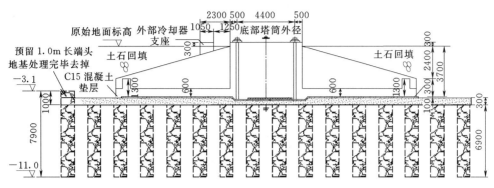

（b）A—A剖面布置图

图7-2（二） 基础地基处理平剖面布置图（1∶100）

经计算，处理后的复合地基承载力及地基变形特征值能够满足上部结构要求。

5. 基础结构设计计算

（1）预应力锚栓设计。根据本书第2.6.3节的计算方法，可对预应力锚栓进行设计，最终确定采用内外两圈共208根锚栓，设计值为容许值的0.6倍，安全裕量较大。

（2）基础本体设计。根据第2.6.1节的计算方法，通过稳定性验算拟定基础结构尺寸，然后对地基承载力、结构强度、地基变形、基础稳定性等进行验算，验算结果见表7-9。

通过表7-9可知，各项指标符合规范要求，能够保证风电机组稳定、安全地运行。

表7-9 预应力锚栓梁板式基础验算成果表

项目	正常运行工况		极端荷载工况		多遇地震工况		结论
	预应力锚栓计算	规范容许值	预应力锚栓计算	规范容许值	预应力锚栓计算	规范容许值	
脱开面积比	不脱开	不脱开	0.18	0.25	不脱开	不脱开	符合规范要求
地基承载力/kN	141.1	320	221.7	320	小于正常运行	320	符合规范要求
沉降变形计算/mm	17.1	100	17.2	100	17.1	100	符合规范要求
倾斜率计算	0.0008	0.004	0.0015	0.004	小于正常运行	0.004	符合规范要求
抗滑移计算	12.4	1.3	9.2	1.3	8.8	1.3	符合规范要求
抗倾覆计算	4.1	1.6	2.4	1.6	3.4	1.6	符合规范要求

7.2.4 场内外道路设计

因本风电场靠近国道及高速公路，进场道路可利用这些道路，故不再进行专门设计。

风电场场地地势较为平坦。风电场场地内阶地分布有农田机耕道和当地工厂的道路，宽约3m，道路级别低。总体来说，施工道路布置条件较好。

风电机组布置应尽量靠近现有道路，道路设计应优先利用现有道路，并在其基础上进行扩建以满足风电场大件设备运输的要求。

风电场部分施工道路利用现有道路改扩建后形成，部分为新建道路，宽度均为 6m。施工道路建成后可达到各个风电机组机位，并满足设备一次运输到位和基础施工需要。施工道路转弯半径不小于 30m，弯道处局部需加宽。

考虑到运行期风电机组检修要求，施工完成后将至各机位的临时道路改建成宽为 3.0m 的永久道路，并作为乡村道路与地方共用。

以上方案降低了风电场道路占地及投资，提高了项目的经济收益，同时提高了项目的社会效益。

7.2.5　吊装平台设计

本工程项目场址较为平坦，大部分机位所在地都具备吊装平台的平面和空间；部分机位位于两级阶地交界处，吊装平台可能出现阶梯状。对于平面和空间均满足吊装要求的机位，采用设备均堆放在现场的布置方案，依次进行吊装，吊装完成后按要求恢复土地现状。对于处于两级阶地交界处的机位，吊装平台尺寸根据地形设计为不规则的平台，以减少土石方挖填量，再根据吊装平台的形状及大小选用合理的吊装方案，优先采用风电场大件设备堆放及吊装方案。

7.3　设　计　效　果

7.3.1　风电场运行可靠性

通过施工及运行期间对风电机组基础进行沉降观测及预应力锚杆检测发现，锚杆使用良好、预应力损失在合理范围内，对保证上部风电机组正常、稳定运行起到了较好作用。

可靠性同时需重点关注风电机组的可利用率。对 2015 年风电机组的可利用率数据进行分析，得到该风电场一至三期的所有风电机组的可利用率。可利用率统计表见表 7-10 ～表 7-12。

表 7-10　风电场一期风电机组 2015 年可利用率统计表

风电机组编号	1	2	3	4	5	6	7	8	风电场平均
可利用率/%	98.57	99.54	98.96	99.43	99.19	98.94	99.46	99.19	99.16

表 7-11　风电场二期风电机组 2015 年可利用率统计表

风电机组编号	1	2	3	4	5	6	7	8	9	10	11	12
可利用率/%	99.93	99.92	99.82	99.90	99.91	99.79	99.96	99.68	99.65	99.73	99.96	99.98
风电机组编号	13	14	15	16	17	18	19	20	21	22	23	风电场平均
可利用率/%	99.95	99.96	99.99	99.56	99.94	99.93	99.70	99.91	100	99.97	100	99.88

表 7-12　风电场三期风电机组 2015 年可利用率统计表

月份	1	2	3	4	5	6	7	8	9	10	11	12
可利用率/%	99.93	99.96	99.86	99.88	99.92	99.9	99.8	99.5	99.58	99.2	99.2	99.5

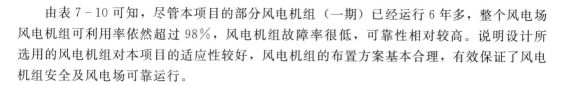

由表 7-10 可知，尽管本项目的部分风电机组（一期）已经运行 6 年多，整个风电场风电机组可利用率依然超过 98%，风电机组故障率很低，可靠性相对较高。说明设计所选用的风电机组对本项目的适应性较好，风电机组的布置方案基本合理，有效保证了风电机组安全及风电场可靠运行。

7.3.2 电量指标

上网电量是衡量风电场各方面成功与否的关键内容。表 7-13 给出了本风电场投产以来的风速、发电量和上网电量等参数。由于实际风速是由风电机组机舱上测风仪所测的数据，不能完全反映实际风速情况，在此仅以发电量来说明。以 2015 年为例，实际上网电量高出设计值约 19%。考虑到风电场初期各项折减系数基本都优于设计取值，暂考虑在此基础上再折减 15%，作为实际多年平均值，此时实际多年平均发电量均高于设计平均上网电量值。因此从发电量的角度来看，风电场实际运行效果也基本达到设计预期。

表 7-13 风电场设计发电量与实际发电量对比

项　　目	年度	月份												合计/平均
		1	2	3	4	5	6	7	8	9	10	11	12	
设计平均风速/(m·s^{-1})	多年	6.6	8.3	7.85	7.15	7.6	6.3	5.65	5.5	5.85	6.05	6.1	6.5	6.62
设计平均上网电量/(万 kW·h)	多年	279.0	446.4	378.0	323.5	359.3	239.0	166.0	172.7	172.6	203.3	227.6	242.0	3210
一期风电场　实际发电量/(万 kW·h)	2015	270.8	390.5	409.1	448.0	287.5	309.5	201.0	126.0	208.4	165.8	259.7	144.5	3220.9
一期风电场　实际上网电量/(万 kW·h)	2015	265.5	382.9	402.7	441.1	282.0	303.7	196.3	123.6	203.5	161.5	254.8	141.4	3159.1
二期风电场　实际发电量/(万 kW·h)	2015	776.1	1116.8	1137.4	1231.8	713.1	790.8	523.3	277.7	499.8	405.5	866.9	401.2	8740.5
二期风电场　实际上网电量/(万 kW·h)	2015	761.0	1095.1	1115.5	1208.0	699.2	775.7	513.2	272.4	490.2	397.6	850.5	393.5	8571.9
三期风电场　实际发电量/(万 kW·h)	2015	775.1	1053.2	1163.9	1251.2	778.8	834.8	570.6	317.0	503.7	416.6	658.9	394.0	8717.8
三期风电场　实际上网电量/(万 kW·h)	2015	760.1	1032.7	1141.4	1227.1	763.7	818.9	559.8	310.9	493.9	408.5	646.5	386.4	8549.8

第8章 高原山地风电场工程设计案例

8.1 工 程 概 况

西南某高原山地风电场场址区位于以水海子水库为中心的周边的几条山脊上，海拔为3300～3700m，属于典型的高原山地风电场，总面积约11km²。风电场建设规模50MW，拟安装单机容量为2000kW风电机组25台，拟建设一座110kV升压站。风电场多年平均年发电量为11784.9万kW·h，装机年利用小时数2357h。场址内有县、乡公路与省道S212连接，通过S212与国家高速G5联网，但该县、乡公路弯道较多，且局部坡度较大。

该风电场场址内测风塔50m高度平均风速8.6m/s，风功率密度470.9W/m²，风功率密度等级为5级。风电场主风向和主风能方向基本一致，以西西南（WSW）—西（W）方向的风速、风能最大，频次最高，盛行风向稳定，全年盛行西风，其风能资源具有较好的开发价值。

8.2 设 计 过 程

8.2.1 风能资源评估

8.2.1.1 风能资源分布特性分析

高原山地风电场风能资源分布受局部地形、地面附着物和气候等因素影响而表现出明显的不均匀性，本项目从不同位置测风数据的相关性、风速切变、湍流强度等方面进行风能资源分布特性分析。

1. 风速相关性

风电场区域内先后安装3座测风塔，塔号分别为1号、2号、3号，其中1号塔高70m，2号塔高85m，3号塔高80m。对各测风塔进行风速相关性分析，结果见表8-1、表8-2。

表8-1 相同测风塔不同高度风速相关性表

测风塔号	高度	70m	60m	50m	40m	10m
1号	70m	1	0.992	0.986	0.925	0.970
	60m		1	0.992	0.991	0.972
	50m			1	0.997	0.987
	40m				1	0.992
	10m					1

续表

塔号	高度	85m	80m	70m	50m	10m
2 号	85m	1	0.9942	0.9883	0.9913	0.9759
	80m		1	0.9941	0.9956	0.9879
	70m			1	0.9978	0.9939
	50m				1	0.9969
	10m					1

塔号	高度	80m	70m	50m
3 号	80m	1	0.9954	0.9892
	70m		1	0.9897
	50m			1

表 8-2　不同测风塔各高度风速相关性表

塔号	1 号	2 号	3 号	1 号	2 号	3 号
高度	70m			50m		
70m	1	1	1	0.986	0.9978	0.9897
50m				1	1	1

　　表 8-1～表 8-2 显示各测风塔不同高度风速相关性较好，均在 0.925 以上，且随高度增加，风速相关性趋好。对于不同测风塔各高度的风速相关性，地形类似、距离越近，相关性越好；反之相关性越差。1 号测风塔 70m 高度与 3 号测风塔 80m 高度的相关性好于 1 号测风塔 70m 高度与 2 号测风塔 85m 高度。

　　2. 风速切变

　　根据风速切变指数计算方法，计算本项目各测风塔风速切变指数，计算结果见表 8-3。

表 8-3　各测风塔各高度风切变指数表

塔号	高度	10m	40	50m	60m	70m
1 号	10m	—	0.08	0.01	−0.004	−0.068
	40m		—	−0.050	−0.047	−0.222
	50m			—	−0.043	−0.337
	60m				—	−0.684
	70m					—

塔号	高度	10m	50	70m	80m	85m
2 号	10m	—	0.014	0.025	0.032	0.033
	50m			0.077	0.092	0.088
	70m			—	0.129	0.107
	80m				—	0.066
	85m					—

续表

3 号	高度	50m	70	80m		
	50m	—	0.198	0.081		
	70m		—	0.006		
	80m			—		

由表 8-3 可知，本风电场风速随高度的增加而增大，风电机组轮毂高度附近的风速切变指数在 0.1～0.3。1 号测风塔位于山脊，测风塔 50～70m 高度出现负切变现象，主要原因为山体陡峭，低层加速效应导致高、低层风速差异小，故形成较小切变，部分地区因低层加速明显，导致某个或几个高度层出现负切变。出现负切变应复核拟选机型对其的适应性，尤其是安全性复核，而不是简单地认为此类区域不能开发或需要降低轮毂高度。

3. 湍流强度

根据本书 3.4.4 节湍流强度计算方法，计算区域内各测风塔不同高度 15m/s 风速段湍流强度，计算结果见表 8-4。

从表 8-4 中可以看出，随着高度增加，气流受地表粗糙度影响的程度减小，气流趋于稳定，湍流强度逐渐减小，说明离地一定高度后湍流相对较小，拟安装的风电机组对其的适应性更好。

表 8-4　各测风塔不同高度 15m/s 风速段湍流强度

塔号	湍流强度 I_T				
1 号	70m	60m	50m	40m	10m
	0.080	0.086	0.0864	0.088	0.0972
2 号	85m	80m	70m	50m	10m
	0.031	0.031	0.038	0.037	0.042

鉴于本风电场属于高原山地风电场，且地形地貌复杂，风速出现在 14.5～15.5m/s 风速区间的概率小，该风速区间湍流强度情况难以反映整个风速区间湍流强度情况。对各测风塔全风速段湍流强度进行计算，两塔全风速段湍流强度如图 8-1～图 8-3 所示。

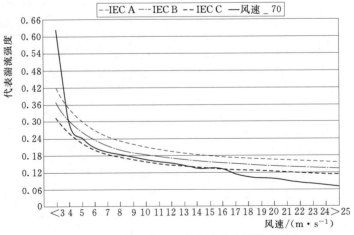

图 8-1　1 号测风塔 70m 高度全风速段湍流强度

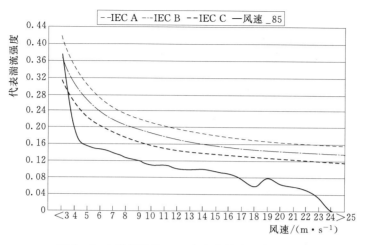

图 8-2　2 号测风塔 85m 高度全风速段湍流强度

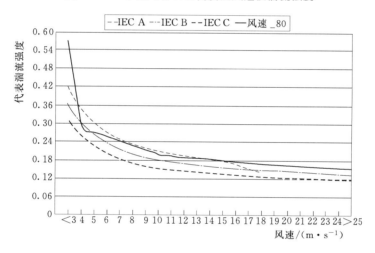

图 8-3　3 号测风塔 80m 高度全风速段湍流强度

　　由图 8-1～图 8-3 可知，1 号测风塔湍流强度处于在 IEC61400 标准 B 级以下；2 号测风塔湍流强度度处于在 IEC61400 标准 A 级以下水平，这与该塔位置有关；3 号测风塔因实测数据较少，其湍流强度计算明显偏小，本次未考虑该测风塔的湍流强度来判断本工程湍流强度等级。上述分析说明，风电场湍流强度水平总体偏小，有利于风电场风电机组的选型及风电场开发。但是由于地形地貌复杂，导致不同区域湍流强度等级可能不一样。建议在风电机组选型时，湍流强度等级以等级高的为标准，本工程选择湍流强度为 A 级的风电机组。

8.2.1.2　风能资源评估结果

　　为了更准确地反映风电场各区域风能资源的分布情况，为后续风电机组布置提供依据，在进行风能资源评估时考虑各测风塔的代表性对各测风塔计算区域进行控制。

　　以 1 号、2 号及 3 号测风塔 2014 年 6 月 1 日—2015 年 5 月 31 日一个完整年的测风数据及实测的 1∶2000 地形图为基础，采用 WT 软件进行本风电场 80m 高度的风能资源分布图计算，如图 8-4 所示。

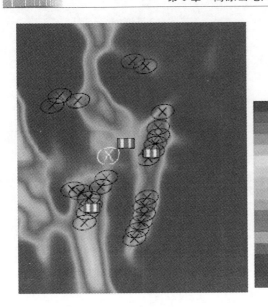

图 8-4　风电场风能资源分布图

由图 8-4 可知，本风电场工程区域内，风能资源主要分布在地势较高的山脊处，风功率密度范围为 262～504W/m²。

8.2.2　微观选址

8.2.2.1　风电机组布置制约因素分析

1. 风况特性

本风电场由于地面附着物较多、地形起伏大导致地表粗糙度较大；本风电场山体陡峭，低层加速效应，导致高、低层风速差异小，故形成较小风速切变，部分地区因低层加速明显，导致某个或几个高度层出现负切变。

由于地形地貌复杂，导致不同区域湍流强度等级可能不一样。建议在风电机组选型时湍流强度等级以等级高的为标准，本工程选择湍流强度为 A 级的风电机组。

风电场风向主要集中在 WSW—W，与主山脊基本垂直，有利于风电机组布置。山脊区域由于气流得到加速使得风能资源较好，迎风坡、背风坡、谷地区域风能资源较差。在风电机组布置时应尽量加大平行于主风能风向的风电机组间距，适当减小垂直于主风能风向的风电机组间距。

2. 建设条件

(1) 边坡。本风电场处于剥蚀地貌形成的山脊坡顶一带，风电机组主要布置在山顶或山脊一带，坡度在 15°以内，两侧侧坡高达数十至数百米，坡度多大于 40°，边坡整体稳定，在机位选择布置时需距离侧坡一定的安全距离，尽量布置于弱卸荷岩体内，以保证风电机组建筑物的安全。

(2) 地质。本风电场最初的场址区域经压覆矿调查单位发现涉及三个煤矿分布，与压覆矿调查单位交流并进行计算分析后，明确矿资源埋藏较深、资源品质较差、风电机组安装后不会影响矿资源开采及本身运行安全，可以考虑布置风电机组以提高风电场规模经济效益。最终确定了风电机组基础外边缘与煤矿边界水平距离应超过 100m、基础底面与煤矿上端面高差应超过 140m 的风电机组布置条件。

(3) 地表障碍物。本风电场地表障碍物有高压输电线路、重要通信线路、房屋建筑、坟地等。为了保证风电机组运行及地表障碍物功能均不受影响，设计时，将风电机组与高压输电线路、重要通信线路、房屋建筑、坟地等的控制距离定为风电机组轮毂高度（H）与单个叶片长度（$D/2$）总和的 1.05～1.2 倍。

(4) 施工。本风电场部分机位地势较陡，为了减少平台土石方开挖及对生态环境的影响，设计时根据风能资源及地形地貌，合理选择施工平台方案；此外，机位应避免风电机组基础坐落在回填土上甚至基础外露的情况，以确保风电机组运行安全。

3. 其他因素

本风电场西侧所在山脊是两个县的行政边界，南侧还涉及与风景名胜区交界。在风电机组布置时，考虑风电机组机位、吊装平台、道路、集电线路等不跨界，并保持一定的距离。

8.2.2.2 制约因素控制标准

根据本风电场风能资源分布特性及结果，推荐布置单机容量为 2000kW 的风电机组 25 台。针对本风电场风电机组布置存在上述制约因素及可能造成的影响，在进行微观选址时，提出了本风电场风电机组布置制约因素控制距离标准，见表 8-5。依据表 8-5 及本书第 4 章提出的山地风电场微观选址流程及方法，对该风电场进行微观选址，最终确定了本项目实施机位。

表 8-5　风电场风电机组布置制约因素控制距离标准

制约因素		控 制 距 离 标 准
风况特性	风速、风向	高原山地风电场宜布置在山脊及迎风坡上；垂直主风向风电机组间距宜超过 2 倍风轮直径，平行于主风向风电机组间距宜超过 5 倍风轮直径
	风速切变	风电机组不宜布置在风速切变异常区域
	阵风和极大风速	避免风电机组布置在极大风速超过所选机型的设计容许值处
	湍流强度及尾流	相对弱化对尾流值的控制，各拟选机位湍流强度均不能超过 A 级对应的值（0.16）；建议风电场平均尾流损失不大于 7%，单台风电机组的尾流损失不大于 12%，风电机组的湍流强度承受能力大时可容许适当放宽尾流损失限值，拟选机位与来风方向障碍物（建筑物、山丘等）的距离应超过障碍物高度的 20 倍，其轮毂高度超过障碍物（建筑物、山丘等）高度的 3 倍
	入流角	风电机组应避免布置在山地风电场的陡峭山脊等风速轮廓线突变的区域，而应与其保持一定距离，使得入流角小于 8°
建设条件	边坡	对于高原山地风电场岩石边坡，建议拟选机位远离边坡距离 10m
	地质	风电机组基础外边缘与煤矿边界水平距离应超过 100m，基础底面与煤矿上端面高差应超过 140m
	地面障碍物	风电机组与 110kV 及以上电压等级输电线路、重要通信线路、房屋建筑、坟地等控制距离定为风电机组轮毂高度（H）与单个叶片长度（$R/2$）总和的 1.05~1.2 倍
	施工	根据风能资源及地形地貌，合理选择施工平台方案，以减少土石方开挖；避免基础坐落在回填土上甚至基础外露的情况
	环境	拟选机位与有人居住的房屋间距应超过 150m；视觉上尽可能做到整体美观
其他因素		风电机组机位、吊装平台、道路、集电线路等不跨行政界和风景名胜区界

8.2.3　风电机组基础设计

风电机组具有重心高、承受倾覆矩大的特点。风电机组下部基础是一个高度耦合的结构体系，为保证风电机组正常运行，作为下部结构的风电机组基础的设计，在风电工程中具有重要作用。

本工程案例属于较典型的高原山地风电场工程。

1. 工程概况

（1）风电机组参数。风电机组机型为 XX108-2000kW-H80m，塔架采用钢制圆锥

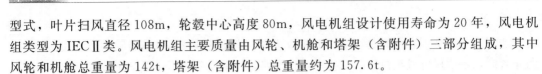

型式，叶片扫风直径108m，轮毂中心高度80m，风电机组设计使用寿命为20年，风电机组类型为IECⅡ类。风电机组主要质量由风轮、机舱和塔架（含附件）三部分组成，其中风轮和机舱总重量为142t，塔架（含附件）总重量约为157.6t。

风电机组荷载由风电机组厂家提供，包括正常运行荷载、极限荷载、疲劳荷载。正常运行荷载和极限荷载标准值见表8-6。

表8-6 正常运行荷载和极限荷载标准值（不含安全系数）

荷　　载	M_r	F_r	F_z
正常运行荷载	29557	403.5	−2905.8
极端荷载	43468	626.6	−2841.4
多遇地震工况	31990	419.9	−2870.0
罕遇地震工况	62215	848.0	−2791.9

注：M_r 为以水平向为转动轴的倾覆矩，F_r 为水平力合力，F_z 为竖向力合力，方向采用笛卡尔坐标系。

疲劳荷载与所对应的循环次数有关，本例中风电机组疲劳循环次数为 2×10^7，$m=7$ 时的混凝土疲劳荷载上、下限见表8-7。

表8-7 塔架底部疲劳荷载上、下限

m	M_x		M_y		M_z		F_x		F_y		F_z	
	下限	上限	下限	上限	下限	上限	下限	上限	下限	上限	下限	上限
7	−2973.1	5314.4	3568	19486.6	−1489.6	1775.3	26.9	280.2	−73.9	66.8	−2917	−2823.1

注：M_x、M_y 为以水平向为转动轴的倾覆矩，M_z 为扭矩，F_x、F_y 为水平力，F_z 为竖向力合力，方向采用笛卡尔坐标系。

（2）工程地质资料。场地主要的物理地质现象表现为岩体风化与卸荷。白云岩、灰岩、砂岩等岩石坚硬，推测场地强风化深度5～10m，中等风化深度20～40m，其中临坡侧风化深度强于坡顶一带。

风电机组机位地处于山脊一带，现场调查表明，场地不良地质现象弱发育，主要表现为局部地段的岩溶问题及侧坡局部垮塌问题。场地内地质灾害弱发育，仅发育有几条冲沟，由于风电机组主要布置在山脊一带，冲沟距离风电机组均有一定距离，对风电机组无大的影响。

场址区岩土体物理力学指标建议值见表8-8。

表8-8 场址区岩土体物理力学指标建议值

岩土名称	风化、卸荷情况	岩体物理力学参数			抗剪强度		承载力特征值 f_a /kPa
		变形模量 E_o /GPa	干密度 ρ /(g·cm^{-3})	湿抗压强度 R_b /MPa	φ /(°)	c /MPa	
白云岩	强风化、强卸荷	1～3	2.6～2.8	30～40	34～40	0	1500～2000
灰岩、砂岩	强卸荷、强风化	1～3	2.6～2.8	30～40	34～40	0	1500～2000
碎石土	—	—	1.8～2.0	—	25～30	0	200～300
粉质黏土	—	—	1.75～1.85	—	17～20	8～12	100～140

注：碎石土压缩模量建议值为15～20MPa。

根据《中国地震动参数区划图》（GB 18306—2015），场地区域地震动峰值加速度为0.20g，对应地震基本烈度Ⅷ度，地震动反应特征周期0.40s。

2. 设计等级

本风电场工程等别属于Ⅲ等中型工程，风电机组塔架地基基础设计级别为1级，结构安全等级为一级；根据《水利水电工程边坡设计规范》（SL 386—2007），风电机组对应边坡级别为2级。

抗震设防烈度为8度，设计基本地震加速度值为0.2g，设计地震分组为第二组。建筑场地类别为I₁类、风电场建筑物抗震设防分类为丙类。

洪水设计标准为50年一遇。

3. 基础设计

本工程地处高海拔山区，地势起伏变化较大，地基持力层土体为全—强风化基岩或碎石土，根据6.2.6的内容，考虑采用传统基础环基础较为适宜。

（1）连接件设计。考虑到高原山地风电场交通运输不便、风电机组荷载较小，可采用基础环连接上部风电机组和下部基础。

根据风电机组厂家提供的基础环设计图，对基础环穿环钢筋进行复核，可按式（6-31）计算。

经复核，穿基础环钢筋满足设计要求。

（2）基础体型设计。结合业主提供的相关资料，经风电机组基础专题报告比选，得出如下结论：

1）结合后续施工的便利性，板式基础施工对混凝土的浇筑、振捣要求较低，操作较为简单、便捷，对施工队伍技术水平要求较低，潜在风险较小。

2）从业主项目节点考虑，板式基础可节约一定的工期，单台基础施工至少节约3天时间，有利于提前发电投产，获得经济效益。

3）从经济性角度考虑，板式基础主体工程量略高于梁板式基础（增加混凝土方量约30%～40%），但可大大减少隐性成本，降低工程量单价（钢筋制安、模板安装、混凝土浇筑振捣），同时相较梁板式基础可提前发电获得经济效益。

综上所述，本工程风电机组基础定为板式基础。

参照6.2.6内容，通过控制基底脱开面积拟定基础结构轮廓线。

4. 基础结构强度验算

对风电机组基础混凝土结构强度进行验算，包括拉、压、弯、剪、冲切、裂缝等验算。风电机组基础混凝土结构分析原则与《混凝土结构设计规范》（GB 50010—2010）保持一致，对底板抗冲切、底板抗弯、台柱混凝土抗剪、裂缝宽度等进行了验算，相关构造规定应符合《混凝土结构设计规范》（GB 50010—2010）和《建筑地基基础设计规范》（GB 50007—2011）的要求。

5. 地基承载力验算

板式基础对地基承载力要求较低，经计算，地基承载力特征值要求不低于200kPa。碎石土及全—强风化基岩满足设计要求，施工时对开挖后的基坑进行地基验槽。

6. 地基变形验算

本风电场基础持力层多为全—强风化基岩和碎石土，基岩地基变形模量远高于设计要求，因此仅对碎石土地基进行设计验算，计算结果满足相关规范要求。

7. 边坡稳定性验算

本风电场风电机组机位所在处地形地貌较为复杂，因应结合地质情况避免将机位布置于临近较高、较陡边坡的位置。但综合权衡部分机位无法调整时，可采用 6.2.2 第 2 条的方法对地基边坡稳定性进行验算。通过验算发现，本风电场宜将机位布置在距离土质边坡 20m 以外的范围内。也可采用条分法等方法对边坡稳定性进行较精准的分析验算。

8. 不良地基处理

本风电场机位处于山顶或山脊，地基岩层产状多变，结合地质勘察成果，可能存在土岩组合地基。根据基坑开挖后揭示的实际情况，基础持力层范围内岩石较多时，应考虑将软弱土体挖除，同时使用碎石土或 C15 素混凝土进行换填处理；若基础持力层范围内岩石较少，仅有个别石芽或大块石出露，为避免应力集中，应将基岩挖除一定深度，再铺设褥垫层处理。

此外，场地内分布有白云岩、灰岩，因流水侵蚀可能存在岩溶现象，岩溶发育严重时，处理成本较高，风电机组基础设计时应与资源、地质专业进行配合，在不影响风电机组发电量的前提下，避免将风电机组布置于溶蚀较严重的区域，现以编号为 Y20 号和 Y22 号的机位（经与资源专业协商，机位无法调整）为例，进行岩溶地基处理设计。机位地质剖面图如图 8-5、图 8-6 所示。

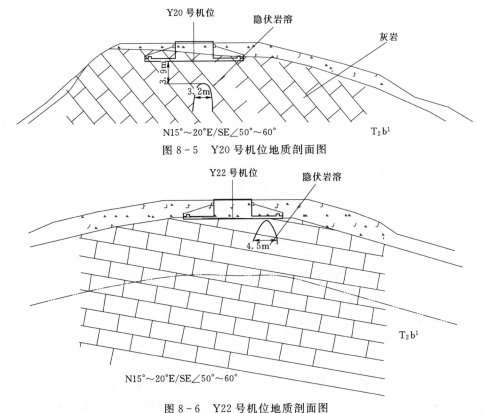

图 8-5　Y20 号机位地质剖面图

图 8-6　Y22 号机位地质剖面图

根据现场开挖揭示的实际情况，结合该机位对应的地质剖面图可知：

（1）该机位基础持力层为较完整的灰岩，岩石裂隙较少，建基面承载力满足设计要求。

（2）溶洞直径为 3.2m，尺寸约为基础底面积（254m²）的 13%，小于基础底面积的 25%，溶洞尺寸相对于基础底面尺寸较小。

（3）基础下方溶洞顶面至基础底面距离为 3.9m，大于溶洞直径。

参考《建筑地基基础设计规范》（GB 50007—2011）第 6.6 节内容分析，此种情况下，可不考虑岩溶对地基稳定性的影响，对 Y20 号机位地基不进行处理。

根据现场开挖揭示的实际情况，结合 Y22 号机位对应地质剖面图可知：

（1）该机位基础持力层为强风化灰岩，建基面岩石较为破碎，且出现因溶蚀现象产生的土洞。

（2）该机位基础底面距离岩溶形成的溶洞较近，基础直接作用于溶洞上。

（3）溶洞直径达 4.5m，与基础直径比值为 1/4。

参考《建筑地基基础设计规范》（GB 50007—2011）第 6.6 节内容分析，此种情况下溶洞对基础的影响较大，必须进行地基处理。地质剖面图反应的溶洞高度不大，可将溶洞内充填物挖除后，采用毛石混凝土换填处理。

8.2.4 场内外道路设计

8.2.4.1 道路现状

（1）场外道路。主要为 016 乡道，路基宽 4.5m，路面为沥青表面。局部路段因雨季排水不畅破损严重，排水系统的边沟阻塞严重，但涵洞基本通畅。该道路 2015 年完善了交通安保设施，在路基外侧加设 B 级波形护栏。平、纵面线形为等外级，除部分路段因民房密集侵占道路空间需改线新建外，其余路段平纵面基本满足沿原路改扩建利用要求。道路两侧多数路段为耕地，有少量灌木林。

（2）场内道路。场内有一条输电线路专用道路，为越岭线简易土路，有 6 台机位在该道路旁边。该道路路基宽 4～5m，排水系统仅有冲沟处管涵，没有边沟，雨季土石路面冲涮的沟槽较多。全线多处设挡墙，路肩墙大部分为干砌片石，仅少量路堑挡墙及冲沟处挡墙为浆砌片石。道路平、纵面线形为等外级，回头曲线多，半径小，但都具备改造条件。除此之外，场内无其他可用道路。

8.2.4.2 设备及运输工具参数

本项目风电场采用的是 25 台 2MW 的风电机组，最长设备为 52.5m 的叶片，最重设备为 84t 的机舱，为减小运输难度，塔架分成了 5 节，单节长度小于 20m。由于既有道路弯道较多，转弯半径偏小，因此叶片选取的运输工具为扬举车，安装后整体高度约 4.4m，宽 4.2m，挂车轴距约 16m；其余设备均采用平板挂车运输，平板挂车宽 4.2m，轴距约 17.5m。吊采用 500t 的履带吊，由汽车运输至现场拼装。

8.2.4.3 设计方案

1. 路线设计

根据本项目场内外均有可利用道路的现状情况，场外道路设计路线与 016 乡道基本一致，场内道路路线考虑与输电线路专用道路路线相结合，以减小工程量。场内外道路均参照四级公路标准设计，设计速度 15km/h。

（1）路线控制参数。考虑到叶片使用了扬举车运输，塔架长度也减小至 20m 以内，在采用牵引设备运输的情况下，设计采用的指标圆曲线最小半径为 20m（回头曲线），最大纵坡为 14%。其他设计指标按照 6.3.2.2 节结合《公路工程技术标准》（JTG B01—2014）选取。

（2）路基宽度。按单车道设计，路基宽度采用 6.0m，其路幅构成为 5.0m（路面）＋2×0.5m（路肩）。在沿线根据通视情况设置错车道，设置错车道路段路基宽度为 7.0m，路幅构成为 0.5m 路肩＋6.m 路面＋0.5m 路肩。在弯道半径小于 100m 处设置加宽，加宽取值见表 8-9。

表 8-9　路　面　加　宽　值　表

半径/m	70～<100	50～<70	30～<50	<30
加宽值/m	1.0	1.5	2.0	变化系数随着半径的变小，加宽值逐倍增加，如 30m 时为 2.5m，25m 时加宽值为 3m，半径 20m 时加宽值达到 4m

（3）按照路线设计标准，本项目路线设计成果如下。

1）平面指标。路线总长 42.446km，路线增长系数 3.73；全线交点 460 个，平均 10.84 个/km；最小平曲线半径 20m；缓和曲线最小长度 15m，曲线比大多近于 1∶1∶1；占总里程的 69.60%；错车道 2840m/71 处，占总里程的 6.69%。

2）纵面指标。全线变坡点 318 个，平均 7.49 个/km；最大纵坡 12.9%/1 处；最小竖曲线半径：凸型 330m/1 个，凹型 300m/1 个；占总里程的 33.62%。

2. 路基、路面及排水设计

路基设计参照《公路路基设计规范》（JTG D30—2015）执行，设计中考虑了一些挡土墙，以减少出现路基高填深挖的情况，降低道路安全隐患。对地势陡峭段，路堑边坡开挖后形成的高边坡，施工后将造成高边坡表面的崩塌和碎落，为避免对行车安全造成危害，设计考虑采用挂网锚喷对边坡进行防护。

根据风电场道路的使用性质，路面结构型式采用的是泥结碎石路面，厚度 20cm。

为了保证路基的强度和稳定性，全线进行了路基、路面排水综合设计。结合风电场道路使用性质及节约投资的要求，路基边沟采用土边沟。挖方路段设边沟，内侧填方高度小于 0.4m 的路段设置边沟，大于 0.4m 路段采用散排（不设置排水沟）。边沟形式为梯形，高 0.4m，底宽 0.4m，靠近路面侧坡度为 1∶1，另一侧坡度随挖方边坡。路基、路面排水沿边沟排入天然沟。土质边沟植草防护，石质边沟裸露。

3. 桥梁、涵洞设计

风电场设备为大件设备，桥涵设计计算时按荷载等级选公路为Ⅰ级。

本项目沿线无桥梁，设计只需考虑涵洞。工程区域地震基本烈度为Ⅶ度，地震动峰值加速度为 0.15g，地震动反应谱特征周期为 0.45s。设计洪水频率按照涵洞及其他小型排水构造物有关标准取 1/25。

设计中结合沿线水系，在有明显的沟渠处结合桥（涵）位处地形、水位和过水面积等要求设置桥梁或涵洞；凹型竖曲线的最低处增设排水涵洞；路基靠山一侧积水的低洼地段结合边沟设涵；路线纵坡较大且位于曲线内，在曲线下坡处的曲线起点前后增设涵洞。全线共设置涵洞73道，共长581.5m。

4．路线交叉设计

本项目不涉及立体交叉，平面交叉参照《公路工程技术标准》（JTG B01—2014）及《公路路线设计规范》（JTG D20—2006）执行。

5．交通安全设施设计

为尽可能的使公路出行安全、方便、舒适和愉悦，体现"以人为本、安全至上"的指导思想，设计时一方面特别注重了平面、纵面、平纵面组合及横断面设计，力求平纵线形的连续、均衡和良好的行车视线，还结合本项目的路线、路基设计和沿线地形等实际情况，设置护柱及交通标志安全设施诱导视线，增加行车安全感。

6．其他设计

（1）道路用地。本工程采取了叶片扬举车运输、塔架分为5段等措施以优化道路设计指标，减小了道路转弯半径和宽度，以节约道路占地面积。

（2）筑路材料。工程区经济生产结构以农牧业为主，建材工业水平相对落后，无力满足本项目实施对成品建材的大量需求。项目路段除县乡等城镇有电力供应外，其余路段无电力供应，需施工单位自发电。钢材需外运，水泥、石灰和木材则可在县城采购，再由汽车运输至工地。沿线自采材料分布较少，平均运距较远。

（3）环境保护与景观设计。本工程海拔较高，风电机组所处的位置地形较陡，造成工程土石方开挖量较大，为了减小环境破坏，本工程设置了6个渣场。同时，对于道路清除表土也进行了专门的设计处理，将其用于边坡绿化，以达到环保的目的。

7．设计主要工程量

（1）设计总里程。设计线路总里程42.446km。

（2）土石方工程。全线挖方数量：土方292314m³，平均6887m³/km；石方405919m³，平均9563m³/km。

（3）挡土墙及排水工程。挡土墙9789.7m³。

（4）路面工程。泥结碎石路面256954m²。

（5）桥涵工程。钢筋混凝土管涵565.5m/71道。

（6）征地、拆迁。征用土地771亩（含旧路）。

8.2.5 吊装平台设计

8.2.5.1 设计原则

（1）本项目为山地风电场，场内运输道路多为蜿蜒山路，故叶片采用特种运输方式运输至吊装平台。由于机位比较分散，吊装时间不好安排，因此吊装平台既需满足设备堆放要求，又要满足设备组装机吊装需要。

（2）鉴于风电机组位置固定，吊装平台需靠近机位布置，可选择的位置相对有限。因此平台设计需在有限的空间内合理的利用土地，做到合理经济。风电机组基础不应处于填方区，且基础距离悬崖安全距离一般大于10m。同时结合平台道路的布置，确保平台至少有两个方向具备风轮组装的扫空条件。

（3）吊装平台形状不局限于矩形，也可为不规则形状。具体形状需结合现场的地形特征进行设计，但需控制长宽比，以满足吊装要求。

（4）设计时结合实际地形地貌，避免深挖高填，并注重水土保持和环境保护。

8.2.5.2　设计依据

吊装平台尺寸通常由风电机组部件尺寸及吊装机械工作半径控制，而吊装设备的选取又由塔架高度和吊装设备最重件控制。本工程项目风电机组主要参数见表 8-10。

表 8-10　风电机组主要参数表

风轮	风轮直径/m	108
	叶片长度/m	52.5
发电机	型式	双馈异步型
	重量	含于机舱内
塔架	型式	筒状（80m）
	重量/t	173.78
机舱重量/t		84
风轮重量/t		58

吊装设备主吊车选用 800t 汽车式起重机，辅助吊车选用 100t 汽车式起重机。

8.2.5.3　平台尺寸设计方案

本项目吊装设备中最重的为机舱，重量为 84t，查询吊装设备参数后得到吊车起吊机舱的最大作业半径约为 20m，根据各个机位自身特点，经过对吊车、机舱、塔架、叶片的合理布置，得到相应的平台尺寸。

常规设备全部堆放吊装方案下平台尺寸至少需要 40m×40m 的区域方可满足吊装要求，但本项目约有 8 台风电机组位于山腰和山顶凹陷处，为节省项目投资，采用个别机位采用小平台吊装方式，选取预埋风轮组对基座方案和辅助工装方案，其平台尺寸最小可做到 38m×22m。

8.3　设　计　效　果

（1）风能资源方面。根据本风电场风能资源特性，判定本风电场属Ⅲ类风场。结合特定风电场的风况特征、安全等级的要求，现场交通运输条件、地形地质状况及吊装施工条件等，最终选择 2.0MW 机型。

（2）微观选址方面。本项目为山地风电场，根据风能资源特性和建设条件，进行微观选址，既充分利用资源，有考虑制约因素的影响，保证了现有输电线路正常运行、尽量减少噪声对当地居民的影响。

（3）交通施工方面。充分利用现有道路改造，以满足本项目施工及运行检修要求。在道路设计中，平曲线转弯半径及加宽值满足运输塔筒的常规牵引半挂车通过，辅助牵引工作量小，平纵线形设计合理。叶片运输车辆选用特种扬举车，降低运输道路的标准，节约成本。

部分机位地形地貌难以保证常规吊装平台尺寸要求，采用了小平台吊装，较少了对林地破坏并节省了项目投资。

（4）环境方面。本工程施工期和运行期对环境有一定的影响，如施工过程中"三废"的排放和施工噪声，运行期机组运行噪声均对周边环境产生一定的影响。因此设计过程及施工过程中，通过精细化设计和优质的施工管理，将施工影响降至最低。

附录 复杂地区风电场工程微观选址设计导则

企业技术标准
Q/CDY×××-×××

复杂地区风电场工程微观选址设计导则

Guidelines of wind projects micro – siting in complex terrain

201×-××-××发布　　　　　　　　　　　201×-××-××实施

中国电建集团成都勘测设计研究院有限公司　　发布

中国电建集团成都勘测设计研究院有限公司企业技术标准

复杂地区风电场工程微观选址设计导则

Guidelines of wind projects micro – siting in complex terrain

Q/CDY×××-×××

主编部门：中国电建集团成都院科技质量部

施行日期：201×年×月×日

201×年

成　都

前　言

根据中国电建集团成都勘测设计研究院有限公司《关于下达 2015 年第二批企业技术标准节点计划的通知》（蓉设科［2015］208 号）的要求，导则编制组经广泛调查研究，总结多年风电场微观选址设计实践经验，制定本导则。

本导则的主要技术内容是：场址选择、风能资源分析、风电机组选型、微观选址。

本导则由中国电建集团成都院科技质量部负责日常管理，由新能源处负责具体技术内容的解释。执行过程中的意见或建议，请反馈到科技质量部。

本导则起草单位：中国电建集团成都院新能源处

本导则主要起草人员：李良县　任腊春　郁永静　鄢　健

本导则主要审查人员：郭云峰　肖平西　李　宁

目　次

Contents

1　总　　则

1.0.1　为进一步规范复杂地区风电场微观选址基本原则、主要内容、方法和技术要求，制定本导则。

1.0.2　本导则适用于存在诸多工程制约因素且地形复杂的新建、扩建或改建的风力发电项目。

1.0.3　复杂地区风电场工程微观选址设计，除应符合本导则外，尚应符合国家现行有关标准的规定。

2　术　语

2.0.1　复杂地形风电场 complex terrain wind farm

除建于平坦地形风电场以外的其他地形上的陆上风电场。复杂地形可分为隆升地形（山丘、山脊和山崖等）和低凹地形（山谷、盆地、隘口和河谷等）。

2.0.2　微观选址 micro siting

在风电场场址范围内，根据风电场风能资源分布及选定机型，充分考虑机组布置制约因素，确定每台机组的具体位置。

2.0.3　风电场场址 wind site

拟进行风能资源开发利用的场地范围。

2.0.4　测风塔 met mast

安装风速、风向、温度等传感器，用于对近地面气流运动情况进行观测和记录的塔形构筑物。

2.0.5　风速 wind speed

空间特定点的风速为该点周围气体微团的移动速度。

2.0.6　平均风速 average wind speed

给定时间内瞬时风速的平均值，给定时间从几秒到数年不等。

2.0.7　极大风速 extreme wind speed

每 3s 采样一次的风速的最大值

2.0.8　最大风速 maximum wind speed

10min 平均风速的最大值

2.0.9　轮毂高度 hub height

从地面到风轮扫掠面中心的高度。

2.0.10　风功率密度 wind power density

与风向垂直的单位面积中风所具有的功率。

2.0.11　风速分布 wind speed distribution

连续时段内风速概率分布。

2.0.12　风速分布 wind speed distribution

连续时段内风速概率分布。

2.0.13　风切变 wind shear

风速在垂直于风向平面内的变化。

2.0.14　湍流强度 turbulence intensity

风速的标准偏差与平均风速的比率。用同一组测量数据和规定的周期进行计算。

2.0.15　尾流 wake

风电机组在其下风向形成的紊乱旋涡流。

2.0.16　入流角 angle of relative wind

相对风与旋转平面的夹角。

3　场　址　选　择

3.0.1　风电场的场址选择应根据国家新能源规划、地区自然条件、风能资源、交通运输、接入电网、地区经济发展规划、其他设施等因素全面考虑。

3.0.2　风电场场址应避让自然保护区、风景名胜区、文化遗址、军事管理区等环境敏感区域。

3.0.3　风电场选址时应符合电网结构、电力负荷、交通、运输、环境保护要求、出线走廊、地质、地震、地形、水文、气象、施工，正确处理与相邻农业、林业、牧业、渔业、工矿企业、城市规划、国防设施和人民生活各方面的关系；拟定初步方案，通过全面的技术经济比较，提出论证及评价。

3.0.4　自可研阶段至微观选址设计时段内，风电场场址内区域气候条件及场地环境不应发生重大变化。

4　风 能 资 源 分 析

4.1　一般规定

4.1.1　风电场微观选址阶段，应依据最新测风数据，对场址所在区域风能资源进行复核，并对选定的风电机组机型进行适应性分析。

4.1.2　进行风能资源复核时，风力发电场及附近测风塔各高度应有不少于一年的观测数据。

4.1.3　应选择风力发电场所在地附近有长期观测记录的气象观测站作为参证气象观测站。

4.2　现场测风数据基本要求

4.2.1　微观选址阶段，应对测风塔数量和数据质量进行分析，复核测风数据对风电场风能资源的代表性。

4.2.2　复杂地形风电场测风塔高度不宜低于拟选机型的轮毂高度。

4.2.3　复杂地形风电场测风塔代表的范围不宜大于 2km。

4.3　风能观测数据的验证与分析

4.3.1　微观选址阶段应根据测风数据的完整性、各测风塔数据宜采用同一时段一个完整年作为代表年。

4.3.2　应对测风数据进行完整性检验，完整性检验应包括数量及时间顺序检验，数据的数量应等于预期记录的数据数量，数据的时间顺序应符合预期的开始、结束时间，中间应连续。

4.3.3　应对测风数据进行合理性检验，包括范围检验、趋势检验、关系检验、相关性分析。

4.3.4　为得到一套反映风电场长期平均水平的风速代表性数据，应采用气象站长期测风资料或中尺度数据对各测风塔测风数据进行订正。

4.3.5　应对订正后的数据进行统计，分析风电场风能资源参数，包括年平均风速和风功率密度、风速频率分布和风能频率分布、日内风速分布；逐月平均风速和风功率密度、风速频率分布和风能频率分布、风向频率和风能密度方向分布、日内风速分布；风切变指数；湍流强度；50 年一遇极大风速等。

5 风电机组选型

5.0.1 风电机组选型应根据 50 年一遇极大风速、湍流强度的计算值复核风电机组的安全等级和湍流强度等级，并根据风电场所在区域海拔、风况、交通运输条件以及机组成熟度综合考虑。

5.0.2 对于风电机型混排的风电场，应根据各机位的风速分布特性提出机型布置方案，进行经济性比选。

5.0.3 对于复杂地形风电场，应根据各风电场的风况特性、塔筒成本、运输费用、安装费用和基础造价等方面分析不同轮毂高度的适应性及技术经济比较，选择合适的轮毂高度。

5.0.4 对于轮毂高度发生变化的，应综合考虑制造、运输、安装等成本因素，提出塔筒分节要求。

5.0.5 应要求风电机组厂家将各机位点的空气密度、平均风速、威布尔分布、入流角、风切变、湍流强度、极限风速等参数与拟采用机型的设计适用条件进行对比，并对机组的安全性进行最终确认。

6 微 观 选 址

6.1 一般规定

6.1.1 风电场微观选址应针对每个机位的地形地貌、风能资源、地质、交通、施工等条件进行现场踏勘，并详细记录。

6.1.2 风电场微观选址应进一步排查风电机组需避让的各类敏感因素，考虑相关行业和部门的要求，并保证其安全距离。

6.1.3 微观选址过程中，应复核风电场风电机组间及与附近风电场间的相互影响。

6.2 风电机组布置

6.2.1 风电机组布置应综合考虑机型及风电场的风能资源分布、风向、海拔、地形、地貌、已有设施等，尽量充分利用风能资源。

6.2.2 风电机组布置宜梅花状布置，应充分利用风电场土地和地形，恰当选择机组之间的行列间距，尽量减少尾流损失，保证风电机组的运行可靠性和风电场发电量的最大化。

6.2.3 风电场微观选址应确认已有设施位置与测绘地形图是否一致，并记录是否有新建设施。

6.2.4 风电场微观选址应通过周围地形、地貌特性及植被的生长趋势复核各机位的风向。

6.2.5 风电场微观选址应避让上风向、下风向有遮挡及产生湍流的区域。

6.2.6 风电场微观选址宜选用经济价值低的土地，宜避让耕地、成片的果林、墓地等。

6.3 地质与土建

6.3.1 应复核风电机组位置附近地表是否存在较明显影响风电机组基础结构安全的大型坑槽，包括溶洞、悬崖、采空区域、水流冲沟、落水坑等。

6.3.2 应根据风电机组机位临近边坡的高度、倾角，距边坡的水平距离，复核边坡对风电机组结构安全性的影响。

6.3.3 风电机组基础应与临近建（构）筑物基础保持一定距离，避免对其造成扰动。

6.3.4 风电机组布置应考虑防洪问题，避开洪水的汇集处和主要流经地。

6.3.5 风电机组布置应考虑风电机组基础的边坡稳定，并应避免因修建风电机组安装平台而形成高边坡。

6.4 交通与施工

6.4.1 风电机组微观选址应考虑足够的施工作业面和运行维护的场地要求，尽量选取土方作业量相对少、施工对地形影响小的地点。

6.4.2 风电场微观选址应考虑交通运输的技术可行性和经济合理性。

6.5 环境影响

6.5.1 风电场微观选址应进行噪音分布计算，考虑多台风电机组噪音的叠加，确定噪音衰减至相关标准要求的噪音范围的最小距离。

6.5.2 风电机组光影闪变影响每年不宜高于 30h，每天不宜高于 30min。

6.6 电气

6.6.1 风电机组与 110kV 及以上等级输电线路、通信线路、铁路、等级公路和高速公路等的距离应不小于倒杆距离，若国家相关标准有更高要求时，应符合相关规程规范的要求。

6.6.2 风电场微观选址应考虑场内集电线路的可行性和经济性。

本 导 则 用 词 说 明

1 为便于在执行本导则条文明区别对待，对要求严格程度不同的用词说明如下：

（1）表示很严格，非这样做不可的，正面词采用"必须"，反面词采用"严禁"。

（2）表示严格，在正常情况下均应这样做的，正面词采用"应"，反面词采用"不应"或"不得"。

（3）表示允许稍有选择，在条件许可时首先应这样做的，正面词采用"宜"，反面词采用"不宜"。

（4）表示有选择，在一定条件下可以这样做的，采用"可"。

2 条文中指明应按其他有关标准执行的写法为："应符合……的规定"或"应按……执行"。

参 考 文 献

[1] 贺德馨，等. 风工程与工业空气动力学 [M]. 北京：国防工业出版社，2006.

[2] 杨校生. 风力发电技术与风电场工程 [M]. 北京：化学工业出版社，2012.

[3] 苏州龙源白鹭风电职业技术培训中心. 风电场建设运行与管理 [M]. 北京：中国环境科学出版社，2010.

[4] Thomas E. Kissell. 风力发电技术与工程应用 [M]. 刘其辉，等，译. 北京：机械工业出版社，2014.

[5] 苏绍禹，苏刚. 风力发电机组设计、制造及风电场设计、施工 [M]. 北京：机械工业出版社，2013.

[6] 华能国际电力股份有限公司. 风力发电场初步设计 [M]. 北京：中国电力出版社，2014.

[7] 曹云. 风电场规划设计与施工 [M]. 北京：中国水利水电出版社，2009.

[8] 任腊春，李良县. 峡谷风电场工程设计关键技术分析 [J]. 电力与能源，2013，34 (3)：266 - 269.

[9] Michael C. Brower，等. 风资源评估：风电项目开发实用导则 [M]. 张菲，王晓蓉，等，译. 北京：机械工业出版社，2014.

[10] 林芸. 云南山区风能资源观测数据订正方法初探 [J]. 云南水力发电，2007 (6)：1 - 4.

[11] 杨竞锐，戴谦训，周毅. 高原山地风电场风资源利用研究 [J]. 云南电力技术，2014，42 (4).

[12] 张双益，王益群，吕宙安，张继立. 利用 MERRA 数据对测风数据进行代表年订正的研究 [J]. 可再生能源，2014，32 (1).

[13] 刘志远，李良县，任腊春. 插补测风塔缺测数据的相关性计算方法讨论 [J]. 可再生能源，2016，34 (9).

[14] 李泽椿，朱蓉，何晓凤，等. 风能资源评估技术方法研究 [J]. 气象学报，2007 (5)：708 - 717.

[15] 崔冬林，胡威，李小兵，鲍婧. 中国高海拔地区风能资源特性与风电开发研究 [J]. 风能，2014 年第 9 期.

[16] 任腊春. 复杂地区风电场微观选址方法研究成果报告 [R]. 四川：中国电建集团成都勘测设计研究院有限公司，2014.

[17] 李良县，任腊春. 高海拔山地风电场风能资源分析与微观选址 [J]. 中国水利水电科学研究院学报，2014，12 (4).

[18] 徐国宾，彭秀芳. 风电场复杂地形的微观选址 [J]. 水电能源科学，2010，28 (4)：157 - 160.

[19] 陈爱，刘宏昭，等. 复杂地形条件下风力机微观选址 [J]. 太阳能学报，2012 (5)：782 - 788.

[20] 连捷. 风电场风能资源评估及微观选址 [J]. 新能源，2007，4 (2)：71 - 73.

[21] 张华，等. 打挂山风电场微观选址复核研究报告 [D]. 华北电力大学.

[22] 钟滔，等. 四川省山地风电场风电机组选型要点分析 [J]. 四川水力发电，2014 (4)：89 - 91.

[23] 任腊春，等. 峡谷风电场工程微观选址技术研究 [J]. 水利水电技术，2014 (11)：49 - 53.

[24] 张怀全. 风能资源与微观选址：理论基础与工程应用 [M]. 北京：机械工业出版社，2013.

[25] Riso 国家实验室，挪威船级社. 风力发电机组设计导则 [M]. 杨校生，何家兴，刘东远，张国珍，译. 2 版. 北京：机械工业出版社，2011.

[26] 吴双群，赵丹平．风力发电原理 [M]．北京：北京大学出版社，2011．

[27] 赵丹平，徐宝清．风力机设计理论及方法 [M]．北京：北京大学出版社，2012．

[28] 芮晓明，柳亦兵，马志勇．风力发电机组设计 [M]．北京：机械工业出版社，2010．

[29] GB/T 18451.1—2012．风力发电机组 设计要求．北京：中国标准出版社，2012．

[30] GB/T 29543—2013．低温型风力发电机组．北京：中国标准出版社，2013．

[31] 马金．风电项目机组选型综合评价研究 [D]．北京：华北电力大学，2015．

[32] 中国计划出版社．建设项目经济评价方法与参数 [M]．北京：中国计划出版社，2006．

[33] 池钊伟，王小明，黄静．风电场机型选择中的技术经济评价指标 [J]．上海电力，2007（1）：36 - 38．

[34] M H. Albadi, E. F. El - Saadany. Optimum turbine - site matching [J]．Energy，2010（35）：3593 - 3602．

[35] 常士骠，张苏民，项勃，等．工程地质手册 [M]．北京：中国建筑工业出版社，2007．

[36] 林宗元．岩土工程治理手册 [M]．北京：中国建筑工业出版社．2005．

[37] IEC 61400—1. International Electro Technical Commission. Wind turbine generator [S]．British Electrotechnical Committee，2005．

[38] GB 50009—2012．中国建筑工业出版社．建筑结构荷载规范 [S]．北京：中国建筑工业出版社，2012．

[39] GB 50011—2010．中国建筑工业出版社．建筑抗震设计规范 [S]．北京：中国建筑工业出版社，2012．

[40] FD 003—2007．风电机组地基基础设计规定（试行）[S]．北京：中国水利水电出版社，2007．

[41] FD 002—2007．风电场工程等级划分及设计安全标准（试行）[S]．北京：中国水利水电出版社，2007．

[42] 高晓旺，龚思礼，等．建筑抗震设计规范理解与应用 [M]．北京：中国建筑工业出版社，2002．

[43] 王社良．抗震结构设计 [M]．武汉：武汉理工大学出版社，2007．

[44] GB 50135—2006．高耸结构设计规范 [S]．北京：中国计划出版社，2007．

[45] GB 50007—2011．建筑地基基础设计规范 [S]．北京：中国建筑工业出版社，2012．

[46] JGJ 79—2012．建筑地基处理技术规范 [S]．北京：中国建筑工业出版社，2012．

[47] DL/T 5057—2009．水工混凝土结构设计规范 [S]．北京：中国电力出版社，2010．

[48] 黄冬平，何桂荣．风力发电塔基础预应力锚栓的抗疲劳性能研究 [J]．特种结构，2011（28）：5．

[49] 霍宏炳，高建辉，张文东．岩石锚杆风电机组基础设计及应用 [J]．风能，2015（3）．

[50] 杨少伟．道路勘测设计 [M]．北京：人民交通出版社，2006．

[51] 邓学均．路基路面工程 [M]．北京：人民交通出版社，2006．

[52] 任福田．交通工程学 [M]．北京：人民交通出版社．2007．

[53] 孙家驷．道路设计资料集——基本资料 [M]．北京：人民交通出版社，2000．

[54] 孙家驷，李松青．道路设计资料集——路基设计 [M]．北京：人民交通出版社，2001．

[55] 孙家驷，张铭．道路设计资料集—涵洞设计 [M]．北京：人民交通出版社，2005．

[56] 姚祖康．公路排水设计手册 [M]．北京：人民交通出版社，2002．

[57] 杨文渊，钱绍武．道路施工工程师手册 [M]．北京：人民交通出版社，2003．

[58] 王洪江，傅长青．公路工程施工组织设计编制手册 [M]．北京：人民交通出版社，2005．

[59] 水电水利规划设计总院．电力工程项目建设用地指标（风电场）[M]．北京：中国电力出版社，2012．

[60] JTG B01—2014．公路工程技术标准 [S]．北京：人民交通出版社，2014．

［61］ JTG D20—2006. 公路路线设计规范［S］. 北京：人民交通出版社，2006.

［62］ JTG D30—2015. 公路路基设计规范［S］. 北京：人民交通出版社，2015.

［63］ JTG/T D65—04—2007. 公路涵洞设计细则［S］. 北京：人民交通出版社，2007.

［64］ JTG/T D81—2006. 公路交通安全设施设计细则［S］. 北京：人民交通出版社，2006.

编委会办公室

主　任　胡昌支　陈东明

副主任　王春学　李　莉

成　员　殷海军　丁　琪　高丽霄　王　梅

　　　　邹　昱　张秀娟　汤何美子　王　惠

本书编辑出版人员名单

封面设计　芦　博　李　菲

版式设计　黄云燕

责任排版　吴建军　郭会东　孙　静　丁英玲　聂彦环

责任校对　张　莉　梁晓静　张伟娜　黄　梅　曹　敏

　　　　　吴翠翠　杨文佳

责任印制　刘志明　崔志强　帅　丹　孙长福　王　凌